新工科·普通高等教育机电类系列教材

机械控制工程基础

第 2 版

主　编　王　洁　刘慧芳
副主编　梁　全　高翼飞
参　编　孟新宇　王野牧　张　靖

机械工业出版社

本书系统阐述了经典控制理论的基本原理及其在机械工程自动控制系统中的应用。全书共 11 章，主要介绍了机械工程控制系统的基本概念、拉普拉斯变换、控制系统的数学模型，分析了线性时不变系统的时间响应、频率特性、稳定性、稳态误差及根轨迹，阐述了控制系统的设计校正方法和 MATLAB 分析方法，并以两个机械工程实例说明控制理论在机械工程中的实际应用。

本书重点突出、科学系统，在讲清楚基本概念的基础上，淡化数学推证，增强工程背景，突出方法论，编写体系符合教学规律，好教易学。

本书可作为高等院校机械类各专业的本科生教材，也可作为相关工程技术人员学习经典控制理论的参考书目。

图书在版编目（CIP）数据

机械控制工程基础/王洁，刘慧芳主编. —2 版. —北京：机械工业出版社，2024.6（2025.6 重印）
新工科·普通高等教育机电类系列教材
ISBN 978-7-111-75278-3

Ⅰ.①机… Ⅱ.①王… ②刘… Ⅲ.①机械工程-控制系统-高等学校-教材 Ⅳ.①TH-39

中国国家版本馆 CIP 数据核字（2024）第 050278 号

机械工业出版社（北京市百万庄大街 22 号 邮政编码 100037）
策划编辑：段晓雅 责任编辑：段晓雅
责任校对：景 飞 牟丽英 封面设计：张 静
责任印制：单爱军
保定市中画美凯印刷有限公司印刷
2025 年 6 月第 2 版第 2 次印刷
184mm×260mm·15 印张·367 千字
标准书号：ISBN 978-7-111-75278-3
定价：49.00 元

电话服务 网络服务
客服电话：010-88361066 机 工 官 网：www.cmpbook.com
010-88379833 机 工 官 博：weibo.com/cmp1952
010-68326294 金 书 网：www.golden-book.com
封底无防伪标均为盗版 机工教育服务网：www.cmpedu.com

前言

本书是在王洁等主编的《机械控制工程基础》的基础上进行修订的。修订本书的原因：一是加快推进党的二十大精神进教材、进课堂、进头脑；二是丰富教学配套资源。

修订本书的指导思想：力求体现教材应有的理论性、系统性、稳定性和先进性；着重基本原理和基本方法的介绍；在淡化数学推证、突出系统性、强调实用性、突出工程背景、增强先进性等方面保持和发扬本书在内容和体系安排上的特色。本次修订的主要内容如下。

1）每章增加课外阅读，主要介绍科学家的先进事迹、控制论在机械工程中的应用、控制理论的发展等内容，充分体现党的二十大报告中提到的"培育创新文化，弘扬科学家精神""加强基础研究，突出原创，鼓励自由探索""实施科教兴国战略，强化现代化建设人才支撑"等精神，激发学生科技报国的家国情怀和使命担当。

2）丰富教学配套资源。本书提供了立体化教学资源，除教学课件（PPT）外，还提供了学习指导（包括课后习题答案详解）和微课视频。微课视频包括课程知识点和课后重要习题的讲解，以二维码形式在书中相应位置出现，随扫随学，以强化学习效果。

本书共11章，包括：绪论、拉普拉斯变换、控制系统的数学模型、控制系统的时间响应、控制系统的误差分析、控制系统的频域分析、控制系统的稳定性、控制系统的根轨迹分析、控制系统的综合与校正、控制系统的MATLAB分析、机械工程控制理论在工程实际中的应用。本书可按32~56学时编排教学内容。

本书由王洁、刘慧芳担任主编，梁全和高翼飞担任副主编。参加编写的人员还有：孟新宇、王野牧和张靖。全书由刘慧芳统稿。

由于编者水平有限，书中难免有疏漏和不足之处，恳请读者批评指正。

编　者

目录

第1章

绪论

1.1　控制理论的发展与应用

近几年，自然科学的高速发展一方面使得科学不断分化，分支科学越来越多，各种新的学科如雨后春笋般地相继出现；另一方面，各学科之间又不断地相互渗透，呈交叉及由分化走向统一的趋势。以系统论、信息论、控制论为代表的科学方法论，是 20 世纪以来至今最伟大的成果，是这个时代要求的结果。它是从自然科学研究中总结出来的一种科学方法，但它不限于自然科学，而是包括自然科学、社会科学和思维科学在内的共同的方法论，是认识世界和改造世界的统一的方法，对科学研究、领导决策和各项工作都具有很强的指导性。

1.1.1　机械工程控制基础的研究内容

机械工程控制基础是应用"控制论"的原理和方法，来研究在机械工程系统中应用的科学。对于"控制论"，人们并不陌生。根据维纳（N. Wiener，1893 年生，美国人，数学家，哲学家）的定义，人们对于"控制论"的定义较公认的说法是："控制论"是以研究各种系统共同存在的控制规律为对象的一门科学。

"控制论"就是要揭示包括机器、生物、社会在内的各种不同的控制系统的共同规律，是研究各种系统共同控制规律的科学，是方法论。

控制论产生的基础：来源于人们的社会实践活动，有它产生的实践基础和理论基础。例如：人类很早以前就发明了利用水的势差和风的流动作为能源的各种装置，像"风磨漏斗"、利用齿轮传动自动指示方向的"指南车"（图 1-1）以及近代瓦特为控制蒸汽机的速度而设计的"蒸汽机的调节器"（图 1-2）。19 世纪以来，随着电子技术的发展，出现了以电信号传递信息为主的控制过程，如冰箱、空调、无人驾驶飞机、数控机床、炼钢生产线等。

图 1-1　指南车复原模型

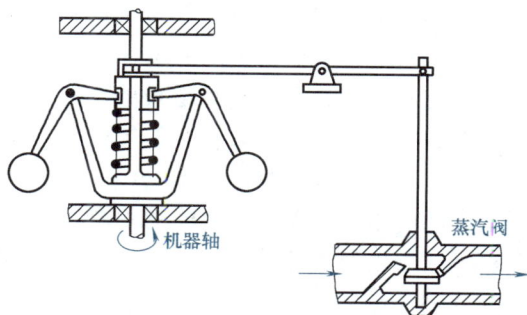

机器轴　蒸汽阀

图 1-2　蒸汽机离心调速器

2

控制论中涉及的"系统"一词来源于人类长期的社会实践，存在于自然界、人类社会以及人类思维描述的各个领域，早已为人们所熟悉。究竟什么是系统呢？往往不同的人或同一个人在不同的场合会对它赋予不同的含义。这里，采用钱学森给出的对系统的描述性定义：系统是由相互作用和相互依赖的若干组成部分结合的具有特定功能的有机整体。

定义指出了系统的三个基本特征：第一，系统是由若干元素组成的；第二，这些元素相互作用、相互依赖；第三，元素间的相互作用使系统作为一个整体共有特定的功能。

一个较大系统之内可能包括若干个较小的子系统。不仅系统的各部分之间存在非常紧密的联系，而且系统与外界之间也存在一定的联系。系统与外界之间的联系如图1-3所示，其中，输入为外界对系统的作用，它包括给定的输入和干扰；输出为系统对外界的作用。系统可大可小，可繁可简，甚至可"实"可"虚"，完全由研究的需要来确定。

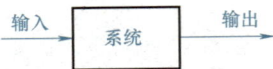
图1-3 系统与外界之间的联系

1.1.2 控制理论的历史与发展

维纳在1948年出版了《控制论——或关于在动物和机器中控制和通讯的科学》一书，对第二次世界大战以来的科学成果和发展进行总结奠定了控制论的基础，并快速渗透到许多科学领域，大大推动了近代科学技术的发展。他通过大量的研究发现，除了工程上的许多系统是利用自动控制的原理以外，还有许多生物、经济、社会等系统也都存在着控制的情况，本质上都是通过信息的传递、处理与反馈来进行控制。1954年，钱学森运用控制论的思想和方法，首创了"工程控制论"，并把它推广到其他领域，继而出现了"生物控制论""经济控制论"和"社会控制论"等。

随着科学技术的进步，特别是信息科学的进步，更多的信息传递对人们生产和生活产生了很大的影响，但是也不要忘记，社会的生产和生活资料还是主要靠制造业完成的，并且是各个系统的相互配合。

控制论按其发展的进程和研究方法，可分为三个阶段。第一阶段是20世纪40~50年代，该时期为经典控制论发展时期。经典控制论以传递函数为基础，研究单输入、单输出一类控制系统的分析与设计问题。对线性定常系统，这种方法是成熟有效的。第二阶段是20世纪60~70年代，该时期为现代控制论发展时期，现代控制论以状态空间法为基础，研究多输入、多输出一类控制系统的分析与设计问题。第三阶段是20世纪末至今，控制论向着"大系统论"和"智能控制论"发展。"大系统论"是用控制和信息的观点研究大系统的结构方案、总体设计中的分析方法和协调问题；"智能控制论"，是研究与模拟人类活动的机理，以使控制系统具有仿人智能的工程控制和信息处理功能，实现对高度复杂性、高度不确定性系统的控制，满足人们对其越来越高的要求。

智能控制技术是一个方兴未艾的领域，特别适用于对实际工程中存在一些无法用数学模型来描述的复杂系统进行控制，虽然还处于初级阶段，但近年来发展比较快，并在实际工作中得到了广泛应用。随着人类智能的不断发展，智能控制系统也将不断发展。

但也必须指出经典控制论是基础，现代控制论、智能控制论都是在此基础上发展起来的。时至今日，经典控制论在大多数实际工程中仍然是极为重要的，相当多的工程问题用它解决还是非常有效的，经典控制论仍不失为解决工程实际问题的基本方法。

1.2　控制系统的基本组成

1.2.1　控制的概念与表达形式

（1）控制　是指根据某种原理或方法使被控对象的被控量按照预期运动规律变化的操作过程。

（2）信息　是指能表达一定含义的信号，包括消息、情报、密码和图像等。

（3）输入　是指系统接收到的对其状态或被控量有影响或控制作用的信息。对控制系统而言，它又可称为控制输入、参考输入或给定量。控制输入是期望输出的函数（如恒温炉控制系统中的整定电压），当函数关系等于1时，控制输入就等于期望输出（如人工控制恒温炉系统向人脑输入的期望炉温值）。

（4）输出　是指系统表现出来的受输入影响或控制的状态。输出也是一种信息，又常称为响应。对控制系统而言，输出就是被控量。输入和输出的概念也可用于子系统中的组成部分。

（5）干扰　是指对系统的输出产生不利影响的信息。由系统内部参数变化引起的干扰称为内扰。由系统外部环境、负载或能源变化产生的干扰称为外扰。外扰也可以认为是一种输入。若系统有多个输入，则根据讨论的需要，除了认定是输入的以外，其余的就都可以当作是干扰。

（6）反馈　是指输出的全部或一部分，直接或经过转换后返回传递到输入端，再向系统输入的信息。反馈是输出的函数，并与输入的量纲相同，经常是为达到某种控制目的而特意设置的。反馈是与输入相比较而得到的，可以是局部反馈，也可以是全局反馈。

由于系统本身固有的内在相互作用而形成的反馈，往往不易被察觉，这类反馈称为内在反馈（固有反馈），如图1-4所示的动力滑台铣削过程。以名义进给量 Y 为输入，径向切削力 $f(t)$ 为输出。从其系统原理图上看，似乎不存在反馈，但在深入分析后便知，由 $f(t)$ 及其反作用引起的动力滑台-刀具-工作的弹性变形 $X(t)$ 就是一种固有反馈，因为影响 $f(t)$ 的实际切削厚度 A 在数值上等于 $Y-X(t)$ ，即影响输出 $f(t)$ 的不仅有输入 Y ，而且还有由输出 $f(t)$ 经过转换后反馈回来的 $X(t)$ 。这一点在画出切削系统原理框图后便可清楚地显示出来。由于切削过程中存在着这种固有反馈，所以在一定条件下将导致径向切削力持续周期变化，从而引起所谓的切削过程自激振动，使加工表面质量恶化。本例主要是为了说明固有反馈的概念，因此做了较大程度的简化，对切削过程固有反馈较完善的分析请参阅有关文献。

1.2.2　控制系统的基本组成及框图

由动力滑台铣削过程的例子可以看出，人们关心的是控制系统信号间的关系而不是控制系统的物理构造或几何关系。为了简明地反映控制系统各部分之间的关系，通常采用"框图"形式。这里，控制器和被控对象分别用一个方框来代表，而与它们有关的信号按因果关系的不同分别用不同指向的有向信号线来代表。于是图1-4所示的自动控制系统便可表示为图1-5所示的框图形式。对一个方框而言，箭头指向它的信号

4

称为它的输入信号，而箭头离开它的信号称为它的输出信号。因此，被控对象的输入信号是控制量信号和干扰信号，而其输出信号是被控制量信号；控制器的输入信号是被控制量信号，而其输出信号是控制量信号。若把整个自动控制系统看成一个方框（如点画线所示），则给定信号和干扰信号是它的输入信号，被控制信号为其输出信号。

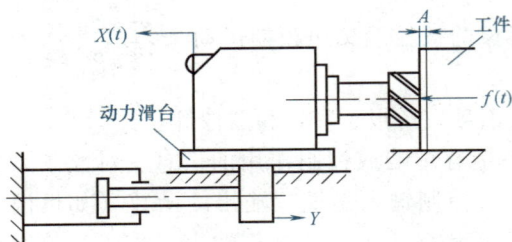

图 1-4 动力滑台铣削过程

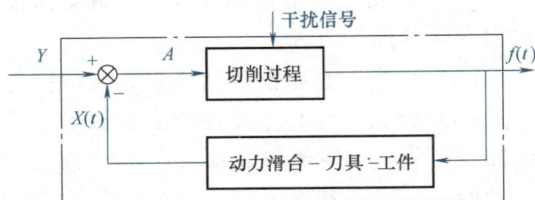

图 1-5 切削系统原理框图

为了组成一个自动控制系统，必须包含以下几个基本元件。

（1）给定元件 控制系统中主要用于产生给定信号（输入信号）的元件。

（2）比较元件 对被控制量与控制量进行比较，并产生偏差信号，如幅值比较、相位比较、位移比较等环节。比较元件在多数控制系统中是和测量元件或线路结合在一起的。

（3）放大元件 对比较微弱的偏差信号进行变换放大，使其具有足够的幅值和功率，如电流放大、功率放大、电气-液压放大等。

（4）执行元件 接收放大元件送来的控制信号并产生动作，去改变被控制量，使被控制量按照控制信号的变化规律而变化。

（5）校正元件 为了使系统正常工作，需要在系统中加进能消除或减弱振荡以及提高系统性能的一些元件，把这类元件称为校正元件。

（6）反馈元件（测量元件） 用于测量被控制量（输出量），并将被控制量转换成另外一种便于传送的物理量。反馈元件的反馈与输出量之间有确定的函数关系。

测量元件的精度直接影响控制系统的精度，因此，应尽可能采用精度高的测量元件和合理的测量线路。

（7）被控制量 表征被控对象运动规律或状态的物理量，实质上是系统的输出量。

实践证明，按反馈原理由上述基本元件简单组合起来的控制系统往往是不能完成既定任务的。这是因为在系统内部既有控制作用的因素，又有反控制作用的因素。例如：由于在系统中有干摩擦、死区及惯性等因素的存在，所以当控制信号作用到系统之后，在系统的输出端并不能马上得到反应，而只有当偏差信号大到一定程度时系统才有输出。又由于惯性的作用，系统在反应控制信号过程中还有可能产生振荡，甚至会使系统的正常工作遭到破坏。因此，校正元件可以加在由偏差信号至被控制信号间的前向通道内，也可以加在由被控制信号至反馈信号间的局部反馈通道内。前者称为串联校正，后者称为反馈校正。在有些情况下，为了更有效地提高系统的控制性能，可以同时应用串联校正和反馈校正。

一个典型闭环（反馈）控制系统的框图如图 1-6 所示。一般来说，尽管闭环控制系统的控制任务各不相同，使用元件的结构和动力形式也有不同，单就其信号的传递、变换的功能来说，都可以抽象成这个典型闭环控制系统的框图，它构成了控制系统的基本组成。

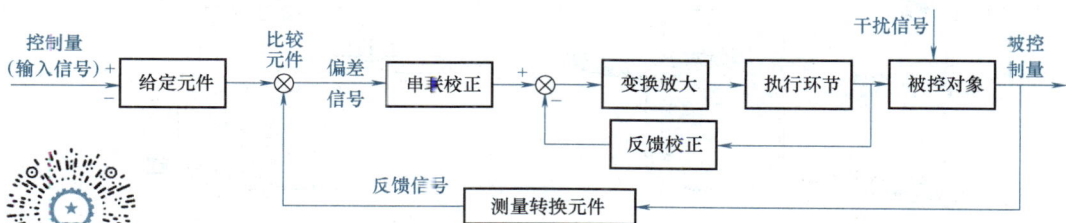

图 1-6 典型闭环（反馈）控制系统的框图

1.3 控制系统的工作原理及分类

1.3.1 控制系统的工作原理

在生产过程中，为了维持正常的工作条件，常需要将设备中的某些参数以一定的精度维持在某一个数值，或使它们按一定的规律变化。下面介绍一个物理量的控制过程。

在生产过程中，常需要控制加热炉的炉温，如图 1-7 所示。由图中可以看出，炉子通过电加热器加热而达到所要求的温度，加热器由电源供电，电源经过一个控制开关控制流过加热器中的电流。如果控制开关（给定元件）的位置确定了，那么与此相应通过加热器（执行元件）的电流也是确定的，炉子的温度（被控量）也就确定了，控制开关的不同位置对应炉子的不同温度。如果希望炉子的温度为某一数值，只要将控制开关置于某一特定位置就可以了。

应该看到，用上述方法来对温度等物理量进行控制是很不理想的，因为在任何具体物理系统中，都存在着所谓"干扰"作用，它破坏了压力、转速、温度等物理量的实际值和希望值之间的对应关系，而且干扰的出现是无法预计的。例如：电源电压受电网影响、保温炉

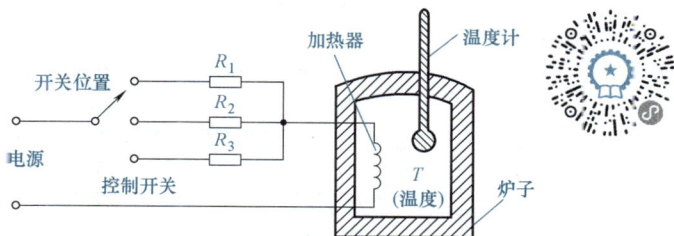

图 1-7 炉温控制

周围环境温度变化、保温炉冷热工件的进出等外界干扰，都会使得炉内温度调节出现变化，导致调节的实际值与希望值的对应关系遭到破坏，这些都称为干扰作用。

另外一个物理量的控制如图 1-8 所示。图 1-8a 所示为人工手动控制水位变化，系统由容器、入口管道、出口管道、控制阀门、水位显示计等部分组成。为了维持水位达到要求，要求工人根据水位显示计的变化调节控制阀门的开闭程度，进而调节容器内的水位高度。

被要求的水位高度是在工人头脑中的理想值，是系统的控制量，或者称为输入量；水位显示计是测量元件，其测量值称为反馈量（或称为反馈信号）。阀门的开闭程度是被控制量，对任意一个控制系统来说，被控制量是极为重要的物理量。依据工人用眼观察水位情况，用脑比较水位（反馈量）与给定数值（输入量）之差，这个差值称为偏差量（或称为偏差信号）。通过手操作阀门的开闭方向和幅度（输出量），经过反复操作过程，实现水位给定值（输入量）的稳定，整个水位系统达到了一个平衡状态，可以维持水位的高低。

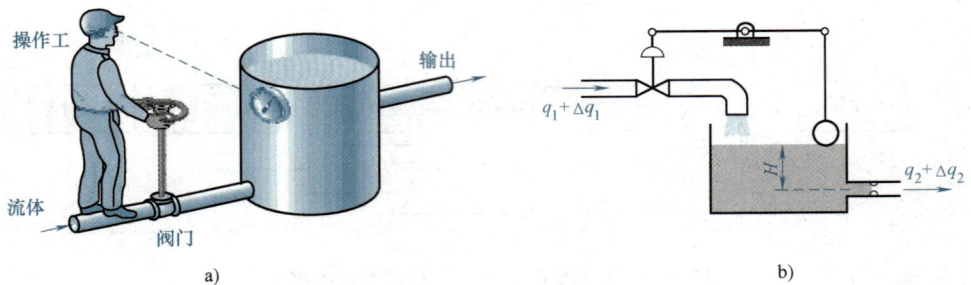

图 1-8　水位的两种控制方式

a）人工手动控制　b）自动控制

所有妨碍控制量对被控制量按要求正常控制的因素被定义为系统的干扰量（或称为干扰信号，如进出口管道的压力、测量误差等）。假如入口管道的压力变大引起流量加大，水位上升快，系统输入量与反馈量的偏差加大，工人手工调节减小阀门开闭程度，入口管道的流量减小并逐步将系统参数恢复到原来的状态，从而完成一个新的平衡控制过程。

图 1-8b 所示为自动控制水位变化示意图。随着容器出口液体流量的变化，液面高度变化会反映在浮球的高度 H 上，液面高度 H 是被控制量，由于液面高度是通过浮球装置检测的，所以浮球装置是测量装置。通过杠杆作用，调节入口管道控制阀门的开闭程度，调节入口管道流量跟随出口管道流量的变化，使液面高度 H 保持在一个设定值上。这个控制过程是用杠杆设备替代工人，实现自动控制。这两个控制例子的框图如图 1-9 和图 1-10 所示。

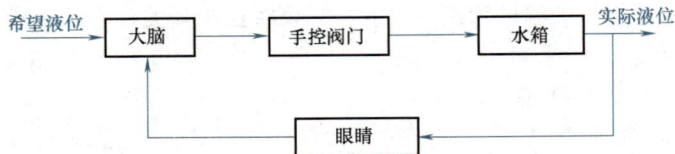

图 1-9　人工手动控制液位系统框图

图 1-10　自动控制液位系统框图

在上面两个例子中，电炉加热是开环控制，容器水位控制是闭环控制。这两种控制形式在生产实践中经常遇到。

1.3.2　系统的分类

1. 开环控制

若系统的被控制量对系统的控制作用没有影响，输入与输出之间没有反馈回路，则此系统称为开环控制系统，如图 1-11 所示。系统信息传递没有形成闭合回路，被控量不对控制作用产生影响，所以结构相对简单、维护容易、成本低、不存在稳定性问题。原则上，被控制量的控制精度取决于系统各环节的精度，多用于系统结构参数稳定和扰动信号较弱的场合，如自动售货机、自动报警器、自动流水线等。系统的精度取决于控制器及被控对象的参数稳定性，并且没有抗干扰能力。因此，开环系统对元器件要求较高、抗干扰能力差，无法自动补偿系统干扰对被控制量带来的影响，如图 1-12 所示的电动机拖动系统，图 1-13 所示为其框图。

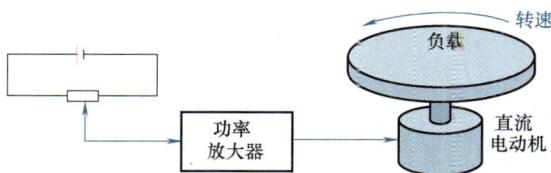

图 1-11　开环控制系统

图 1-12　电动机拖动系统

图 1-13　电动机拖动系统框图

2. 闭环系统

凡是系统的被控制信号对控制作用有直接影响的系统都称为闭环控制系统，输入量与输出量之间有反馈回路，如图 1-14 所示。

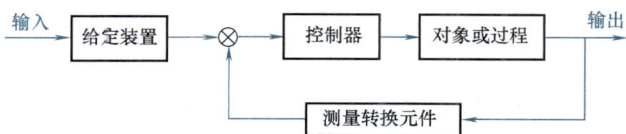

图 1-14　闭环控制系统

一个闭环控制系统的工作过程大体上可分为以下几个步骤：

1）测量被控制量的实际值。

2）将实际值与给定值进行比较，求出偏差的大小与方向。

3）根据偏差的大小与方向进行控制以纠正偏差。

简单地讲，闭环控制系统的工作过程就是一个"检测偏差并用以纠正偏差"的过程。因此，闭环控制系统的控制精度一般比开环控制系统的要高，如图 1-15 所示的带速度反馈的电动机拖动系统，图 1-16 所示为其框图。

按反馈的作用不同，还可以将反馈分为正反馈和负反馈。其中，凡能使系统偏差的绝对值增大的反馈，就称为正反馈；而能使系统偏差的绝对值减小的反馈，则称为负反馈。

在闭环控制系统中，需要对被控制信号不断地进行测量、变换并反馈到系统的

图 1-15　带速度反馈的电动机拖动系统

控制端与控制信号进行比较，产生偏差信号，实现按偏差控制。由于采用了闭环控制系统，系统的被控制信号对外界干扰和内部参数变化不敏感，即闭环控制系统抗干扰能力强，而开环控制系统则做不到这一点。

从系统的稳定性来考虑，开环控制系统容易解决，而闭环控制系统的稳定性始终是一个重

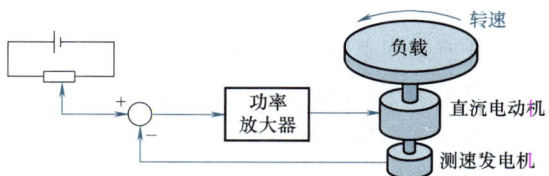

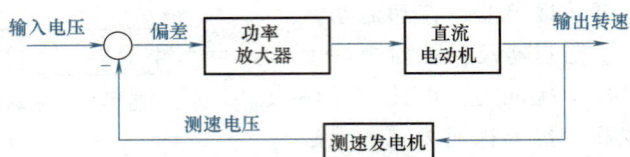

图 1-16 带速度反馈的电动机拖动系统框图

要问题，外界干扰或闭环控制系统的超调会造成系统振荡甚至不稳定。闭环系统也存在着响应滞后的现象，对干扰作用经过一段时间之后才能逐渐反映出来，且结构复杂、维护不易。

3. 复合控制

闭环控制和开环控制相结合的一种控制方式是复合控制。它是在闭环控制的基础上增加一个干扰信号的补偿控制，以提高控制系统的抗干扰能力。复合控制系统框图如图 1-17 所示。

增加干扰信号的补偿控制作用，可以在干扰对被控制量产生不利影响的同时，及时提供控制作用以抵消此不利影响。闭环控制则要等待该不利影响反映到被控制信号之后才能起到控制作用，对干扰的反应较慢；但如果没有反馈信号回路，只按干扰进行

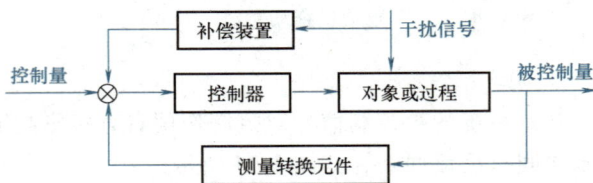

图 1-17 复合控制系统框图

补偿控制时，从干扰信号来看，则只有顺馈控制作用，控制方式相当于开环控制，被控制量又不能得到精确控制。两者的结合既能得到高控制精度，又能提高抗干扰能力，因此获得广泛的应用。当然，采用这种复合控制的前提是干扰信号可以测量到。例如水位控制系统的干扰信号即进出管道的流量信号，便是可测量到的。

物料加热控制系统就是一个典型的复合控制系统，如图 1-18 所示。进入加热炉的流体物料在燃烧的燃油加热下，温度得到提升，温度控制器通过阀门调节燃油流量供应，稳定地控制加热炉温。然而，由于物料流动受到管道压力和流量波动的影响，通过加热炉后所带走的热量也在变化，导致加热炉温不能够保持稳定。为了提前了解进入加热炉的流量数据，实现稳定控制炉温，必须考虑到流体的干扰波动。

这里受控对象是加热炉，被控制量是温度，干扰是燃油压力的波动及流体流量的改变；控制部件是燃油管道阀门，测量元件是温度传感器和流量检测器。图 1-19 所示为物料加热控制系统框图。

自动控制系统的种类很多，它们的性能和控制任务也各不相同。工程上，为了研究控制系统的共性规律，一般自动控制系统按照输出的变化规律可以分为以下三种。

（1）恒值控制系统 在外界作用下，系统的输出仍能基本保持为常量的系统，也称为镇定系统或自动调节系统。

（2）随动控制系统 在外界的作用下，系统的输出能跟踪输入，在广阔范围内按事先

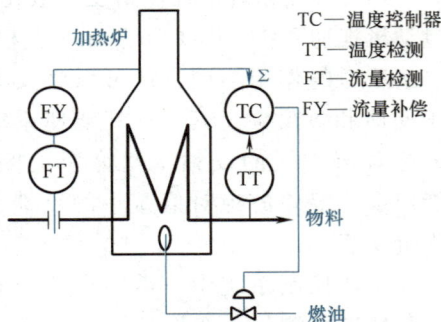

TC—温度控制器
TT—温度检测
FT—流量检测
FY—流量补偿

图 1-18 物料加热控制系统

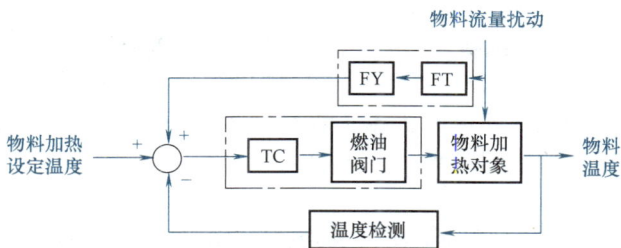

图 1-19 物料加热控制系统框图

未知的时间函数变化，也称同步随动系统。

（3）程序控制系统 在外界的作用下，系统的输出按预定程序变化的系统。

另外，广义系统还可根据是否满足叠加性而分为线性系统和非线性系统；根据系统中信号或变量是否全是连续量而分为连续系统和离散系统（或模拟系统和数字系统）；根据系统中信号或变量是否全是确定值而分为确定性系统和随机系统；根据系统的功能可分为温度控制系统、速度控制系统等。

还有其他一些分类方法，这里就不一一列举了。

1.4 对控制系统的基本要求

系统的被控信号应该迅速准确地按输入信号的变化而相应变化，且尽量减少任何干扰信号的不利影响。对各类自动控制系统性能的基本要求可以归纳为稳、准、快三个方面。

（1）稳定性 因闭环控制存在反馈，系统又存在惯性，当系统参数匹配不当时，会引起振荡而导致系统发散或不能恢复到平衡状态，丧失工作能力。故保持系统稳定，是系统工作的首要条件。

（2）准确性 指调节过程结束言输出量与给定量之间的偏差，也称稳态精度。例如：数控机床的控制精度越高，则其加工的零件精度也越高。

（3）快速性 在系统稳定的条件下，当系统的输出量和输入量之间产生偏差时，消除这种偏差过程的快速程度，既包括输出所经历的过渡过程时间长短，也包括输出在过渡过程初始阶段的反应速度。

由上述可知，在系统应满足的基本要求中，稳定性是系统正常工作的前提条件，是反馈系统最基本的要求；过渡过程的平稳性（相对稳定性）和响应的快速性反映了系统在过渡过程中的性能，可称为系统的动态品质、动态性能或瞬态响应性能；稳态精度（准确性）反映了系统在过渡过程结束时的性能，可称为系统的稳态品质或稳态性能。又因为稳定性、快速性以及准确性都可以说是用来表征系统的过渡过程即动态过程的，所以有时也可认为它们都是系统的动态性能。

不同的系统对稳、准、快这三个方面的要求各有侧重。例如：自动调节系统对稳态精度的要求很高，而随动系统对快速性要求高，特别是初始响应速度要快。同一个系统的稳、快、准这三个方面的性能是相互制约的。提高了响应的快速性，可能会引起过渡过程产生强烈的振荡，改善了过渡过程的平稳性，又可能会使系统的反应迟钝，甚至稳态精度也会变差。

各种自动控制系统为了完成特定的任务，必须具备一定的性能。当然，一个性能优良的机械工程自动控制系统绝不是机械和电子设备的简单组合，必定是对整个系统进行仔细分析和精心设计的结果。自动控制理论为机械工程自动控制系统分析和设计提供理论依据和方法。这将是本书所要讨论的重点。

课外阅读　钱学森在控制工程领域的突出贡献

钱学森（1911年12月11日—2009年10月31日），出生于上海，籍贯浙江杭州，中国共产党的优秀党员，忠诚的共产主义战士，享誉海内外的国家杰出贡献科学家和中国航天事业的奠基人，中国科学院、中国工程院资深院士，两弹一星功勋奖章获得者。

钱学森1929—1934年就读于国立交通大学机械工程系，1939年获得美国加州理工学院航空和数学博士学位，1947年任麻省理工学院教授，1956年任中国科学院力学研究所所长，1957年补选为中国科学院学部委员（院士），1986年6月任中国科学技术协会主席，1994年当选为中国工程院院士。钱学森主要从事应用力学、工程控制论、航空工程、火箭导弹技术、系统工程和系统科学、思维科学和人体科学以及马克思主义哲学等领域的研究，并做出了卓越贡献。

在工程控制理论方面，钱学森将控制论发展成为一门新的技术科学——工程控制论。1954年，《工程控制论》一书在美国出版，1958年出版了中文版。工程控制论在其形成过程中，把设计稳定与制导系统这类工程技术实践作为主要研究对象。钱学森本人就是这类研究工作的先驱者，为导弹与航天器的制导理论奠定了基础，对中国的火箭、导弹和航天事业的迅速发展做出了重大贡献。

自动化技术早在20世纪40年代就被引入我国，但一直到20世纪50年代中期才真正开始走上发展之路。当时，由钱学森等一批海外归来的专家带回了先进的理论和技术，其中最著名的就是钱学森的《工程控制论》一书，它不仅是工程控制理论的重要奠基石，也为自动化科学技术的发展指明了方向，为中国培养了一代自动控制理论的人才。

钱学森的工程控制论首先解决了一批工程实际中的控制论问题，并在不断探索各种复杂系统运动规律的基础上，密切结合我国国防和国民经济建设的需要，提出和解决了大系统、复杂系统和复杂巨系统的组织管理和控制中的大量理论和实践问题。

钱学森一贯重视学术交流。1957年，钱学森在筹备成立中国自动化学会的同时就创办了会刊《自动化》杂志，并在国内外公开发行，1961年改刊名为《自动化学报》。半个多世纪以来，《自动化学报》为普及自动化知识和促进自动化科学技术领域的学术交流作出了重要的贡献。

20世纪50年代后期到60年代前期，在绝大多数经典控制专家们还未意识到现代控制理论已在悄然发展的时候，钱学森看到了现代控制理论正在形成的发展趋势，看到了它的发展对制导和导航的重要作用，并且认识到这个新的发展方向是自动控制与数学的交叉。他提醒相关科研人员，在密切注意国际上控制理论发展的同时，也要研究我国导弹研制中提出的控制理论问题，强调研究理论者要了解实际问题，并形象地指出"只站在水边不够，要敢于'下水'，善于'下水'"。

大系统理论是系统工程学发展的一个新阶段。大系统的理论和实践，主要是研究解决系统工程中关于事物发展过程的定量描述、模拟、预测和控制问题。1985 年，钱学森指出，大系统理论属于技术科学，要注意利用知识和经验，并接受基础层次的系统学的指导。此外，还建议结合国家宏观社会经济问题组织交叉学科合作研究。

半个多世纪以来，钱学森组织指导我国新一代工程控制论研究人员，在工程控制系统设计方面，发展了多变量控制理论、最佳控制理论、自适应控制理论，研究了自学习、自组织系统。

在工程控制技术方面，促进了电子计算机在国防和国民经济各部门的广泛采用，促使生产过程自动化向多机、机组自动化以及综合自动化发展。当时很少有人知晓的现代控制理论，在钱学森的推动下，在国内已成为生机勃勃并向多学科渗透的主导学科。

钱学森是中国控制理论的导师。继承和发扬钱学森在控制论中开创的技术科学传统，努力按照钱学森现代科学技术体系建立系统与控制学科体系，是我国控制领域的奋斗目标。

思考题与习题

1-1 机械工程控制基础的研究对象和任务是什么？

1-2 试举几个开环与闭环自动控制系统的例子，画出它们的框图，并说明它们的工作原理，讨论其特点。

1-3 控制系统的基本要求是什么？

1-4 闭环自动控制系统是由哪几个环节组成的？各个环节在系统中起什么作用？

1-5 图 1-20 所示为恒温箱的温度控制系统，试分析系统的自动调温过程，并说明系统的输出量、输入量、控制量和扰动量各是什么。

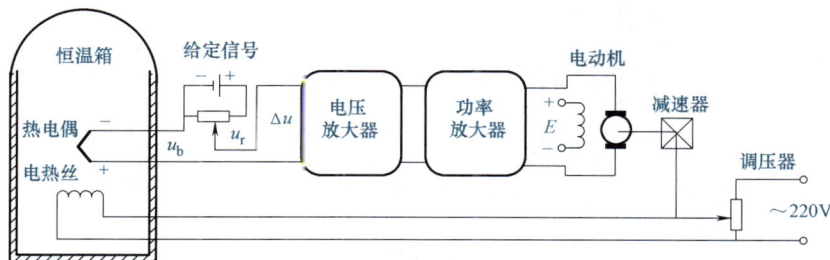

图 1-20 题 1-5 图

1-6 图 1-21 所示为液面控制系统，试分析该系统的工作原理，并在系统中找出控制量、扰动量、被控制量、控制器和被控对象。

1-7 水箱温度控制系统如图 1-22 所示，为了保证温度恒定，由温控器调节电加热器的功率。使用时，水箱流出热水并补充冷水。试说明该系统的工作原理并画出系统的框图。

1-8 分析图 1-23 所示大门自动开启装置的工作原理并绘制系统功能框图。

1-9 图 1-24 所示为瓦特式速度调节器，试标注出运转关键参数，说明其工作原理并画出框图。假设负载没有变化。

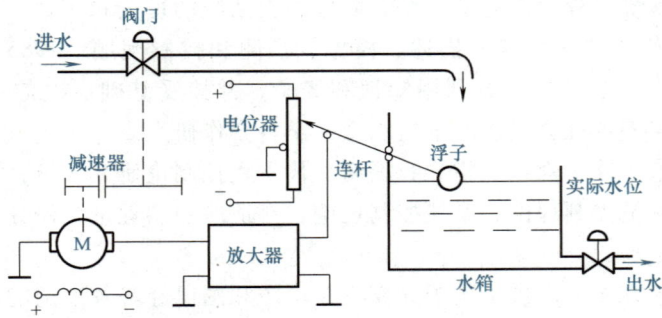

图 1-21 题 1-6 图

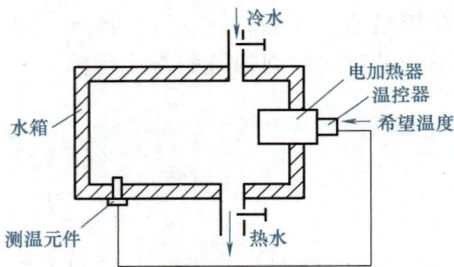

图 1-22 题 1-7 图

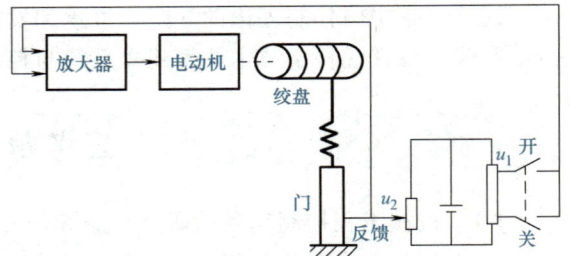

图 1-23 题 1-8 图

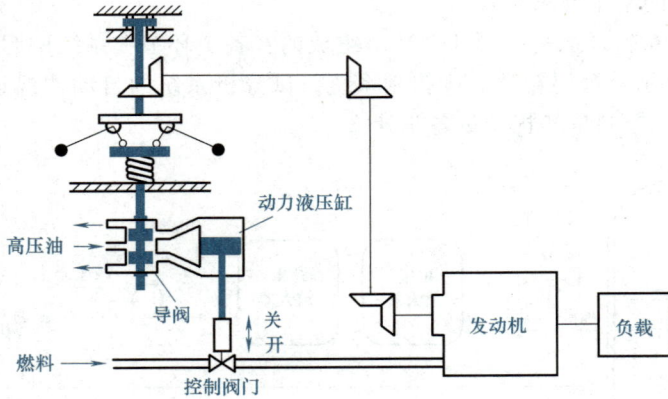

图 1-24 题 1-9 图

第2章

拉普拉斯变换

拉普拉斯变换是一种基本的工程数学变换，是将自动控制系统从时域分析引入频域分析的数学基石，也是求解线性系统微分方程的有效手段。本章在简要复习复数和复变函数的基础上，主要介绍拉普拉斯变换的概念、典型时间函数的拉普拉斯变换、拉普拉斯变换的性质、拉普拉斯反变换的方法及拉普拉斯变换在控制工程中的应用。

2.1 复数和复变函数

1. 复数

复数 s 由实部 σ 和虚部 ω 构成，即 $s=\sigma+\omega\mathrm{j}$，其中 $\mathrm{j}=\sqrt{-1}$。两个复数相等，必须实部和虚部同时分别相等。若两个复数的实部相等，虚部符号相反且绝对值相等，则这两个复数称为共轭复数。例如：$s_1=\sigma+\omega\mathrm{j}$ 与 $s_2=\sigma-\omega\mathrm{j}$ 即为共轭复数。

复数可以用以下四种方法表示：

（1）点表示法　一个复数 $s=\sigma+\omega\mathrm{j}$ 对应复平面上的点（σ，ω）。

（2）向量表示法　向量的长度 $l=|s|=\sqrt{\sigma^2+\omega^2}$，幅角 $\theta=\arctan\dfrac{\omega}{\sigma}$。

（3）三角表示法　$s=l\cos\theta+\mathrm{j}l\sin\theta$，其中 l 为向量 s 的长度，而 θ 为向量 s 的幅角。

（4）指数表示法　$s=l\mathrm{e}^{\theta\mathrm{j}}$，这是根据三角表示法和欧拉公式 $\mathrm{e}^{\theta\mathrm{j}}=\cos\theta+\mathrm{j}\sin\theta$ 得到的。

例 2-1　将复数 $s=1+2\mathrm{j}$ 和 $s=-1+3\mathrm{j}$ 用指数表示法表示出来。

解　复数 $s=1+2\mathrm{j}$ 用指数表示法表示为：$s=\sqrt{5}\,\mathrm{e}^{\arctan 2\mathrm{j}}$

复数 $s=-1+3\mathrm{j}$ 用指数表示法表示为：$s=\sqrt{10}\,\mathrm{e}^{(\pi-\arctan 3)\mathrm{j}}$

2. 复变函数

以复数 $s=\sigma+\omega\mathrm{j}$ 为自变量，按照某一确定法则构成的函数 $G(s)$ 称为复变函数，如 $G(s)=s^2+1$。

例 2-2　复变函数 $G(s)=s^2+1$，当 $s=\sigma+\omega\mathrm{j}$ 时，求 $G(s)$ 的实部和虚部。

解　$G(s)=s^2+1=(\sigma+\omega\mathrm{j})^2+1=(\sigma^2-\omega^2+1)+2\sigma\omega\mathrm{j}$，则 $G(s)$ 的实部 $\mathrm{Re}[G(s)]=\sigma^2-\omega^2+1$，$G(s)$ 的虚部 $\mathrm{Im}[G(s)]=2\sigma\omega$。

若有复变函数 $G(s)=\dfrac{k(s-z_1)(s-z_2)}{s(s-p_1)(s-p_2)}$，当 $s=z_1$ 或 $s=z_2$ 时，$G(s)=0$，则称 z_1 和 z_2 为 $G(s)$ 的零点；当 $s=0$、$s=p_1$ 或 $s=p_2$ 时，$G(s)=\infty$，则称 0、p_1 和 p_2 为 $G(s)$ 的极点。

2.2 拉普拉斯变换简介

拉普拉斯变换实际上是一种函数变换，它能够把描述系统运动状态的微分方程方便地转换为系统的传递函数，并可直接在频域中研究系统的动态特性，对系统进行分析、综合和校正。

2.2.1 拉普拉斯变换的定义

设函数 $x(t)$ 在 $t \geq 0$ 时有定义，且积分 $\int_0^{+\infty} x(t) e^{-st} dt$ 在复平面 $s = \sigma + \omega j$ 的某一域内收敛，则由此积分确定的复变函数可记为 $X(s) = \int_0^{+\infty} x(t) e^{-st} dt$，称 $X(s)$ 为 $x(t)$ 的拉普拉斯变换或象函数，记为

$$X(s) = L[x(t)] = \int_0^{+\infty} x(t) e^{-st} dt \qquad (2-1)$$

对应地称 $x(t)$ 为 $X(s)$ 的拉普拉斯反变换，记为

$$x(t) = L^{-1}[X(s)] = \frac{1}{2\pi j} \int_{\sigma - j\infty}^{\sigma + j\infty} X(s) e^{st} ds \qquad (2-2)$$

在机电工程控制系统中的时间函数一般都可以满足拉普拉斯变换的条件，均可以运用拉普拉斯变换。

例 2-3 利用拉普拉斯变换的定义求函数 $f(t) = 2t$ 的拉普拉斯变换。

解 根据拉普拉斯变换的定义有

$$F(s) = \int_0^{+\infty} f(t) e^{-st} dt = \int_0^{+\infty} 2t e^{-st} dt = -\frac{1}{s} \int_0^{+\infty} 2t de^{-st} = -\frac{1}{s} \left(2t e^{-st} \Big|_0^{+\infty} - \int_0^{+\infty} 2e^{-st} dt \right)$$

$$= -\frac{2}{s^2} \cdot e^{-st} \Big|_0^{\infty} = \frac{2}{s^2}$$

2.2.2 拉普拉斯变换的性质

拉普拉斯变换有其自身的一些性质，掌握这些性质，对工程运算会起到事半功倍的效果。

1. 线性性质

设 $x_1(t)$、$x_2(t)$ 为时域函数，且 $L[x_1(t)] = X_1(s)$，$L[x_2(t)] = X_2(s)$，α、β 为任意常数，则

$$L[\alpha x_1(t) + \beta x_2(t)] = \alpha X_1(s) + \beta X_2(s) \qquad (2-3)$$

证明：由拉普拉斯变换的定义有

$$L[\alpha x_1(t) + \beta x_2(t)] = \int_0^{+\infty} [\alpha x_1(t) + \beta x_2(t)] e^{-st} dt$$

$$= \alpha \int_0^{+\infty} x_1(t) e^{-st} dt + \beta \int_0^{+\infty} x_2(t) e^{-st} dt = \alpha X_1(s) + \beta X_2(s)$$

2. 微分性质

设 $L[x(t)]=X(s)$，$x^{(n)}(t)$ 表示 $x(t)$ 的 n 阶导数，则

$$L[x'(t)]=sX(s)-x(0) \tag{2-4}$$

$$L[x''(t)]=s^2X(s)-sx(0)-x'(0) \tag{2-5}$$

$$L[x^{(n)}(t)]=s^nX(s)-s^{n-1}x(0)-s^{n-2}x'(0)-\cdots-sx^{(n-2)}(0)-x^{(n-1)}(0) \tag{2-6}$$

式中，$x^{(i)}(0)$ 为 $x(t)$ 第 i 阶导数在 $t=0$ 时的值。

证明：可以用数学归纳法证明此性质。

当 $n=1$ 时，由拉普拉斯变换式和分部积分有

$$L[x'(t)]=\int_0^{+\infty}x'(t)e^{-st}dt=\int_0^{+\infty}e^{-st}dx(t)=e^{-st}x(t)\Big|_0^{+\infty}+s\int_0^{+\infty}x(t)e^{-st}dt=sX(s)-x(0)$$

满足式（2-4）。

再假设第 $n-1$ 次导数时下式成立，即

$$L[x^{(n-1)}(t)]=s^{n-1}X(s)-s^{n-2}x(0)-s^{n-3}x'(0)-\cdots-sx^{(n-3)}(0)-x^{(n-2)}(0) \tag{2-7}$$

则第 n 次导数时，再使用分部积分有

$$L[x^{(n)}(t)]=\int_0^{+\infty}x^{(n)}(t)e^{-st}dt=\int_0^{+\infty}e^{-st}dx^{(n-1)}(t)=e^{-st}x^{(n-1)}(t)\Big|_0^{+\infty}+s\int_0^{+\infty}x^{(n-1)}(t)e^{-st}dt \tag{2-8}$$

再将式（2-7）代入式（2-8）有

$$L[x^{(n)}(t)]=-x^{(n-1)}(0)+sL[x^{(n-1)}(t)]=s^nX(s)-s^{n-1}x(0)-s^{n-2}x'(0)-\cdots-sx^{(n-2)}(0)-x^{(n-1)}(0)$$

即式（2-6）得证。

若 $$x(0)=x'(0)=\cdots=x^{(n-2)}(0)=x^{(n-1)}(0)=0$$

则 $$L[x^{(n)}(t)]=s^nX(s) \tag{2-9}$$

3. 积分性质

设 $L[x(t)]=X(s)$，$x^{-1}(0)=\int x(t)dt$ 在 $t=0$ 时的值。$x^{-i}(0)$ 表示 $x(t)$ 的 i 重积分在 $t=0$ 时的值，则

$$L\left[\int x(t)dt\right]=\frac{1}{s}X(s)+\frac{1}{s}x^{-1}(0) \tag{2-10}$$

$$L\left[\iint x(t)dtdt\right]=\frac{1}{s^2}X(s)+\frac{1}{s^2}x^{-1}(0^+)+\frac{1}{s}x^{-2}(0) \tag{2-11}$$

$$L\left[\int\cdots\int x(t)(dt)^n\right]=\frac{1}{s^n}X(s)+\frac{1}{s^n}x^{-1}(0^+)+\frac{1}{s^{n-1}}x^{-2}(0)+\cdots+\frac{1}{s}x^{-n}(0) \tag{2-12}$$

证明：根据拉普拉斯变换定义式和分部积分得

$$L\left[\int_0^t x(\tau)d\tau\right]=\int_0^{+\infty}\left[\int x(\tau)d\tau\right]e^{-st}dt$$

$$=-\frac{1}{s}\int_0^{+\infty}\left[\int x(\tau)d\tau\right]de^{-st}$$

$$=-\frac{e^{-st}\int x(\tau)d\tau}{s}\Bigg|_0^{+\infty}+\frac{1}{s}\int_0^{+\infty}x(t)e^{-st}dt=\frac{x^{-1}(0^+)}{s}+\frac{X(s)}{s}$$

同样用数学归纳法可以证明更多次积分的拉普拉斯变换。

若
$$x^{-1}(0) = x^{-2}(0) = \cdots = x^{-n}(0) = 0$$

则
$$L\left[\int\cdots\int x(t)(\mathrm{d}t)^n\right] = \frac{1}{s^n}X(s) \tag{2-13}$$

4. 初值定理

设 $L[x(t)] = X(s)$，若 $x(t)$ 和 $x'(t)$ 存在拉普拉斯变换，而且 $\lim\limits_{s\to\infty} sX(s)$ 也存在，则

$$x(0) = \lim_{s\to\infty} sX(s) \tag{2-14}$$

证明：根据微分性质有

$$L[x'(t)] = \int_0^{+\infty} x'(t)\mathrm{e}^{-st}\mathrm{d}t = sL[x(t)] - x(0)$$

令 $s\to+\infty$，有

$$\lim_{s\to+\infty}(sL[x(t)] - x(0)) = \lim_{s\to+\infty}\int_0^{+\infty} x'(t)\mathrm{e}^{-st}\mathrm{d}t = 0$$

则有
$$x(0) = \lim_{s\to\infty} sX(s)$$

5. 终值定理

设 $L[x(t)] = X(s)$，若 $x(t)$ 和 $x'(t)$ 存在拉普拉斯变换，而且 $\lim\limits_{t\to\infty} x(t)$ 也存在且唯一，则

$$x(+\infty) = \lim_{t\to+\infty} x(t) = \lim_{s\to 0} sX(s) \tag{2-15}$$

证明：根据微分性质有

$$L[x'(t)] = \int_0^{+\infty} x'(t)\mathrm{e}^{-st}\mathrm{d}t = sL[x(t)] - x(0)$$

令 $s\to 0$，有

$$\lim_{s\to 0}\{sL[x(t)] - x(0)\} = \lim_{s\to 0}\int_0^{+\infty} x'(t)\mathrm{e}^{-st}\mathrm{d}t = x(+\infty) - x(0)$$

则有
$$x(+\infty) = \lim_{t\to+\infty} x(t) = \lim_{s\to 0} sX(s)$$

6. 延时性质

设 $L[x(t)] = X(s)$，对任意常数 $t_0 \geq 0$，则

$$L[x(t-t_0)] = \mathrm{e}^{-st_0}X(s) \tag{2-16}$$

证明：由拉普拉斯变换定义有

$$L[x(t-t_0)] = \int_0^{+\infty} x(t-t_0)\mathrm{e}^{-st}\mathrm{d}t$$

设 $\tau = t - t_0$，则

$$L[x(t-t_0)] = \mathrm{e}^{-st_0}\int_{-t_0}^{+\infty} x(\tau)\mathrm{e}^{-s\tau}\mathrm{d}\tau = \mathrm{e}^{-st_0}\int_0^{+\infty} x(\tau)\mathrm{e}^{-s\tau}\mathrm{d}\tau = \mathrm{e}^{-st_0}L[x(t)]$$

由拉普拉斯反变换式（2-2）有

$$L^{-1}[\mathrm{e}^{st_0}X(s)] = \frac{1}{2\pi\mathrm{j}}\int_{\sigma-\mathrm{j}\infty}^{\sigma+\mathrm{j}\infty} \mathrm{e}^{st_0}X(s)\mathrm{e}^{st}\mathrm{d}s = \frac{1}{2\pi\mathrm{j}}\int_{\sigma-\mathrm{j}\infty}^{\sigma+\mathrm{j}\infty} X(s)\mathrm{e}^{s(t+t_0)}\mathrm{d}s = x(t+t_0)$$

7. 位移性质

设 $L[x(t)] = X(s)$，对任意正常数 s_0，则

$$L[\mathrm{e}^{s_0 t}x(t)] = X(s-s_0) \tag{2-17}$$

证明：由拉普拉斯变换定义有

$$L[e^{s_0t}x(t)] = \int_0^{+\infty} e^{s_0t}x(t)e^{-st}dt = \int_0^{+\infty} x(t)e^{-(s-s_0)t}dt = X(s-s_0)$$

根据拉普拉斯反变换有

$$L^{-1}[X(s+s_0)] = \frac{1}{2\pi j}\int_{\sigma-j\infty}^{\sigma+j\infty} X(s+s_0)e^{st}ds \xlongequal{u=s+s_0} \frac{e^{-s_0t}}{2\pi j}\int_{\sigma-j\infty}^{\sigma+j\infty} X(u)e^{ut}du = e^{-s_0t}x(t)$$

8. 卷积定理

定义两个时域函数的卷积为 $x(t)\otimes y(t) = \int_0^t x(t-\tau)y(\tau)d\tau = \int_0^t x(\tau)y(t-\tau)d\tau$，则卷积的拉普拉斯变换为

$$L[x(t)\otimes y(t)] = L[x(t)]L[y(t)] \tag{2-18}$$

证明：由拉普拉斯变换和卷积的定义有

$$L[x(t)\otimes y(t)] = \int_0^{+\infty}\left[\int_0^t x(\tau)y(t-\tau)d\tau\right]e^{-st}dt$$

交换积分限有

$$\begin{aligned}
L[x(t)\otimes y(t)] &= \int_0^{+\infty}\left[\int_\tau^{+\infty} x(\tau)y(t-\tau)e^{-st}dt\right]d\tau \\
&= \int_0^{+\infty} x(\tau)e^{-s\tau}\left[\int_\tau^{+\infty} y(t-\tau)e^{-s(t-\tau)}d(t-\tau)\right]d\tau \\
&= \left[\int_0^{+\infty} x(\tau)e^{-s\tau}d\tau\right]\left[\int_0^{+\infty} y(u)e^{-su}du\right] = L[x(t)]L[y(t)]
\end{aligned}$$

例 2-4 已知 $F(s) = \dfrac{1}{(s+2)^2}$，求 $f(0)$ 和 $\dot{f}(0)$。

解 由拉普拉斯变换初值定理有

$$f(0) = \lim_{s\to+\infty} sF(s) = \lim_{s\to+\infty}\frac{s}{(s+2)^2} = 0$$

$$\dot{f}(0) = \lim_{s\to+\infty} sL[\dot{f}(t)] = \lim_{s\to+\infty} s[sF(s)-f(0)] = \lim_{s\to+\infty}\frac{s^2}{(s+2)^2} = 1$$

2.3 典型时间函数的拉普拉斯变换

在工程应用中，复杂的信号都可以转换成一些简单的信号或简单信号的叠加，故本小节介绍一些典型函数的拉普拉斯变换。

1. 单位脉冲函数

单位脉冲函数由狄利克莱提出，是指没有宽度而有面积的假想函数，可以描述瞬时的冲击过程，如图 2-1 所示。定义为

$$\delta(t) = \begin{cases} +\infty, & t=0 \\ 0, & t\neq 0 \end{cases} \tag{2-19}$$

且有 $\int_{-\infty}^{+\infty}\delta(t)dt = 1$。

根据单位脉冲的性质：$\int_{-\infty}^{+\infty} \delta(t - t_0)f(t)\,\mathrm{d}t = f(t_0)$，$f(t_0)$ 为 $t = t_0$ 时函数 $f(t)$ 的值。

则其拉普拉斯变换为

$$L[\delta(t)] = \int_0^{+\infty} \delta(t)\mathrm{e}^{-st}\mathrm{d}t = \mathrm{e}^{-st}\big|_{t=0} = 1 \qquad (2\text{-}20)$$

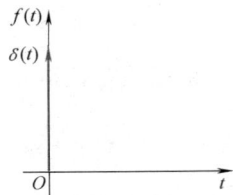

图 2-1　单位脉冲函数

2. 单位阶跃函数

单位阶跃函数可以描述工程中开关信号突然启动的过程，在机电控制系统中经常用到，如图 2-2 所示。其定义为

$$l(t) = \begin{cases} 0, & t < 0 \\ 1, & t \geqslant 0 \end{cases} \qquad (2\text{-}21)$$

则其拉普拉斯变换为

$$L[l(t)] = \int_0^{+\infty} l(t)\mathrm{e}^{-st}\mathrm{d}t = \int_0^{+\infty} \mathrm{e}^{-st}\mathrm{d}t = -\frac{1}{s}\mathrm{e}^{-st}\big|_0^{+\infty} = \frac{1}{s} \qquad (2\text{-}22)$$

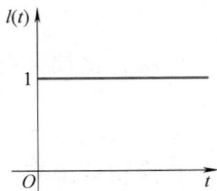

另外，$\delta(t)$ 为 $l(t)$ 的导数，即有 $\delta(t) = \dfrac{\mathrm{d}l(t)}{\mathrm{d}t}$。

图 2-2　单位阶跃函数

3. 单位斜坡函数

单位斜坡函数可以描述工程中信号缓慢启动的过程，如图 2-3 所示。其定义为

$$f(t) = \begin{cases} 0, & t < 0 \\ t, & t \geqslant 0 \end{cases} \qquad (2\text{-}23)$$

则其拉普拉斯变换为

$$L[f(t)] = \int_0^{+\infty} f(t)\mathrm{e}^{-st}\mathrm{d}t = \int_0^{+\infty} t\mathrm{e}^{-st}\mathrm{d}t$$

$$= -\frac{1}{s}\left(t\mathrm{e}^{-st}\big|_0^{+\infty} - \int_0^{+\infty} \mathrm{e}^{-st}\mathrm{d}t\right) = \frac{1}{s^2} \qquad (2\text{-}24)$$

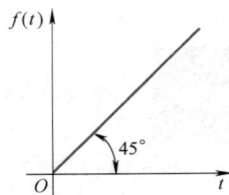

图 2-3　单位斜坡函数

另外，$l(t)$ 为 $f(t)$ 的导数，即有 $l(t) = \dfrac{\mathrm{d}f(t)}{\mathrm{d}t}$。

4. 指数函数

工程中的指数函数一般都在时间正轴上定义，在电容的充电过程中其电压的变化即为指数函数，如图 2-4 所示。其定义为

$$f(t) = \begin{cases} 0, & t < 0 \\ \mathrm{e}^{at}, & t \geqslant 0 \end{cases} \qquad (2\text{-}25)$$

其拉普拉斯变换为

图 2-4　指数函数

$$L[f(t)] = \int_0^{+\infty} f(t)\mathrm{e}^{-st}\mathrm{d}t = \int_0^{+\infty} \mathrm{e}^{at}\mathrm{e}^{-st}\mathrm{d}t = \int_0^{+\infty} \mathrm{e}^{(a-s)t}\mathrm{d}t = \frac{1}{a-s}\mathrm{e}^{(a-s)t}\big|_0^{+\infty} = \frac{1}{s-a} \quad (2\text{-}26)$$

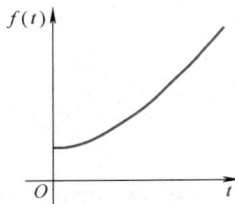

5. 正弦函数

工程中的正弦函数一般都在时间正轴上定义，如图 2-5 所示。其定义为

$$f(t) = \begin{cases} 0, & t < 0 \\ \sin\omega t, & t \geqslant 0 \end{cases} \qquad (2\text{-}27)$$

其拉普拉斯变换为

$$L[f(t)] = \int_0^{+\infty} f(t) e^{-st} dt = \int_C^{-\infty} e^{-st} \sin\omega t dt$$

$$= \int_0^{+\infty} \frac{1}{2j} (e^{\omega tj} - e^{-\omega tj}) e^{-st} dt = \frac{\omega}{s^2 + \omega^2} \qquad (2\text{-}28)$$

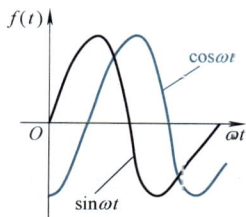

图 2-5 三角函数

6. 余弦函数

工程中的余弦函数一般都在时间正轴上定义，如图 2-5 所示。其定义为

$$f(t) = \begin{cases} 0, & t < 0 \\ \cos\omega t, & t \geq 0 \end{cases} \qquad (2\text{-}29)$$

其拉普拉斯变换为

$$L[f(t)] = \int_0^{+\infty} f(t) e^{-st} dt = \int_0^{+\infty} e^{-st} \cos\omega t dt = \int_0^{+\infty} \frac{1}{2} (e^{\omega tj} + e^{-\omega tj}) e^{-st} dt = \frac{s}{s^2 + \omega^2} \quad (2\text{-}30)$$

其余常用函数的拉普拉斯变换对照见表 2-1。

表 2-1 常用函数的拉普拉斯变换对照

序号	$f(t)$	$F(s)$	序号	$f(t)$	$F(s)$
1	$\delta(t)$	1	6	t^n	$\dfrac{n!}{s^{n+1}}$
2	$l(t)$	$\dfrac{1}{s}$	7	$e^{-at}\sin\omega t$	$\dfrac{\omega}{(s+a)^2+\omega^2}$
3	e^{at}	$\dfrac{1}{s-a}$	8	$e^{-at}\cos\omega t$	$\dfrac{s+a}{(s+a)^2+\omega^2}$
4	$\sin\omega t$	$\dfrac{\omega}{s^2+\omega^2}$	9	$e^{-at}t^n$	$\dfrac{n!}{(s+a)^{n+1}}$
5	$\cos\omega t$	$\dfrac{s}{s^2+\omega^2}$	10	$\dfrac{e^{-at}-e^{-bt}[1-(a-b)t]}{(a-b)^2}$	$\dfrac{1}{(s+a)(s+b)^2}$

2.4 拉普拉斯反变换

当已知 $x(t)$ 的拉普拉斯变换 $X(s)$，欲求原函数 $x(t)$ 时，其求解过程称为拉普拉斯反变换。拉普拉斯反变换可以利用式 (2-2) 求得，但需要用到复变函数的留数定理求解，在此不做介绍。简单的拉普拉斯反变换也可以通过查表 2-1 获得，下面介绍利用部分分式法求解拉普拉斯反变换的方法。

对于函数 $X(s)$，常可以写成多项式形式，即

$$X(s) = \frac{B(s)}{A(s)} = \frac{b_m s^m + b_{m-1} s^{m-1} + \cdots + b_1 s + b_0}{a_n s^n + a_{n-1} s^{n-1} + \cdots + a_1 s + a_0} = \frac{k(s-z_1)(s-z_2)\cdots(s-z_m)}{(s-p_1)(s-p_2)\cdots(s-p_n)} \qquad (2\text{-}31)$$

式中，$z_1, z_2, \cdots, z_m$ 称为函数 $X(s)$ 的零点，而 $p_1, p_2, \cdots, p_n$ 称为函数 $X(s)$ 的极点，且 $n \geq m$，根据极点的情况拉普拉斯反变换可以分两类情况求解。

1. 函数 $X(s)$ 中无相同极点时

函数 $X(s)$ 可展成

$$X(s) = \frac{B(s)}{A(s)} = \frac{k_1}{s-p_1} + \frac{k_2}{s-p_2} + \cdots + \frac{k_n}{s-p_n} = \sum_{j=1}^{n} \frac{k_j}{s-p_j} \qquad (2\text{-}32)$$

式中，k_j 为待定系数。

用 $(s-p_1)$ 同时乘以式（2-32）两边，并以 $s=p_1$ 代入，则有

$$k_1 = \frac{B(s)}{A(s)}(s-p_1)\Big|_{s=p_1} \qquad (2\text{-}33)$$

同理将 $(s-p_j)$ 同时乘以式（2-32）两边，并以 $s=p_j$ 代入，则有

$$k_j = \frac{B(s)}{A(s)}(s-p_j)\Big|_{s=p_j} \qquad (2\text{-}34)$$

则 $X(s)$ 的拉普拉斯反变换为

$$x(t) = L^{-1}[X(s)] = \sum_{j=1}^{n} k_j e^{p_j t} \qquad (2\text{-}35)$$

例 2-5 已知函数 $F(s) = \dfrac{s+3}{s^2+3s+2}$，求 $f(t)$。

解

$$F(s) = \frac{s+3}{s^2+3s+2} = \frac{s+3}{(s+1)(s+2)} = \frac{k_1}{s+1} + \frac{k_2}{s+2}$$

而 $k_1 = \dfrac{s+3}{(s+1)(s+2)}(s+1)\Big|_{s=-1} = 2$，$k_2 = \dfrac{s+3}{(s+1)(s+2)}(s+2)\Big|_{s=-2} = -1$，故得

$$F(s) = \frac{2}{s+1} - \frac{1}{s+2}$$

则

$$f(t) = 2e^{-t} - e^{-2t}$$

例 2-6 已知函数 $F(s) = \dfrac{2s+12}{s^2+2s+5}$，求 $f(t)$。

解

$$F(s) = \frac{2s+12}{s^2+2s+5} = \frac{2s+12}{(s+1+j2)(s+1-j2)} = \frac{k_1}{s+1+j2} + \frac{k_2}{s+1-j2}$$

其中

$$k_1 = \frac{2s+12}{(s+1+j2)(s+1-j2)}(s+1+j2)\Big|_{s=-1-j2} = 1+j\frac{5}{2}$$

$$k_2 = \frac{2s+12}{(s+1+j2)(s+1-j2)}(s+1-j2)\Big|_{s=-1+j2} = 1-j\frac{5}{2}$$

故得

$$F(s) = \frac{1+j\dfrac{5}{2}}{s+1+j2} + \frac{1-j\dfrac{5}{2}}{s+1-j2}$$

则 $f(t) = \left(1+\dfrac{5}{2}j\right)e^{-(1+2j)t} + \left(1-\dfrac{5}{2}j\right)e^{-(1-2j)t} = e^{-(1+2j)t} + e^{-(1-2j)t} + \dfrac{5}{2}j\left[e^{-(1+2j)t} - e^{-(1-2j)t}\right]$

$= e^{-t}(e^{-2tj} + e^{2tj}) + \dfrac{5}{2}je^{-t}(e^{-2tj} - e^{2tj}) = 2e^{-t}\dfrac{e^{2tj} + e^{-2tj}}{2} - j^2 5e^{-t}\dfrac{e^{2tj} - e^{-2tj}}{2j}$

$= 2e^{-t}\cos 2t + 5e^{-t}\sin 2t$

2. 函数 $X(s)$ 中含多重极点时

$$X(s) = \frac{B(s)}{A(s)} = \frac{b_m s^m + b_{m-1}s^{m-1} + \cdots + b_1 s + b_0}{a_n s^n + a_{n-1}s^{n-1} + \cdots + a_1 s + a_0} = \frac{k(s-z_1)(s-z_2)\cdots(s-z_m)}{(s-p_1)^r(s-p_2)\cdots(s-p_{n-r})} \quad (2\text{-}36)$$

其中 r 表示 $X(s)$ 中含有重根的个数。函数 $X(s)$ 可以展成如下形式，即

$$X(s) = \frac{B(s)}{A(s)} = \frac{k_{11}}{(s-p_1)^r} + \frac{k_{12}}{(s-p_1)^{r-1}} + \cdots + \frac{k_{1r}}{(s-p_1)} + \frac{k_2}{s-p_2} + \cdots + \frac{k_j}{s-p_j} + \cdots + \frac{k_{n-r}}{s-p_{n-r}} \quad (2\text{-}37)$$

其中系数

$$k_{11} = \lim_{s \to p_1}\left[(s-p_1)^r X(s)\right]$$

$$k_{12} = \lim_{s \to p_1}\frac{d}{ds}\left[(s-p_1)^r X(s)\right]$$

$$k_{1r} = \lim_{s \to p_1}\frac{1}{(r-1)!}\frac{d^{r-1}}{ds^{r-1}}\left[(s-p_1)^r X(s)\right]$$

其余系数 k_j 的求法与第一种情况所述的方法相同。

则 $X(s)$ 拉普拉斯反变换为

$$x(t) = L^{-1}[X(s)] = \left[k_{11}\frac{t^{r-1}}{(r-1)!} + k_{12}\frac{t^{r-2}}{(r-2)!} + \cdots + k_{1r}\right]e^{p_1 t} + \sum_{j=r+1}^{n}k_j e^{p_j t}$$

$$(2\text{-}38)$$

例 2-7 已知函数 $F(s) = \dfrac{1}{s(s+2)^3(s+3)}$，求 $f(t)$。

解 $\quad F(s) = \dfrac{1}{s(s+2)^3(s+3)} = \dfrac{k_1}{s} + \dfrac{k_{21}}{(s+2)^3} + \dfrac{k_{22}}{(s+2)^2} + \dfrac{k_{23}}{s+2} + \dfrac{k_3}{s+3}$

其中

$k_1 = \dfrac{1}{s(s+2)^3(s+3)}s\Big|_{s=0} = \dfrac{1}{24}$，$k_{21} = \dfrac{1}{s(s+2)^3(s+3)}(s+2)^3\Big|_{s=-2} = -\dfrac{1}{2}$，

$k_{22} = \dfrac{d}{ds}\left[\dfrac{1}{s(s+2)^3(s+3)}(s+2)^3\right]\Bigg|_{s=-2} = \dfrac{1}{4}$，$k_{23} = \dfrac{1}{2}\dfrac{d^2}{ds^2}\left[\dfrac{1}{s(s+2)^3(s+3)}(s+2)^3\right]\Bigg|_{s=-2} = -\dfrac{3}{8}$，

$k_3 = \dfrac{1}{s(s+2)^3(s+3)}(s+3)\Big|_{s=-3} = \dfrac{1}{3}$

故得

$$F(s) = \frac{1}{24s} - \frac{1}{2(s+2)^3} + \frac{1}{4(s+2)^2} - \frac{3}{8(s+2)} + \frac{1}{3(s+3)}$$

则

$$f(t) = \frac{1}{24} - \frac{1}{4}t^2 e^{-2t} + \frac{1}{4}t e^{-2t} - \frac{3}{8}e^{-2t} + \frac{1}{3}e^{-3t}$$

2.5 拉普拉斯变换在工程中的应用

拉普拉斯变换的一个重要工程应用就是求解线性常微分方程，现以质量-弹簧系统为例来说明拉普拉斯变换在工程中的应用。

例 2-8 求图 2-6 所示质量-弹簧系统中（不计阻尼），在单位脉冲力的作用下，质量块 m 的运动规律。

解 设 $x(t)$ 为弹簧的变形量，根据牛顿第二定律列出系统的微分方程：

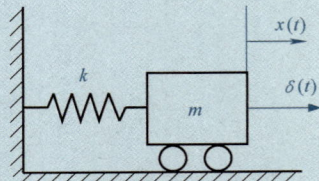

$$m\frac{\mathrm{d}^2 x(t)}{\mathrm{d}t^2} = -kx(t) + \delta(t) \tag{2-39}$$

图 2-6 质量-弹簧系统

将微分方程式（2-39）两端进行拉普拉斯变换，并利用拉普拉斯变换的线性性质及微分性质等得到

$$m\left[s^2 X(s) - sx(0) - \dot{x}(0)\right] = -kX(s) + 1 \tag{2-40}$$

式中，$x(0)$ 与 $\dot{x}(0)$ 为初始状态，整理得

$$X(s) = \frac{sx(0) + \dot{x}(0) + \dfrac{1}{m}}{s^2 + \dfrac{k}{m}} = x(0)\frac{s}{s^2 + \left(\sqrt{\dfrac{k}{m}}\right)^2} + \frac{\dot{x}(0) + \dfrac{1}{m}}{\sqrt{\dfrac{k}{m}}}\frac{\sqrt{\dfrac{k}{m}}}{s^2 + \left(\sqrt{\dfrac{k}{m}}\right)^2} \tag{2-41}$$

对式（2-41）两端进行拉普拉斯反变换，得到系统的微分方程解为

$$x(t) = L^{-1}\left[X(s)\right] = x(0)\cos\left(\sqrt{\frac{k}{m}}t\right) + \frac{m\dot{x}(0) + 1}{\sqrt{mk}}\sin\left(\sqrt{\frac{k}{m}}t\right) = A\sin\left(\sqrt{\frac{k}{m}}t + \varphi\right) \tag{2-42}$$

可见：质量块 m 作简谐振动，其振幅 $A = \sqrt{x^2(0) + \dfrac{\left[m\dot{x}(0) + 1\right]^2}{mk}}$，角频率为 $\sqrt{\dfrac{k}{m}}$，初始相位角 $\varphi = \arctan\dfrac{x(0)\sqrt{mk}}{m\dot{x}(0) + 1}$。

利用拉普拉斯变换法求解线性定常微分方程的步骤如下：

1）利用拉普拉斯变换，将线性定常微分方程转换为变量 s 的代数方程。

2）由代数方程求出输出量拉普拉斯变换函数的表达式。

3）对输出量拉普拉斯变换函数求拉普拉斯反变换，得到输出量的时域表达式，即为所求微分方程的解。

课外阅读　拉普拉斯简介

皮埃尔-西蒙·拉普拉斯侯爵（Pierre-Simon marquis de Laplace，1749 年 3 月 23 日—1327 年 3 月 5 日），法国著名的天文学家和数学家，也是法国科学院院士。他是天体力学的主要奠基人、天体演化学的创立者之一。此外，他还是分析概率论的创始人，因此可以说拉普拉斯是应用数学的先驱。

在研究天体问题的过程中，他创造和发展了许多数学的方法，以他的名字命名的拉普拉斯变换、拉普拉斯定理和拉普拉斯方程，在科学技术的各个领域有着广泛的应用。

拉普拉斯生于诺曼底的博蒙，他的父亲是农场主。拉普拉斯早年在学校学习时就已经显示出数学才能，18 岁时（1767 年）离家到巴黎，决定从事数学工作。他带着一封推荐信去找当时法国的著名学者达朗贝尔，但被其拒绝接见。拉普拉斯就寄去一篇力学方面的论文给达朗贝尔。这篇论文出色至极，以至达朗贝尔忽然高兴得要当他的教父，并将拉普拉斯推荐到军事学校教书。

此后，他同拉瓦锡在一起工作了一个时期，他们测定了许多物质的比热。1780 年，他们两人证明了将一种化合物分解为其组成元素所需的热量等于这些元素形成该化合物时所放出的热量，这可以看作是热化学的开端。而且，这也是继布拉克关于潜热的研究工作之后向能量守恒定律迈进的又一个里程碑，50 年后这个定律终于诞生了。

拉普拉斯把注意力主要集中在天体力学的研究上。他把牛顿的万有引力定律应用到整个太阳系。1773 年，他解决了一个当时著名的难题：木星轨道为什么在不断收缩，而同时土星轨道又在不断膨胀？拉普拉斯用数学方法证明（尽管是近似的），行星的轨道大小具有周期性变化。这就是著名的拉普拉斯定理，从此，人们开始了对太阳系稳定性问题的研究。同年，他成为法国科学院副院士。

1784—1785 年，他求得天体对其外任一质点的引力分量可以用一个势函数来表示，这个势函数满足一个偏微分方程，即著名的拉普拉斯方程。1785 年他被选为科学院院士。他长期主要从事大行星运动理论和月球运动理论方面的研究工作，在总结前人研究成果的基础上取得大量的重要成果，使得这些天体的运动理论系统化。

利用拉普拉斯变换求解微分方程时，表面上感觉是走了弯路，绕了一大圈才将方程解出，但实际上比直接求解方程更简单、更有效。

思考题与习题

2-1　根据定义求下列函数的拉普拉斯变换。

（1）$f(t)=\sin\dfrac{t}{2}$　（2）$f(t)=e^{-2t}$　（3）$f(t)=t^n$（$n\geqslant 1$）　（4）$f(t)=\sin t\cos t$

2-2　根据定义求下列函数的拉普拉斯变换。

$$(1)\ f(t)=\begin{cases}3, & 0\leqslant t<2 \\ -1, & 2\leqslant t<4 \\ 0, & t\geqslant 4\end{cases} \quad (2)\ f(t)=\begin{cases}3, & t<\dfrac{\pi}{2} \\ \cos t, & t\geqslant\dfrac{\pi}{2}\end{cases} \quad (3)\ f(t)=e^{2t}+5\delta(t)$$

2-3 设 $f(t)$ 是以 2π 为周期的函数，且在一个周期内的表达式为 $f(t)=\begin{cases}\sin t, & 0\leqslant t<\pi \\ 0, & \pi\leqslant t<2\pi\end{cases}$，求 $L[f(t)]$。

2-4 根据表 2-1 中的公式求下列函数的拉普拉斯变换。

(1) $f(t)=t^2+3t+2$ (2) $f(t)=(t-1)^2e^t$ (3) $f(t)=5\sin 2t-3\cos 2t$ (4) $f(t)=e^{-4t}\sin 6t$

2-5 求下列函数的拉普拉斯反变换。

(1) $F(s)=\dfrac{1}{s^2+4}$ (2) $F(s)=\dfrac{1}{s^2}$ (3) $F(s)=\dfrac{1}{(s+1)^4}$

(4) $F(s)=\dfrac{2s+3}{s^2+9}$ (5) $F(s)=\dfrac{s+1}{s^2+s-6}$ (6) $F(s)=\dfrac{2s+5}{s^2+4s+13}$

(7) $F(s)=\dfrac{2s+1}{s(s+1)(s+2)}$ (8) $F(s)=\dfrac{2s^2+3s+3}{(s+1)(s+3)^3}$ (9) $F(s)=\dfrac{s^2+4s+4}{(s^2+4s+13)^2}$

2-6 质量为 m 的物体挂在自由长度为 l、刚度为 k 的弹簧的一端，如图 2-7 所示。作用在物体上的外力为单位脉冲函数 $\delta(t)$，若物体开始自由伸长且无初速度，求该物体的运动规律即弹簧长度的函数 $x(t)$。要求 $x(t)$ 的初始参数用其他参数表示。

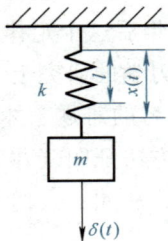

图 2-7 题 2-6 图

第3章

控制系统的数学模型

研究与分析一个系统，不仅要定性地了解系统的工作原理及特性，而且更要定量地描述系统的动态性能，揭示系统的结构、参数与动态性能之间的关系。这就要求用数学表达式来描述该系统，这个表达式称为系统的数学模型。控制系统的数学模型包括：微分方程、传递函数、差分方程和系统框图等。无论是机械、电气、液压系统，还是热力系统等其他系统，一般都可以用微分方程这一数学模型加以描述。将系统微分方程的数学模型转化为系统的传递函数形式的数学模型，更利于对系统进行深入研究、分析与综合，对系统进行识别。

本章首先介绍建立系统微分方程的一般方法，以及非本质性非线性系统的线性化方法；接着阐述传递函数形式的数学模型，阐明传递函数的定义与概念，介绍典型线性环节的传递函数及其特性、传递函数的框图与简化方法以及系统的相似原理。

3.1　系统的微分方程

微分方程是在时域中描述系统（或元件）动态特性的数学模型，利用它可得到描述系统（或元件）动态特性的其他形式的数学模型。在机械系统中，主要根据牛顿第二定律和达朗贝尔原理来建立微分方程。对于电学系统，主要利用基尔霍夫定律来建立微分方程。对于热力系统，主要利用热力学定律及能量守恒定律建立微分方程。对于液压系统，主要应用流体力学的有关定律建立微分方程。下面介绍建立控制系统微分方程的一般原理和方法。

3.1.1　系统微分方程的建立方法

1. 机械系统的微分方程

机械系统的微分方程可用牛顿第二定律推导。牛顿第二定律：一物体的加速度，与其所受的合外力成正比，与其质量成反比，而且加速度与合外力方向一致（或作用在物体上的合外力与该物体的惯性力构成平衡力系）。用公式可表示为

$$-m\ddot{x} + \sum F_i = 0 \tag{3-1}$$

式中，$\sum F_i$ 是作用在物体上的合外力；$\ddot{x}$ 是物体的加速度；m 是物体的质量；$-m\ddot{x}$ 是物体的惯性力。

如图 3-1a 所示的平动机械系统，可应用牛顿第二定律，列写出如下的运动微分方程式：

$$m\frac{\mathrm{d}^2 x}{\mathrm{d}t^2} + c\frac{\mathrm{d}x}{\mathrm{d}t} + kx = f(t) \tag{3-2}$$

式中，m 是运动体的质量；x 是运动体的运动位移；c 是黏性阻尼系数；k 是弹簧常数（或弹簧刚度）；$f(t)$ 是外力。

图 3-1b 所示为回转运动的机械系统，相应的运动微分方程为

$$J\frac{\mathrm{d}^2\theta}{\mathrm{d}t^2}+c_\mathrm{J}\frac{\mathrm{d}\theta}{\mathrm{d}t}+k_\mathrm{J}\theta = T \tag{3-3}$$

式中，J 是旋转体的转动惯量；θ 是转角；c_J 是转动时的黏性阻尼系数；k_J 是扭转弹簧刚度；T 是外加转矩。

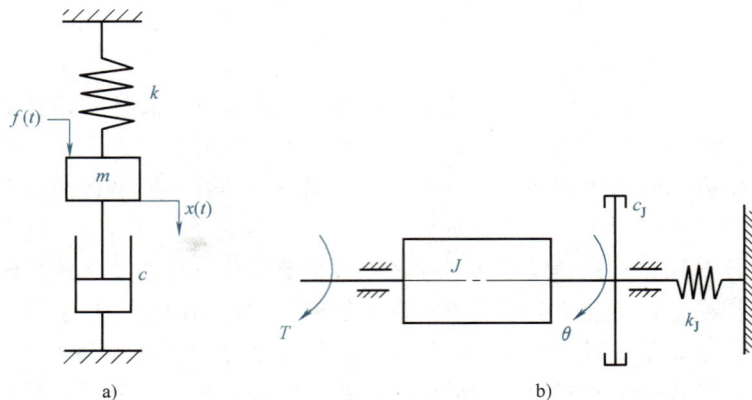

图 3-1　机械系统

a）平动系统　b）回转系统

例 3-1　在图 3-2 所示的弹簧-质量-阻尼机械系统中，输入为作用在质点 m 上的外力 $f(t)$，输出为质点 m 的位移 $x(t)$，质点的质量 m 非常小，试列出该系统的微分方程。

解　对质点 m 进行分析，利用牛顿第二定律建立微分方程，即

$$m\ddot{x}(t) = f(t)-c\dot{x}(t)-kx(t) \tag{3-4}$$

因为质量很小，近似为零，则上式变为

$$f(t)-c\dot{x}(t)-kx(t) = 0$$

将输出项和输入项分别写在方程左右两端，则

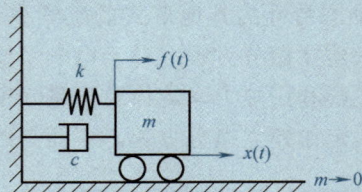

图 3-2　弹簧-质量-阻尼机械系统

$$c\dot{x}(t)+kx(t) = f(t) \tag{3-5}$$

例 3-2　图 3-3 所示为控制系统的执行元件与负载之间进行运动传递的齿轮系。M_m 是输入转矩、M_c 是输出轴上所带负载的阻力转矩，c_1、J_1 和 c_2、J_2 分别为主动轴和从动轴的阻尼系数和转动惯量，主动齿轮 1 和从动齿轮 2 的转速、齿数和半径分别为 ω_1、z_1、r_1 和 ω_2、z_2、r_2。如果以 M_m 为输入量、ω_1 为输出量，列写出齿轮系的微分方程。

解　M_1 为从动轴作用于主动轴上的转矩，M_2 为主动轴作用于从动轴上的转矩，对于主动齿轮和从动齿轮来说，所传送的功率和线速度都相同，因此有

$$M_1\omega_1 = M_2\omega_2 \tag{3-6}$$

$$\omega_1 r_1 = \omega_2 r_2 \tag{3-7}$$

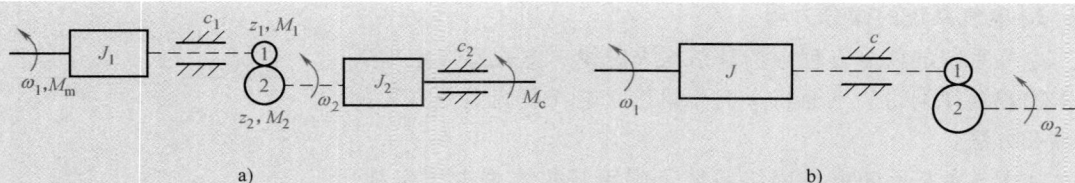

图 3-3 齿轮系

a）齿轮系 1　b）齿轮系 2

又有齿数与半径成正比，即

$$\frac{r_1}{r_2}=\frac{z_1}{z_2} \tag{3-8}$$

于是可推得关系式

$$\omega_2=\frac{z_1}{z_2}\omega_1 \tag{3-9}$$

$$M_1=\frac{z_1}{z_2}M_2 \tag{3-10}$$

根据转矩平衡方程列写齿轮系 1 和齿轮系 2 的微分方程，即

$$J_1\frac{\mathrm{d}\omega_1}{\mathrm{d}t}+c_1\omega_1+M_1=M_\mathrm{m} \tag{3-11}$$

$$J_2\frac{\mathrm{d}\omega_2}{\mathrm{d}t}+c_2\omega_2+M_\mathrm{c}=M_2 \tag{3-12}$$

由上述方程中消去中间变量 ω_2、M_1、M_2，得

$$\left[J_1+\left(\frac{z_1}{z_2}\right)^2J_2\right]\frac{\mathrm{d}\omega_1}{\mathrm{d}t}+\left[c_1+\left(\frac{z_1}{z_2}\right)^2c_2\right]\omega_1+M_\mathrm{c}\frac{z_1}{z_2}=M_\mathrm{m} \tag{3-13}$$

令

$$J=J_1+\left(\frac{z_1}{z_2}\right)^2J_2 \tag{3-14}$$

$$c=c_1+\left(\frac{z_1}{z_2}\right)^2c_2 \tag{3-15}$$

$$M_\mathrm{c}'=\frac{z_1}{z_2}M_\mathrm{c} \tag{3-16}$$

式（3-13）经过简化后得齿轮系微分方程为

$$J\frac{\mathrm{d}\omega_1}{\mathrm{d}t}+c\omega_1+M_\mathrm{c}'=M_\mathrm{m} \tag{3-17}$$

比较式（3-13）和式（3-17）可以看到，两者在形式上是完全相同的。其中 J 称为从动轴折算到主动轴上的等效转动惯量，c 称为等效阻尼系数，M_c' 为等效负载转矩。

2. 电气系统的微分方程

电气系统的微分方程根据基尔霍夫定律、电磁感应定律等基本物理规律列写。下面将举例介绍建立电气系统微分方程的步骤和方法。

如图 3-4 所示的电路网络系统，应用基尔霍夫电压定律，列写出如下的微分方程式：

图 3-4　电路网络系统（一）

$$u_i = C\dot{u}_o R + u_o \tag{3-18}$$

式中，C 是电容；R 是电阻；u_i 是输入电压；u_o 是输出电压。

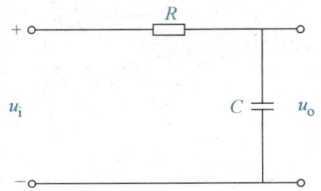

例 3-3　图 3-5 所示为一个电路网络系统，$u_i(t)$ 为输入电压，$u_o(t)$ 为输出电压，试建立其微分方程。

解　根据基尔霍夫定律和欧姆定律列写出回路方程为

$$u_i(t) = R_1 i_R(t) + u_o(t) \tag{3-19}$$

$$i_C(t) = C[\dot{u}_i(t) - \dot{u}_o(t)] \tag{3-20}$$

$$i(t) = i_R(t) + i_C(t) \tag{3-21}$$

$$u_o(t) = i(t)R_2 \tag{3-22}$$

图 3-5　电路网络系统（二）

由式（3-19）得

$$i_R(t) = \frac{u_i(t) - u_o(t)}{R_1} \tag{3-23}$$

将式（3-20）和式（3-23）代入式（3-21）和式（3-22）中，整理后得到

$$CR_1 R_2 \dot{u}_o(t) + (R_1 + R_2)u_o(t) = CR_1 R_2 \dot{u}_i(t) + R_2 u_i(t) \tag{3-24}$$

式（3-24）即为图 3-5 所示电路网络系统的微分方程。

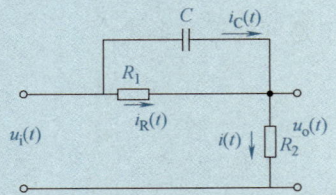

例 3-4　图 3-6 所示为一个由运算放大器组成的网络，其中 $u_i(t)$ 为输入电压，$u_o(t)$ 为输出电压，K_0 为运算放大器开环放大倍数。试求其微分方程。

解　设运算放大器的反相输入端为 A 点。一般 K_0 值很大，又 $u_o(t) = -K_0 u_A(t)$，所以 A 点的电位为

$$u_A(t) = -\frac{u_o(t)}{K_0} \approx 0 \tag{3-25}$$

一般运算放大器的输入阻抗很高，所以

$$i_1(t) \approx i_2(t) \tag{3-26}$$

又由于

$$i_1 = \frac{u_i(t)}{R} \tag{3-27}$$

图 3-6　有源电路网络

$$i_2 = -C\dot{u}_o(t) \tag{3-28}$$

由式（3-26）~式（3-28）可知

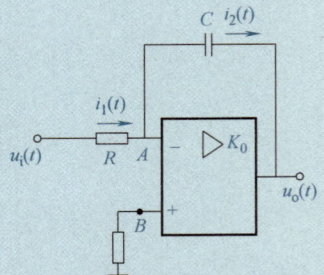

$$\frac{u_i(t)}{R} = -C\dot{u}_o(t)$$

即

$$RC\dot{u}_o(t) = -u_i(t) \tag{3-29}$$

3.1.2 系统微分方程的变量形式

在图 3-2 所示的弹簧-质量-阻尼机械系统中,对质点 m 进行分析,利用牛顿第二定律建立以实际坐标为变量的微分方程:

$$m\ddot{x}(t) + c\dot{x}(t) + kx(t) = f(t) \tag{3-30}$$

若质点 m 处于平衡状态,变量的各阶导数均为零,微分方程变成代数方程,即

$$kx(t) = f(t) \tag{3-31}$$

这种表示平衡状态下输入量与输出量之间关系的数学表达式称为静态数学模型。设质点 m 的平衡状态为 f_0 和 x_0,此时输入量发生变化,瞬态值为 f 和 x,其变化值分别为 $\Delta f = f - f_0$ 和 $\Delta x = x - x_0$,则式(3-30)变为

$$m[\ddot{x}_0(t) + \Delta\ddot{x}(t)] + c[\dot{x}_0(t) + \Delta\dot{x}(t)] + k[x_0(t) + \Delta x(t)] = f_0(t) + \Delta f(t) \tag{3-32}$$

即

$$m\Delta\ddot{x}(t) + c\Delta\dot{x}(t) + k\Delta x(t) = \Delta f(t) \tag{3-33}$$

这就是质点 m 微分方程在某一平衡状态附近的增量化表示。比较式(3-30)与式(3-33),形式是一样的,区别在于式(3-33)的变量是以平衡状态为基础的增量,即把各变量的坐标零点(原点)放在原来的平衡点上。这样在求解增量化表示的方程(3-33)时,就可以把初始条件变为零,这无疑带来许多方便。自动控制理论中的微分方程,通常都用增量方程表示,且习惯上将增量符号 Δ 省略。

3.1.3 线性系统的负载效应

当两个元件相连接时,其中一个元件的存在,影响了另一个元件在相同输入下的输出,这时系统元件间存在着负载效应。消除负载效应的方法是首先设定一个中间位移量,再应用牛顿第二定律或者达朗贝尔原理求解。下面通过一个例子详细说明带有负载效应的系统的微分方程建立方法与过程。

例 3-5 为图 3-7 所示的双弹簧-质量机械系统建立微分方程模型,其中输入为作用在质点 m 上的力 $f(t)$,输出为质点 m 的位移 $x(t)$。

解 弹簧 k_1 与 k_2 连接,因此该系统中存在负载效应。在两弹簧间的 A 点处设置一个中间位移 $y(t)$。对质点 m 和 A 点分别进行受力分析,应用牛顿第二定律建立微分方程。

分析 m,得

$$m\ddot{x}(t) = f(t) - k_1[x(t) - y(t)] \tag{3-34}$$

图 3-7 双弹簧-质量机械系统

分析 A 点,得

$$k_1[x(t) - y(t)] - k_2 y(t) = 0 \tag{3-35}$$

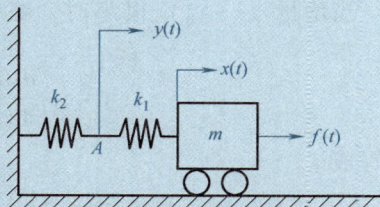

由式（3-35）得

$$y(t) = \frac{k_1 x(t)}{k_1 + k_2} \tag{3-36}$$

将式（3-36）代入式（3-34）中，得

$$f(t) + \frac{k_1^2}{k_1 + k_2} x(t) - k_1 x(t) - m\ddot{x}(t) = 0$$

将包含输出量 $x(t)$ 的项写在微分方程左边，包含输入量 $f(t)$ 的项写在右边，并且各阶导数项按降阶排列，整理得到系统微分方程模型为

$$m\ddot{x}(t) + \frac{k_1 k_2}{k_1 + k_2} x(t) = f(t)$$

3.1.4 非线性微分方程的线性化

在实际中，机械系统和元器件都有不同程度的非线性，即输入与输出之间的关系不是严格的一次关系，而是二次或高次关系，也可能是其他函数关系。例如：机械系统中的减振器，在低速时，阻尼可以看成线性的，在高速时，阻尼力则与运动速度的二次方成正比，是非线性函数关系。为便于分析，可以在工作点附近用切线法对非线性系统进行线性化，使非线性微分方程变换为线性微分方程。

系统通常都有一个预定工作点，即系统处于某一平衡位置。对于自动调节系统或随动系统，只要系统的工作状态稍偏离此平衡位置，整个系统就会立即做出反应，并力图恢复原来的平衡位置。系统各变量偏离预定工作点的偏差一般很小，因此，只要非线性函数的各变量在预定工作点处有导数或偏导数存在，就可以在预定工作点附近将此非线性函数以其自变量的偏差形式展成泰勒级数。在偏差很小时，级数中偏差的高次项可以忽略，只剩下一次项，从而实现线性化。

设一非线性系统的运动方程为 $y = f(x)$，如图 3-8 所示，图中 y 为输出量，x 为输入量。如果系统预设工作点为点 (x_0, y_0)，且在该点处连续可微，则在工作点附近可把非线性函数 $y = f(x)$ 用泰勒级数展开，即

$$y = y_0 + \frac{\mathrm{d}y}{\mathrm{d}x}\bigg|_{x_0}(x - x_0) + \frac{1}{2!}\frac{\mathrm{d}^2 y}{\mathrm{d}x^2}\bigg|_{x_0}(x - x_0)^2 + \cdots \tag{3-37}$$

当增量 $(x - x_0)$ 很小时，略去式（3-37）中二阶以上的高阶项，得

$$y = y_0 + \frac{\mathrm{d}y}{\mathrm{d}x}\bigg|_{x_0}(x - x_0) \tag{3-38}$$

可写成

$$y - y_0 = \frac{\mathrm{d}y}{\mathrm{d}x}\bigg|_{x_0}(x - x_0)$$

或

$$\Delta y = \frac{\mathrm{d}y}{\mathrm{d}x}\bigg|_{x_0}\Delta x \tag{3-39}$$

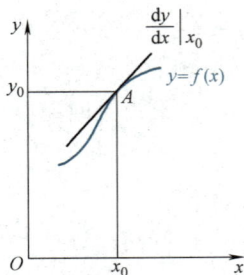

图 3-8 小偏差线性化示意图

式（3-39）即为以增量为变量的线性化方程。$\left.\dfrac{\mathrm{d}y}{\mathrm{d}x}\right|_{x_0}$ 是函数 $y=f(x)$ 在点 (x_0, y_0) 处的导数，从几何意义上讲，就是该点的切线斜率。为书写方便，通常省略增量符号 Δ，并令 $K=\left.\dfrac{\mathrm{d}y}{\mathrm{d}x}\right|_{x_0}$，因此得到直接用变量符号代表增量的线性化方程为

$$y = Kx \tag{3-40}$$

采用类似的方法，对于多变量非线性函数

$$y = f(x_1, x_2, \cdots, x_n)$$

在工作点 $(x_{10}, x_{20}, \cdots, x_{n0})$ 附近，可以得到线性化方程为

$$\Delta y = \left.\frac{\partial y}{\partial x_1}\right|_{x_{10}, x_{20}, \cdots, x_{n0}} \Delta x_1 + \left.\frac{\partial y}{\partial x_2}\right|_{x_{10}, x_{20}, \cdots, x_{n0}} \Delta x_2 + \cdots + \left.\frac{\partial y}{\partial x_n}\right|_{x_{10}, x_{20}, \cdots, x_{n0}} \Delta x_n \tag{3-41}$$

例 3-6 在液压系统中，通过滑阀节流口的流量公式为非线性方程，即

$$q = C_d \omega x_v \sqrt{\frac{2p}{\rho}} \tag{3-42}$$

式中，C_d 为流量系数；ω 为滑阀的面积梯度；ρ 为油液的密度；x_v 为阀芯位移量；p 为节流口压降。流量 q 取决于两个变量 x_v 和 p，试将式（3-42）线性化。

解 设滑阀的工作点为 (x_{v0}, p_0, q_0)，由式（3-41）可得滑阀的流量增量为

$$\Delta q = \left.\frac{\partial q}{\partial x_v}\right|_{x_{v0}, p_0} \Delta x + \left.\frac{\partial q}{\partial p}\right|_{x_{v0}, p_0} \Delta p$$

令

$$K_q = \left.\frac{\partial q}{\partial x_v}\right|_{x_{v0}, p_0} = C_d \omega \sqrt{\frac{2p}{\rho}}\bigg|_{x_{v0}, p_0} = C_d \omega \sqrt{\frac{2p_0}{\rho}}$$

$$K_c = \left.\frac{\partial q}{\partial p}\right|_{x_{v0}, p_0} = C_d \omega x_v \sqrt{\frac{2}{\rho}} \frac{1}{2} \frac{1}{\sqrt{p}}\bigg|_{x_{v0}, p_0} = C_d \omega x_{v0} \sqrt{\frac{1}{2\rho p_0}}$$

因此，滑阀的流量线性化增量为

$$\Delta q = K_q \Delta x_v + K_c \Delta p \tag{3-43}$$

在系统线性化的过程中，有以下几点需要注意：

1）线性化是相对某一额定工作点的，工作点不同，则所得的方程系数也往往不同。

2）变量的偏差越小，则线性化精度越高。

3）增量方程中可认为其初始条件为零，即广义坐标原点平移到额定工作点处。

4）线性化只用于没有间断点、折断点的单值函数。

3.1.5 系统的叠加原理

当元件或系统的数学模型能用线性微分方程描述时，该元件或系统称为线性元件或线性系统。单输入、单输出线性系统的微分方程模型为

$$a_n y^{(n)}(t) + a_{n-1} y^{(n-1)}(t) + \cdots + a_1 \dot{y}(t) + a_0 y(t) = b_m x^{(m)}(t) + b_{m-1} x^{(m-1)}(t) + \cdots + b_1 \dot{x}(t) + b_0 x(t)$$

若 a_i、b_j 与 $y(t)$、$x(t)$ 及其微分无关，则该系统就是线性系统。如果 a_i、b_j 与时间无关，

该系统称为定常系统；反之，如果 a_i、b_j 与时间有关，则该系统称为时变系统。

线性系统的重要性质是可以应用叠加原理。叠加原理有两重含义，即具有可叠加性和均匀性（或齐次性）。举例说明如下。设有线性微分方程为

$$\frac{\mathrm{d}^2 c(t)}{\mathrm{d}t^2} + \frac{\mathrm{d}c(t)}{\mathrm{d}t} + c(t) = f(t)$$

当 $f(t) = f_1(t)$ 时，上述方程的解为 $c_1(t)$；当 $f(t) = f_2(t)$ 时，上述方程的解为 $c_2(t)$。如果 $f(t) = f_1(t) + f_2(t)$，容易验证，方程的解必为 $c(t) = c_1(t) + c_2(t)$，这就是可叠加性。而当 $f(t) = Af_1(t)$ 时，式中 A 为常数，则方程的解必为 $c(t) = Ac_1(t)$，这就是均匀性。

线性系统的叠加原理表明，两个外作用同时施加于系统所产生的总输出，等于各个外作用单独作用时分别产生的输出之和，且外作用的数值增大若干倍时，其输出也相应增大同样的倍数。因此，对线性系统进行分析和设计时，如果有几个外作用同时加于系统，则可以将它们分别处理，依次求出各个外作用单独加入时系统的输出，然后将它们进行叠加。此外，每个外作用在数值上可只取单位值，从而大大简化了线性系统的研究工作。

3.1.6 系统微分方程的列写步骤

列写系统微分方程，目的在于确定系统的输出量与给定输入量或扰动输入量之间的函数关系。列写微分方程的一般步骤如下：

1）确定系统或各元件的输入量、输出量。系统的给定输入量或扰动输入量都是系统的输入量，而被控制量则是输出量。对于一个环节或元件而言，应按系统信号传递情况来确定输入量、输出量。

2）按照信号的传递顺序，从系统的输入端开始，根据物理定律列写微分方程。列写时按工作条件，忽略一些次要因素，并考虑相邻元件间是否存在负载效应（若存在负载效应，则要设一个中间变量，消除耦合效应），并且对非线性项应进行线性化处理。

3）消除所列各微分方程的中间变量，得到描述系统的输入量、输出量之间关系的微分方程。

4）整理所得微分方程。一般将与输出量有关的各项放在方程左侧，与输入量有关的各项放在方程的右侧，各阶导数项按降阶排列。

例 3-7 一个倒立摆系统如图 3-9 所示，摆杆铰链在只能沿水平方向移动的小车上。图中 M 为小车质量，m 为摆的头部质量（设摆杆无质量），l 为摆长。当小车受到外力 $u(t)$ 作用时，试求以 $\varphi(t)$ 为输出、$u(t)$ 为输入的系统数学模型，并在 $\varphi(0) = 0$ 处线性化。

解 当小车在外力 $u(t)$ 作用下的位移为 $x(t)$、摆的角位移为 $\varphi(t)$ 时，摆头 x 向位置是 $x(t) + l\sin\varphi(t)$。以整个系统为研究对象，根据牛顿第二定律，在水平方向的动力学方程为

$$u(t) = M\frac{\mathrm{d}x^2(t)}{\mathrm{d}t^2} + m\frac{\mathrm{d}^2}{\mathrm{d}t^2}\left[x(t) + l\sin\varphi(t)\right]$$

同样，以摆为研究对象，摆在垂直于摆杆方向的动力学方程为

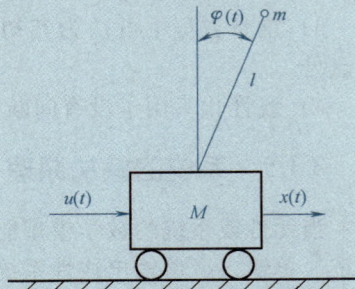

图 3-9 倒立摆系统图

$$mg\sin\varphi(t) = ml\frac{\mathrm{d}\varphi^2(t)}{\mathrm{d}t^2} + m\frac{\mathrm{d}^2x}{\mathrm{d}t^2}\cos\varphi(t)$$

即

$$\begin{cases} u(t) = (M+m)\ddot{x}(t) + ml\ddot{\varphi}(t)\cos\varphi(t) - ml\dot{\varphi}^2(t)\sin\varphi(t) \\ mg\sin\varphi(t) = ml\ddot{\varphi}(t) + m\ddot{x}(t)\cos\varphi(t) \end{cases}$$

这是一组非线性微分方程,从该方程组第一式解出

$$\ddot{x}(t) = \frac{u(t) - ml\ddot{\varphi}(t)\cos\varphi(t) + ml\dot{\varphi}^2(t)\sin\varphi(t)}{(M+m)}$$

代入第二式,可得表示该系统输入与输出关系的数学模型为

$$(M+m)g\sin\varphi(t) = (M+m)l\ddot{\varphi}(t) + [u(t) - ml\ddot{\varphi}(t)\cos\varphi(t) + ml\dot{\varphi}^2(t)\sin\varphi(t)]\cos\varphi(t)$$

即

$$(M+m)l\ddot{\varphi}(t)\frac{1}{\cos\varphi(t)} - ml\ddot{\varphi}(t)\cos\varphi(t) - (M+m)g\frac{\sin\varphi(t)}{\cos\varphi(t)} + ml\dot{\varphi}^2(t)\sin\varphi(t) = -u(t)$$

上式包含了 $\varphi(t)$ 的二次项和三角函数,为非线性方程。$\varphi(t)$ 的平衡工作点为 $\varphi(t) = 0$,将上式中的非线性项用泰勒级数在 $\varphi(0) = 0$ 处展开,略去高次项,可得线性化后的微分方程为

$$Ml\ddot{\varphi}(t) - (M+m)g\varphi(t) = -u(t)$$

该方程为此倒立摆经线性化的数学模型。

3.2 系统的传递函数

控制系统的微分方程式是在时间域描述系统动态性能的数学模型,在给定外作月及初始条件下,求解微分方程可以得到系统的输出。这种方法比较直观,特别是借助于计算机可以迅速而准确地求得结果。但是如果系统的结构改变或某个参数发生变化,就要重新列写并求解微分方程,不便于对系统进行分析和设计,并且复杂系统的高阶微分方程的求解非常复杂。如果对微分方程进行拉普拉斯变换,即变成代数方程(在复数域中),这将使方程的求解简化。

用拉普拉斯变换法求解线性系统的微分方程时,可以得到控制系统在复数域中的数学模型——传递函数。传递函数不仅可以表征系统的动态性能,而且可以用来研究系统的结构或参数变化对系统性能的影响。经典控制理论中广泛应用的频率法和根轨迹法,就是以传递函数为基础建立起来的,传递函数是经典控制理论中最基本和最重要的概念。

3.2.1 传递函数的定义和特点

1. 定义

线性定常系统传递函数的定义为:在零初始条件下(初始输入和输出及它们的各阶导数均为零),输出象函数 $X_o(s)$ 与输入象函数 $X_i(s)$ 之比,用 $G(s)$ 表示,即

$$G(s) = \frac{X_o(s)}{X_i(s)} \tag{3-44}$$

设线性定常系统由下述 n 阶线性常微分方程描述，即

$$a_n x_o^{(n)}(t) + a_{n-1} x_o^{(n-1)}(t) + \cdots + a_1 \dot{x}_o(t) + a_0 x_o(t)$$
$$= b_m x_i^{(m)}(t) + b_{m-1} x_i^{(m-1)}(t) + \cdots + b_1 \dot{x}_i(t) + b_0 x_i(t) \qquad (n \geqslant m) \tag{3-45}$$

设输入 $x_i(t)$ 与输出 $x_o(t)$ 及其各阶导数在 $t=0$ 时的值均为零，即满足零初始条件，则对上式两边取拉普拉斯变换得

$$(a_n s^n + a_{n-1} s^{n-1} + \cdots + a_1 s + a_0) X_o(s) = (b_m s^m + b_{m-1} s^{m-1} + \cdots + b_1 s + b_0) X_i(s)$$

于是，由定义得系统传递函数为

$$G(s) = \frac{X_o(s)}{X_i(s)} = \frac{b_m s^m + b_{m-1} s^{m-1} + \cdots + b_1 s + b_0}{a_n s^n + a_{n-1} s^{n-1} + \cdots + a_1 s + a_0} \qquad (n \geqslant m) \tag{3-46}$$

因此，系统输出可写为

$$X_o(s) = G(s) X_i(s) \tag{3-47}$$

系统在时域中的输出为

$$x_o(t) = L^{-1} [G(s) X_i(s)] \tag{3-48}$$

由式（3-47）可以看出，在复数域内，输入乘以传递函数 $G(s)$ 即为输出。可见，传递函数代表系统对输入和输出的传递关系。

需要注意的是，在定义传递函数时，是规定零初始条件（初始输入、输出及其各阶导数均为零）。所以，以后求传递函数时，总是规定系统具有零初始条件，而不再另外说明。

例如：对图 3-2 所示机械系统的微分方程式（3-5）两端进行拉普拉斯变换，得 $(cs+k)X_o(s) = F(s)$。因此，该系统的传递函数为

$$G(s) = \frac{X_o(s)}{F(s)} = \frac{1}{cs+k} \tag{3-49}$$

对于图 3-4 所示电路网络系统的微分方程式（3-18）两端进行拉普拉斯变换，得 $U_i(s) = (CRs+1)U_o(s)$。因此，该系统的传递函数为

$$G(s) = \frac{U_o(s)}{U_i(s)} = \frac{1}{CRs+1} \tag{3-50}$$

例 3-8　试求图 3-1a 所示的弹簧-质量-阻尼器机械位移系统的传递函数 $X(s)/F(s)$。

解　弹簧-质量-阻尼器机械位移系统的微分方程表示为

$$m \frac{d^2 x(t)}{dt^2} + c \frac{dx(t)}{dt} + kx(t) = f(t) \tag{3-51}$$

令 $X(s) = L[x(t)]$、$F(s) = L[f(t)]$，在零初始条件下，对上述方程中各项进行拉普拉斯变换，得

$$(ms^2 + cs + k) X(s) = F(s)$$

由传递函数的定义，弹簧-质量-阻尼器机械位移系统的传递函数为

$$G(s) = \frac{X(s)}{F(s)} = \frac{1}{ms^2 + cs + k} \tag{3-52}$$

2. 特点

传递函数是控制工程中非常重要的基本概念，它是分析线性定常系统的有力工具，其具有以下特点：

1）传递函数是复变量 s 的有理真分式函数，具有复变函数的所有性质；传递函数分母中 s 的阶数 n 通常不小于分子中 s 的阶数 m，即 $n \geqslant m$，且所有系数均为实数。

2）由于式（3-45）左端阶数及各项系数只取决于系统本身而与外界无关的固有特性，右端阶数及各项系数取决于系统与外界之间的关系，所以，传递函数的分母与分子分别反映了系统本身与外界无关的固有特性和系统与外界之间的关系。

3）若输入已经给定，则系统的输出完全取决于其传递函数。由式（3-48）便可求得系统在时域内的输出，而这一输出是与系统在输入作用前的初始状态无关的，因为此时已设初始状态为零。

4）传递函数可以是有量纲的，也可以是无量纲的，其量纲取决于系统的输入和输出。如在机械系统中，若输出为位移（cm），输入为力（N），则传递函数的量纲为 cm/N；若输入和输出均为位移（cm），则为无量纲的比值。

5）物理性质不同的系统、环节或元件可以有相同形式的传递函数，因此，传递函数并不能描述系统的物理结构。例如：图 3-2 所示的机械系统和图 3-4 所示的电路网络系统具有相同形式的传递函数。

3.2.2 传递函数的零点、极点和放大系数

系统的传递函数 $G(s)$ 是以复数 s 作为自变量的函数。经因式分解后，$G(s)$ 可以写成如下一般形式，即

$$G(s) = \frac{K(s-z_1)(s-z_2)\cdots(s-z_m)}{(s-p_1)(s-p_2)\cdots(s-p_n)} \qquad (K \text{ 为常数})$$

上式也称为传递函数的零极点增益模型。

由复变函数可知，上式中，当 $s = z_j (j=1, 2, \cdots, m)$ 时，均能使 $G(s)=0$，故称 z_1，z_2，$\cdots$，z_m 为 $G(s)$ 的零点。当 $s = p_i (i=1, 2, \cdots, n)$ 时，均能使 $G(s)$ 的分母为 0，即使 $G(s)$ 取极值，

$$\lim_{s \to p_i} G(s) = \infty \qquad (i = 1, 2, \cdots, n)$$

故称 p_1，p_2，$\cdots$，p_n 为 $G(s)$ 的极点。系统传递函数的极点也就是系统微分方程的特征根。

例如：某系统的传递函数是

$$G(s) = \frac{5s^2 + 5s - 10}{2s^3 + 10s^2 + 18s + 10}$$

把它的分子和分母分别进行因式分解，得到

$$G(s) = \frac{2.5(s+2)(s-1)}{(s+1)(s+2-j)(s+2+j)}$$

所以，$G(s)$ 有两个零点：-2、1；有三个极点：-1、-2+j、-2-j。

3.2.3 典型环节的传递函数

在控制工程中，一般将具有某种确定信息传递关系的元件、元件组或元件的一部分称为

一个环节，经常遇到的环节称为典型环节。系统的微分方程往往是高阶的，因此，其传递函数也往往是高阶的。但是，可以从数学表达式出发，将一个复杂的系统拆分为有限的一些典型环节。求出这些典型环节的传递函数，就可以求出系统的传递函数，这为研究分析复杂系统带来很大方便。

控制系统中常见的典型环节有：比例环节、微分环节、积分环节、一阶微分环节、一阶惯性环节、二阶微分环节、二阶振荡环节和延时环节。

1. 比例环节（或称放大环节）

如果一个环节的输出与输入成正比例，则称此环节为比例环节。比例环节的微分方程可写为

$$x_o(t) = K x_i(t)$$

式中，$x_o(t)$ 是输出；$x_i(t)$ 是输入；K 是环节的放大系数或增益。其传递函数为

$$G(s) = \frac{X_o(s)}{X_i(s)} = K \tag{3-53}$$

36

例 3-9 图 3-10 所示为运算放大器，其输出电压 $u_o(t)$ 与输入电压 $u_i(t)$ 之间的关系为

$$u_o(t) = \frac{-R_2}{R_1} u_i(t)$$

式中，R_1、R_2 是电阻。经拉普拉斯变换后得其传递函数为

$$G(s) = \frac{U_o(s)}{U_i(s)} = -\frac{R_2}{R_1} = K$$

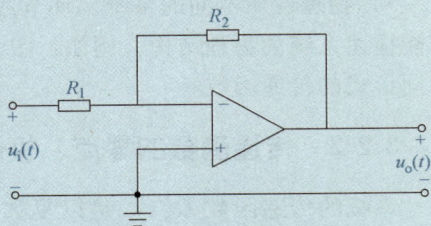

图 3-10 运算放大器

例 3-10 图 3-11 所示为齿轮传动副，x_i、x_o 分别为输入轴、输出轴的转速，z_1、z_2 分别为输入齿轮和输出齿轮的齿数。

如果传动副无传动间隙、刚度无穷大，那么一旦有了输入 x_i，就会产生输出 x_o，且

$$x_i z_1 = x_o z_2$$

此方程经拉普拉斯变换后得其传递函数为

$$G(s) = \frac{X_o(s)}{X_i(s)} = \frac{z_1}{z_2} = K$$

式中，K 是齿轮传动比，也就是齿轮传动副的放大系数或增益。

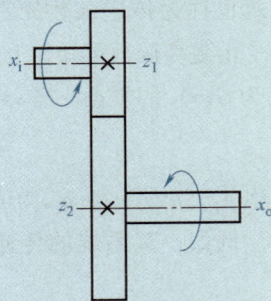

图 3-11 齿轮传动副

2. 微分环节

凡输出正比于输入的微分，即具有的形式为

$$x_o(t) = T \dot{x}_i(t)$$

的环节称为微分环节。显然，其传递函数为

$$G(s) = \frac{X_o(s)}{X_i(s)} = Ts \tag{3-54}$$

式中，T 是微分环节的时间常数。

例 3-11 图 3-12 所示为微分运算电路，u_i 是输入电压，u_o 是输出电压，R 是电阻，C 是电容。可以列出

$$i = C \frac{\mathrm{d}u_i}{\mathrm{d}t}$$

$$u_o = -Ri_1 = -Ri$$

因此，系统的微分方程为

$$u_o = -RC \frac{\mathrm{d}u_i}{\mathrm{d}t}$$

传递函数为

图 3-12 微分运算电路

$$G(s) = \frac{U_o(s)}{U_i(s)} = -RCs$$

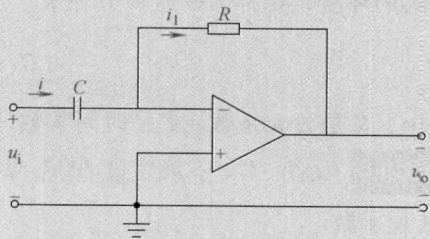

3. 积分环节

如果一个环节的输出正比于输入对时间的积分，即具有的形式为

$$x_o(t) = \frac{1}{T} \int x_i(t) \, \mathrm{d}t$$

的环节称为积分环节。对上式取拉普拉斯变换，得其传递函数为

$$G(s) = \frac{X_o(s)}{X_i(s)} = \frac{1}{Ts} \tag{3-55}$$

式中，T 是积分环节的时间常数。

在系统中凡有储存或积累特点的元件，都有积分环节的特性。

例 3-12 图 3-13 所示为齿轮-齿条传动机构，取齿轮的转速 $\omega(t)$ 为输入，齿条的位移 $x_o(t)$ 为输出，r 为齿轮分度圆半径。

由图可得其微分方程为

$$x_o(t) = \int_0^t r\omega(t) \, \mathrm{d}t$$

故其传递函数为

图 3-13 齿轮-齿条传动机构图

$$G(s) = \frac{X_o(s)}{\Omega(s)} = \frac{r}{s} = \frac{1}{Ts}$$

式中，T 是积分环节的时间常数，$T = \frac{1}{r}$。

液压缸活塞位移 $x(t)$ 对流量 $q(t)$ 的传递关系微分方程为

$$x(t) = \frac{1}{A} \int q(t) \, \mathrm{d}t$$

因此其传递函数为

$$G(s) = \frac{X(s)}{Q(s)} = \frac{1}{As}$$

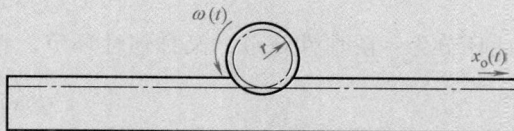

4. 一阶微分环节

如果一个环节微分方程具有

$$x_o(t) = K[T\dot{x}_i(t) + x_i(t)]$$

形式的环节，则称为一阶微分环节。对上式进行拉普拉斯变换，得其传递函数为

$$G(s) = \frac{X_o(s)}{X_i(s)} = K(Ts + 1) \tag{3-56}$$

式中，K 是放大系数；T 是时间常数。

例 3-13 如图 3-14 所示质量-阻尼-弹簧系统，x_i 为输入位移，x_o 为输出位移，求传递函数。

解 根据牛顿第二定律建立微分方程

$$m\ddot{x}_o + c(\dot{x}_o - \dot{x}_i) + k_1(x_o - x_i) + k_2 x_o = 0$$

整理得

$$m\ddot{x}_o + c\dot{x}_o + k_1 x_o + k_2 x_o = c\dot{x}_i + k_1 x_i$$

经拉普拉斯变换得

$$G(s) = \frac{X_o(s)}{X_i(s)} = \frac{cs + k_1}{ms^2 + cs + k_1 + k_2} = \frac{1 + \dfrac{c}{k_1}s}{\dfrac{m}{k_1}s^2 + \dfrac{c}{k_1}s + 1 + \dfrac{k_2}{k_1}}$$

该系统的分子即为一阶微分环节，时间常数为 $\dfrac{c}{k_1}$。

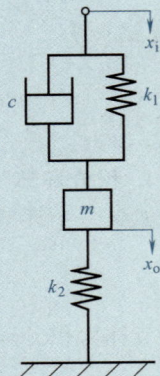
图 3-14 质量-阻尼-弹簧系统图（一）

5. 一阶惯性环节

如果一个环节的微分方程具有的形式为

$$T\dot{x}_o(t) + x_o(t) = x_i(t)$$

则此环节为一阶惯性环节，又称惯性环节。将此式两边进行拉普拉斯变换，得其传递函数为

$$G(s) = \frac{1}{Ts + 1} \tag{3-57}$$

式中，T 是惯性环节的时间常数。

例 3-14 图 3-15 所示为质量-阻尼-弹簧系统，$x_i(t)$ 为输入位移，$x_o(t)$ 为输出位移。

当质量相对很小时可以忽略，建立微分方程有

$$k[x_i(t) - x_o(t)] - c\dot{x}_o(t) = 0$$

经拉普拉斯变换，求得其传递函数为

$$G(s) = \frac{X_o(s)}{X_i(s)} = \frac{k}{cs + k} = \frac{1}{\dfrac{c}{k}s + 1} = \frac{1}{Ts + 1}$$

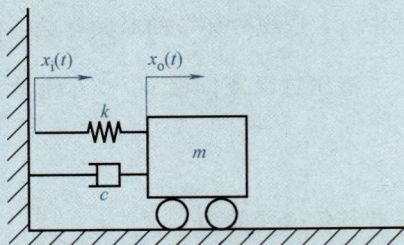
图 3-15 质量-阻尼-弹簧系统图（二）

式中，T 是惯性环节的时间常数，$T = \dfrac{c}{k}$。

例 3-15 图 3-16 所示为低通滤波电路，$u_i(t)$ 为输入电压，$u_o(t)$ 为输出电压，$i(t)$ 为电流，R 为电阻，C 为电容。根据基尔霍夫定律有

$$\begin{cases} u_i(t) = Ri(t) + u_c(t) \\ u_o(t) = \dfrac{1}{C}\int i(t)\,dt \end{cases}$$

消除中间变量，得

$$RC\dot{u}_o(t) + u_o(t) = u_i(t)$$

对上式两端进行拉普拉斯变换，得此电路的传递函数为

$$G(s) = \frac{U_o(s)}{U_i(s)} = \frac{1}{RCs+1} = \frac{1}{Ts+1}$$

式中，T 是惯性环节的时间常数，$T = RC$，电阻 R 为耗能元件，电容 C 为储能元件，它们是此环节具有惯性的原因。

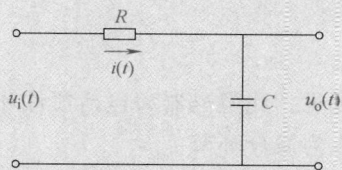

图 3-16　低通滤波电路

例 3-16 图 3-17 所示为机械-液压阻尼器。它相当于一个具有惯性环节和微分环节的系统。图中，A 为活塞右边的面积；k 为弹簧刚度；R 为节流阀液阻；p_1、p_2 分别为液压缸左、右腔的压强；x_i 为活塞位移；x_o 为液压缸位移。当活塞作向右阶跃位移 x_i 时，液压缸瞬时位移 x_o 在初始时刻与 x_i 相等，但当弹簧被压缩时，弹簧力加大，液压缸右腔油压 p_2 增大，迫使油液以流量 q 通过节流阀反流到液压缸左腔，从而使液压缸左移，弹簧力最终将使 x_o 减到零，即液压缸返回到初始位置。求其传递函数。

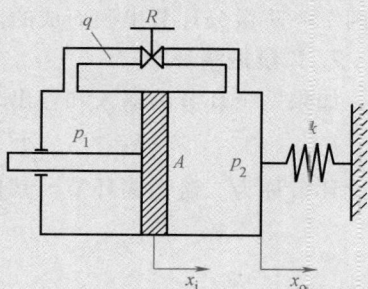

图 3-17　机械-液压阻尼器

解 液压缸的力平衡方程式为

$$A(p_2 - p_1) = kx_o$$

通过节流阀的流量为

$$q = A(\dot{x}_i - \dot{x}_o) = \frac{p_2 - p_1}{R}$$

由以上两式得

$$(\dot{x}_i - \dot{x}_o) = \frac{k}{A^2R}x_o$$

因此

$$\frac{k}{A^2R}X_o(s) + sX_o(s) = sX_i(s)$$

故得传递函数为

$$G(s) = \frac{X_o(s)}{X_i(s)} = \frac{s}{s + \dfrac{k}{A^2R}}$$

令 $\dfrac{A^2R}{k}=T$，得

$$G(s)=\dfrac{Ts}{Ts+1}$$

可见，此阻尼器为包括惯性环节和微分环节的系统。仅当 $|Ts|\ll1$ 时，$G(s)\approx Ts$，才近似成为微分环节。

6. 二阶微分环节

如果一个环节的微分方程具有的形式为

$$x_o(t)=K\left[T^2\ddot{x}_i(t)+2\xi T\dot{x}_i(t)+x_i(t)\right]$$

则此环节为二阶微分环节。将此式两边进行拉普拉斯变换，得其传递函数为

$$G(s)=\dfrac{X_o(s)}{X_i(s)}=K(T^2s^2+2\xi Ts+1) \tag{3-58}$$

该环节的特性由 K、T 和 ξ 所决定，其中 T 和 ξ 表示微分环节的特性。同时应该指出，只有当微分方程具有复根时，才称其为二阶微分环节。如果有实根，则可以认为这个环节是由两个一阶微分环节串联而成的。

7. 二阶振荡环节

如果一个环节的输入和输出之间可用微分方程表示为

$$T^2\ddot{x}_o(t)+2\xi T\dot{x}_o(t)+x_o(t)=x_i(t)$$

则此环节称为二阶振荡环节。其传递函数为

$$G(s)=\dfrac{1}{T^2s^2+2\xi Ts+1} \tag{3-59}$$

或写成

$$G(s)=\dfrac{\omega_n^2}{s^2+2\xi\omega_n s+\omega_n^2} \tag{3-60}$$

式中，ω_n 是无阻尼固有频率；ξ 是阻尼比，$0\leqslant\xi\leqslant1$；T 是二阶振荡环节的时间常数，$T=1/\omega_n$。

例 3-17 图 3-18 所示为质量-阻尼-弹簧系统，位移 $x_i(t)$ 为系统输入，位移 $x_o(t)$ 为系统输出。建立微分方程有

$$m\ddot{x}_o(t)+c\dot{x}_o(t)+kx_o(t)=kx_i(t)$$

对上式进行拉普拉斯变换，得该系统的传递函数为

$$G(s)=\dfrac{X_o(s)}{X_i(s)}=\dfrac{k}{ms^2+cs+k}=\dfrac{1}{\dfrac{m}{k}s^2+\dfrac{c}{k}s+1}=\dfrac{\dfrac{k}{m}}{s^2+\dfrac{c}{m}s+\dfrac{k}{m}}$$

图 3-18　质量-阻尼-弹簧系统图（三）

该系统的无阻尼固有频率 ω_n、阻尼比 ξ 和时间常数 T 分别为

$$\omega_n=\sqrt{\dfrac{k}{m}},\quad \xi=\dfrac{c}{2\sqrt{mk}},\quad T=\sqrt{\dfrac{m}{k}}$$

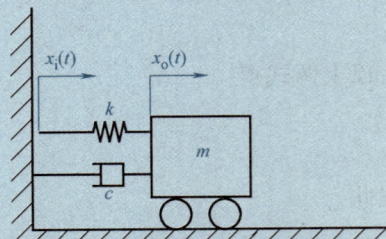

例 3-18 图 3-19 所示为电感 L、电阻 R 与电容 C 的串、并联电路，$u_i(t)$ 为输入电压，$u_o(t)$ 为输出电压。根据基尔霍夫定律，有

$$u_i(t) = L\frac{di_L(t)}{dt} + u_o(t)$$

$$u_o(t) = Ri_R(t) = \frac{1}{C}\int i_C(t)\,dt$$

$$i_L(t) = i_C(t) + i_R(t)$$

图 3-19 L-R-C 电路

故其微分方程为

$$LC\ddot{u}_o(t) + \frac{L}{R}\dot{u}_o(t) + u_o(t) = u_i(t)$$

传递函数为

$$G(s) = \frac{U_o(s)}{U_i(s)} = \frac{1}{LCs^2 + \frac{L}{R}s + 1}$$

或

$$G(s) = \frac{\omega_n^2}{s^2 + 2\xi\omega_n s + \omega_n^2}$$

式中，$\omega_n = \sqrt{\dfrac{1}{LC}}$；$\xi = \dfrac{1}{2R}\sqrt{\dfrac{L}{C}}$。由电学知识可知，$\omega_n$ 为电路的固有振荡频率，ξ 为电路的阻尼比。显然，此网络为振荡环节，调节 R、C 和 L 可改变振荡的固有频率和阻尼比。这与质量-阻尼-弹簧的单自由度机械系统的情况相似。

8. 延时环节（或称迟延环节）

延时环节是输出滞后输入时间 τ 后不失真的反映输入的环节。延时环节一般与其他环节共存，而不单独存在。延时环节的输入 $x_i(t)$ 与输出 $x_o(t)$ 之间的关系式为

$$x_o(t) = x_i(t - \tau)$$

式中，τ 是延迟时间。

对上式进行拉普拉斯变换，根据拉普拉斯变换的延迟性质，得延时环节的传递函数为

$$G(s) = \frac{X_o(s)}{X_i(s)} = \frac{X_i(s)\,e^{-\tau s}}{X_i(s)} = e^{-\tau s} \tag{3-61}$$

延时环节与惯性环节的区别在于：惯性环节从输入开始时刻就已经有输出，仅由于惯性，输出需要滞后一段时间才接近于所要求的输出量；延时环节在输入开始之初的时间 τ，并无输出，但当 $t = \tau$ 之后，输出就完全等于输入。在控制系统中，单纯的延时环节是很少的，延时环节往往与其他环节一起出现。延时环节常见于液压、气动系统中，施加输入后，往往由于管道长而延缓了信号传递的时间。

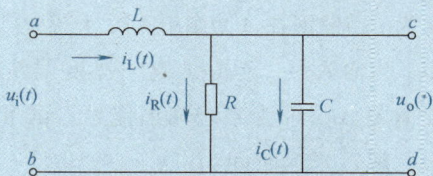

例 3-19 图 3-20 所示为轧钢时的带钢厚度检测示意图。测厚仪距机架的距离为 L，带钢速度为 v，带钢在 A 点轧出时，产生厚度偏差 Δh_1（图中为 $h+\Delta h_1$，h 为要求的理想厚度），Δh_1 为输入量。但是，这一厚度偏差在到达 B 点时才为测厚仪所检测到，检测到的带钢厚度偏差 Δh_2 即为系统输出信号。试求其传递函数。

解 延迟时间为

$$\tau = L/v$$

测厚仪输出信号 Δh_2 与输入信号厚度偏差 Δh_1 之间的关系式为

$$\Delta h_2 = \Delta h_1(t-\tau)$$

此式表示，在 $t<\tau$ 时，$\Delta h_2 = 0$，即测厚仪不反映 Δh_1 的量。在 $t \geqslant \tau$ 时，测厚仪在延时 τ 时间后，立即反映 Δh_1 在 $t=\tau$ 时的值及其以后的值。传递函数为

$$G(s) = e^{-\tau s}$$

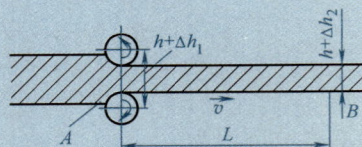

图 3-20 轧钢时的带钢
厚度检测示意图

3.3 系统框图及其简化

系统的传递函数只表示输入和输出两个变量的关系，而无法反映系统中信息的传递过程。系统框图是系统数学模型的图形表示形式，框图不仅能简明地表示系统内部各环节的数学模型，而且能够表示控制系统中各环节的关系和信号的传递过程。

3.3.1 系统框图的组成

控制系统的框图是由许多对信号进行单向运算的方框和一些信号流向线组成的，它包含以下四种基本单元：

（1）信号线 信号线是带有箭头的直线，箭头表示信号的流向，在直线旁标记信号的时间函数或象函数，如图 3-21a 所示。

（2）比较点 比较点（或相加点）是进行信号之间代数加减运算的元件，用符号 $\otimes$ 及相应的箭头 "→" 表示，如图 3-21b 所示。在比较点处，输出信号（用离开相加点的箭头表示）等于各输入信号（用指向相加点的箭头表示）的代数和，每一个指向比较点的箭头前方的 "+" 号或 "-" 号表示输入信号在代数运算中的符号。在比较点处加减的信号必须是同种变量，运算时的量纲也要相同。比较点可以有多个输入，但输出是唯一的。

（3）方框 方框表示对信号进行的数学变换，方框中写入元部件或系统的传递函数，如图 3-21c 所示。显然，方框的输出变量等于方框的输入变量与传递函数的乘积，即

$$X_o(s) = G(s)X_i(s)$$

（4）分支点 同一信号要传送到不同的元件上时，可以通过在分支点上引出若干信号

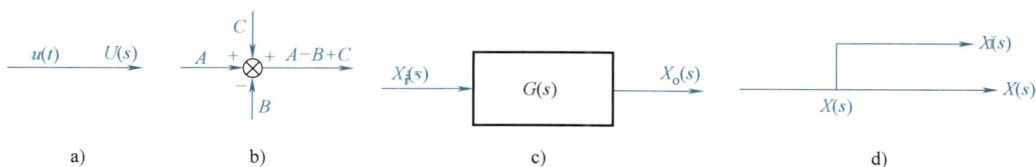

图 3-21 框图的基本组成单元
a）信号线 b）比较点 c）方框 d）分支点

线，通过箭头表示引出信号的传递方向，如图 3-21d 所示。在分支点处引出的信号不仅量纲相同，而且数值也相等。

3.3.2 系统框图的建立

建立控制系统框图，一般按照如下步骤进行：

1）建立系统（或元件）的微分方程。

2）对这些微分方程进行拉普拉斯变换，整理成输入与输出关系式。

3）将每一个输入与输出关系式用框图单元表示。

4）按照信号在系统中传递、变换的过程（即流向），将各框图单元中相同的信号连接起来，并将系统的输入画在左侧，输出画在右侧，构成控制系统完整的框图。

要指出的是，虽然系统框图是从系统元部件的数学模型得到的，但框图中的方框与实际系统的元部件并非是一一对应的。一个实际元部件可以用一个方框或几个方框表示；而一个方框也可以代表几个元部件或一个子系统或一个大的复杂系统。

下面举例说明系统框图的建立。

例 3-20 绘制例 3-3 中图 3-5 所示无源电路网络系统的框图。

解 由例 3-3 知系统的微分方程为

$$\begin{cases} u_i(t) = R_1 i_R(t) + u_o(t) \\ i_C(t) = C[\dot{u}_i(t) - \dot{u}_o(t)] \\ i(t) = i_R(t) + i_C(t) \\ u_o(t) = i(t) R_2 \end{cases}$$

对上述各式进行拉普拉斯变换，得

$$\begin{cases} U_i(s) = R_1 I_R(s) + U_o(s) \\ I_C(s) = Cs[U_i(s) - U_o(s)] \\ I(s) = I_R(s) + I_C(s) \\ U_o(s) = I(s) R_2 \end{cases}$$

根据上述各式绘制各环节框图，如图 3-22 所示。将上面各环节的框图按信号的传递、变换过程连接起来，组合成系统框图，如图 3-23 所示。

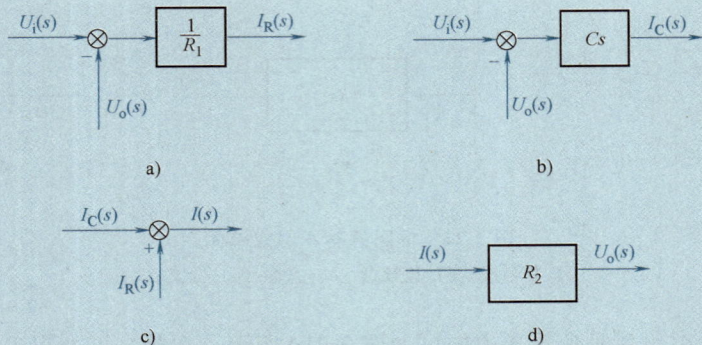

图 3-22 各环节框图

a) 框图1 b) 框图2 c) 框图3 d) 框图4

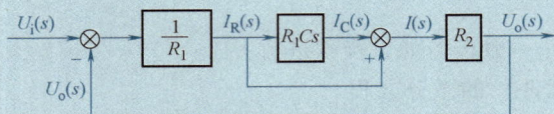

图 3-23 系统框图（一）

3.3.3 系统框图的等效变换和简化

对于实际系统，特别是对于自动控制系统，通常用多回路的框图表示，如大环回路套小环回路，其框图非常复杂。为便于分析与计算，需要对复杂框图进行简化，简化成只有输入、输出和总传递函数的形式。框图的变换应按等效原则进行。所谓等效，就是对框图的任一部分进行变换时，变换前后输入与输出之间总的数学关系应保持不变，即当不改变输入时，引出线的信号保持不变。

1. 串联环节的等效变换规则

前一环节的输出为后一环节的输入的连接方式称为环节的串联连接，如图 3-24 所示。当各环节之间不存在（或可忽略）负载效应时，有

$$X_1(s) = G_1(s) X_i(s), \quad X_o(s) = G_2(s) X_1(s)$$

由以上两式消去 $X_1(s)$，得

$$X_o(s) = G_1(s) G_2(s) X_i(s)$$

串联后的等效传递函数为

$$G(s) = \frac{X_o(s)}{X_i(s)} = G_1(s) G_2(s) \tag{3-62}$$

因此，方框串联连接时的等效传递函数等于各个方框传递函数的乘积。

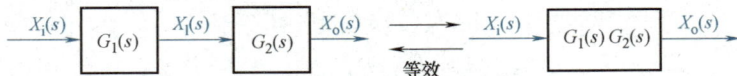

图 3-24 串联环节等效变换

2. 并联环节的等效变换规则

各环节的输入相同，输出为各环节输出的代数和，这种连接方式称为环节的并联。如

图 3-25 所示, 有

$$X_{o1}(s) = G_1(s)X_i(s), \quad X_{o2}(s) = G_2(s)X_i(s), \quad X_o(s) = X_{o1}(s) \pm X_{o2}(s)$$

由上述三式消去 $X_{o1}(s)$ 和 $X_{o2}(s)$, 得

$$X_o(s) = [G_1(s) \pm G_2(s)]X_i(s)$$

并联后的等效传递函数为

$$G(s) = G_1(s) \pm G_2(s) \tag{3-63}$$

因此, 方框并联连接时的等效传递函数等于各个方框传递函数之和。

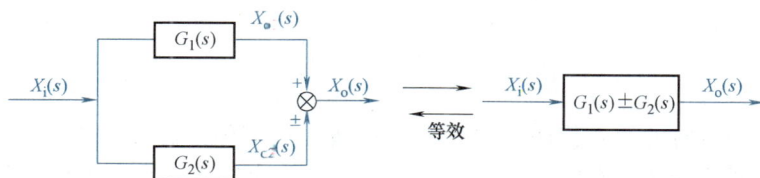

图 3-25 并联环节等效变换

3. 框图的反馈连接及等效原则

若传递函数分别为 $G(s)$ 和 $H(s)$ 的两个方框, 按图 3-26a 所示形式连接, 则称为反馈连接。反馈信号 $B(s)$ 处, "+"号为正反馈, 表示输入信号与反馈信号相加; "-"号则表示相减, 是负反馈。单输入作用的闭环系统, 无论组成系统的环节有多复杂, 其传递函数框图总可以简化成如图 3-26b 所示的基本形式。

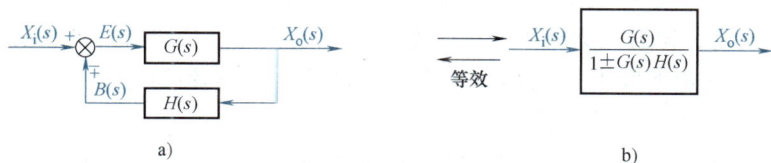

图 3-26 反馈环节等效变换

a) 反馈连接 b) 框图基本形式

图 3-26 中, $G(s)$ 为前向通道传递函数, 它是输出 $X_o(s)$ 与偏差 $E(s)$ 之比, 即

$$G(s) = \frac{X_o(s)}{E(s)} \tag{3-64}$$

$H(s)$ 称为反馈回路传递函数, 即

$$H(s) = \frac{B(s)}{X_o(s)} \tag{3-65}$$

封闭回路在相加点断开以后, 以偏差 $E(s)$ 作为输入, 经前向通道传递函数 $G(s)$、反馈回路传递函数 $H(s)$ 而产生输出 $B(s)$, 此输出与输入的比值 $B(s)/E(s)$, 称为系统的开环传递函数。开环传递函数 $G_K(s)$ 即为前向通道传递函数 $G(s)$ 与反馈回路传递函数 $H(s)$ 的乘积, 它也是反馈信号 $B(s)$ 与偏差 $E(s)$ 之比, 即

45

$$G_K(s) = \frac{B(s)}{E(s)} = G(s)H(s) \qquad (3-66)$$

输出信号 $X_o(s)$ 与输入信号 $X_i(s)$ 之比，定义为系统的闭环传递函数 $G_B(s)$，即

$$G_B(s) = \frac{X_o(s)}{X_i(s)} \qquad (3-67)$$

由图 3-26，有

$$X_o(s) = G(s)E(s), B(s) = H(s)X_o(s), E(s) = X_i(s) \mp B(s)$$

消去中间变量 $E(s)$ 和 $B(s)$，得

$$X_o(s) = G(s)[X_i(s) \mp H(s)X_o(s)]$$

于是有

$$G_B(s) = \frac{X_o(s)}{X_i(s)} = \frac{G(s)}{1 \pm G(s)H(s)} \qquad (3-68)$$

因此，反馈连接时的等效传递函数等于前向通道传递函数除以 1 加（或减）前向通道传递函数与反馈回路传递函数的乘积。式（3-68）中正号对应负反馈连接，负号对应正反馈连接，式（3-68）可用图 3-26b 所示的框图表示。若反馈回路传递函数 $H(s) = 1$，则称为单位反馈。此时有

$$G_B(s) = \frac{G(s)}{1 \pm G(s)} \qquad (3-69)$$

正反馈是反馈信号加强输入信号，使偏差信号 $E(s)$ 增大时的反馈；而负反馈是反馈信号减弱输入信号，使偏差信号 $E(s)$ 减小的反馈。闭环系统的反馈是正反馈还是负反馈，与反馈信号在相加点取正号还是取负号是两回事。而相加点的 $B(s)$ 处的符号由物理现象及 $H(s)$ 本身符号决定，即若人为将 $H(s)$ 改变符号，则相加点的 $B(s)$ 处也要相应地改变符号。闭环传递函数的量纲取决于 $X_o(s)$ 与 $X_i(s)$ 的量纲，两者可以相同也可以不同。

4. 分支点移动规则

（1）分支点前移　若分支点由方框之后移到该方框之前，为了保持移动后分支信号不变，应在分支路上串入具有相同传递函数的方框，如图 3-27a 所示。

（2）分支点后移　若分支点由方框之前移到该方框之后，为了保持移动后分支信号不变，应在分支路上串入具有相同传递函数的倒数的方框，如图 3-27b 所示。

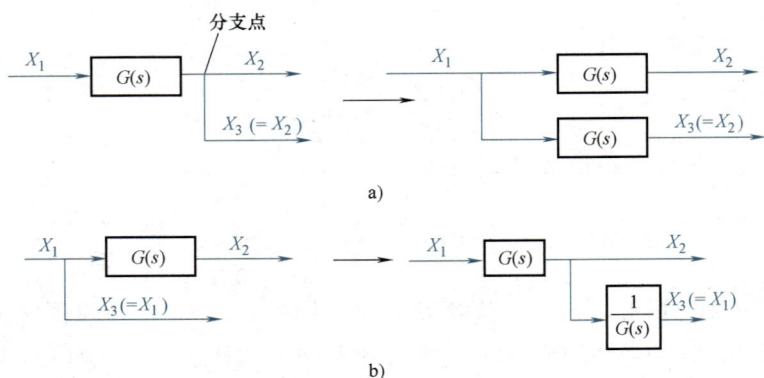

图 3-27　分支点移动规则

a）分支点前移　b）分支点后移

5. 相加点移动规则

（1）相加点后移 若相加点由方框之前移到该方框之后，为了保持总的输出信号不变，应在移动的支路上串入具有相同传递函数的方框，如图 3-28a 所示。

（2）相加点前移 若相加点由方框之后移到该方框之前，应在移动的支路上串入具有相同传递函数的倒数的方框，如图 3-28b 所示。

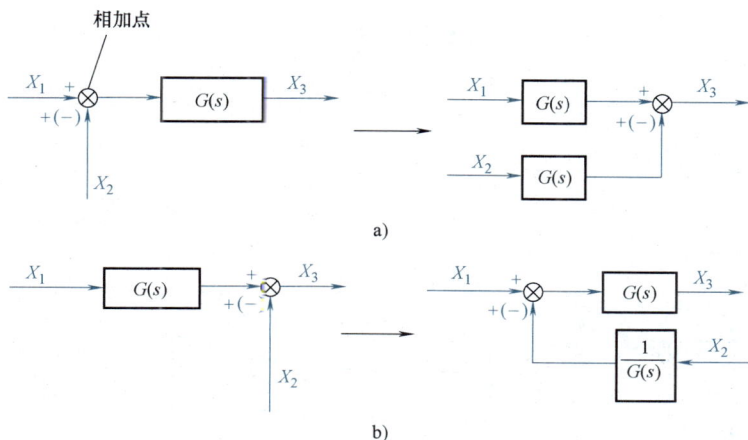

图 3-28 相加点移动规则

a）相加点后移 b）相加点前移

6. 相加点之间、分支点之间相互移动规则

相加点之间、分支点之间的相互移动，均不改变原有的数学关系，因此可以相互移动，如图 3-29a、b 所示。但是，分支点、相加点之间不能相互移动，因为它们并不等价。

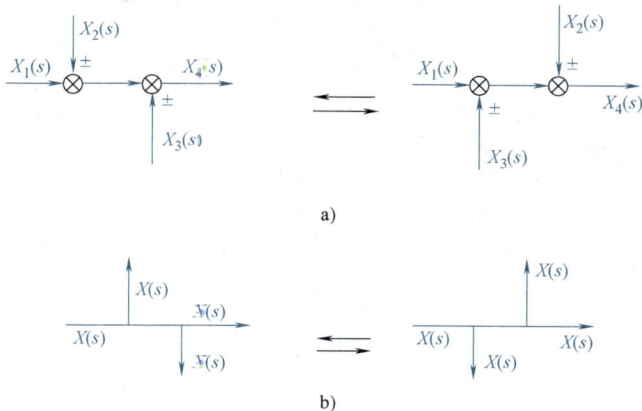

图 3-29 相加点之间、分支点之间相互移动规则

a）相加点之间的相互移动 b）分支点之间的相互移动

表 3-1 汇集了结构图简化（等效变换）的基本原则，可供查用。

表 3-1 结构图简化（等效变换）的基本原则

原框图	等效框图	等效运算关系
		串联等效 $C(s) = G_1(s)G_2(s)R(s)$
		并联等效 $C(s) = [G_1(s) \pm G_2(s)]R(s)$
		反馈等效 $C(s) = \dfrac{G_1(s)R(s)}{1 \mp G_1(s)G_2(s)}$
		等效单位反馈 $C(s) = \dfrac{1}{G_2(s)} \dfrac{G_1(s)G_2(s)}{1 + G_1(s)G_2(s)} R(s)$
		相加点前移 $C(s) = R(s)G(s) \pm Q(s)$ $= \left[R(s) \pm \dfrac{Q(s)}{G(s)} \right] G(s)$
		相加点后移 $C(s) = [R(s) \pm Q(s)]G(s)$ $= R(s)G(s) \pm Q(s)G(s)$
		分支点前移 $C(s) = R(s)G(s)$
		分支点后移 $R(s) = R(s)G(s)\dfrac{1}{G(s)}$ $C(s) = R(s)G(s)$
		变换或合并比较点 $C(s) = E_1(s) \pm R_3(s)$ $= R_1(s) \pm R_2(s) \pm R_3(s)$

（续）

原框图	等效框图	等效运算关系
		交换比较点或分支点 （一般不用） $C(s) = R_1(s) - R_2(s)$
		负号在支路上移动 $E(s) = R(s) - H(s)C(s)$ $= R(s) + H(s) \times (-1)C(s)$

例 3-21 将图 3-30a 所示的三环回路系统框图简化，并求系统传递函数。

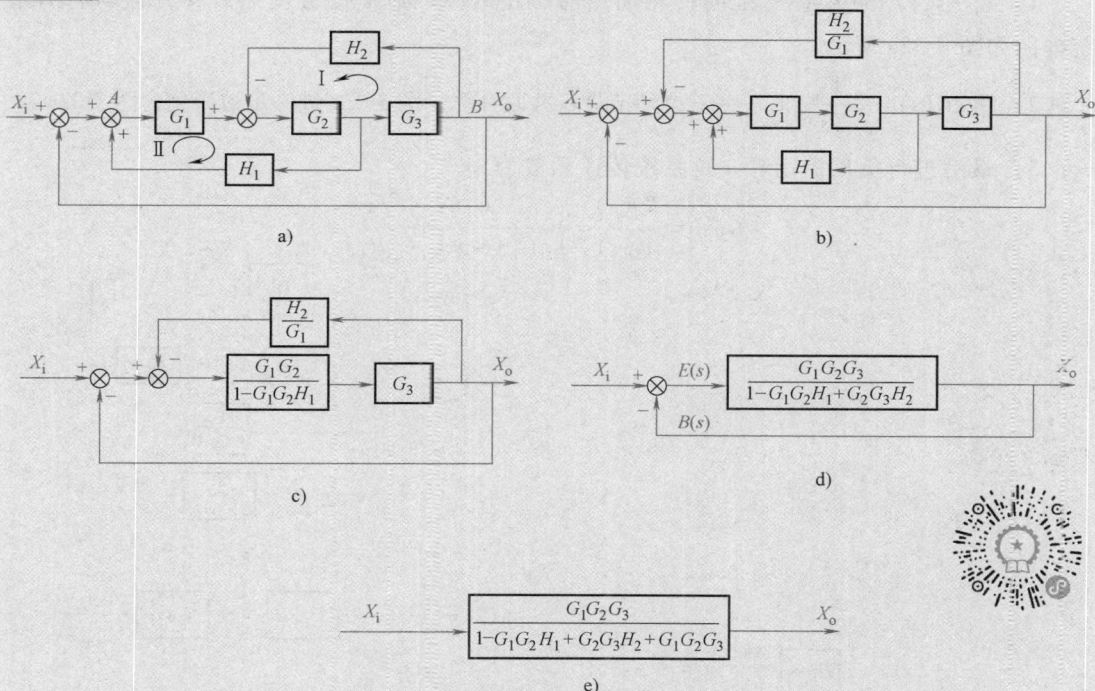

图 3-30 三环回路系统框图简化

a）三环回路系统框图 b）简化1 c）简化2 d）简化3 e）简化4

解 由图 3-30a 可见，回路 Ⅰ 和 Ⅱ 交错，不能直接应用基本公式，必须先变成简单的没有交错的回路。化简的方法主要是通过移动分支点或相加点，消除交叉连接，使其成为独立的小回路，以使用串、并联和反馈连接的等效规则进一步化简。一般应先求解内回路，再逐步求解外回路，一环环化简，最后求得系统的闭环传递函数。化简过程如下：

1）回路 Ⅰ 的相加点前移至 A 点，前移支路中串联入一个传递函数为 $1/G_1$ 的方框，图 3-30a →图 3-30b。

2）回路 Ⅱ 为带有正反馈的闭环回路，利用环节串联及反馈计算公式将回路 Ⅱ 化简为一个传递函数，图 3-30b →图 3-30c。注意，若没有图 3-30a →图 3-30b 的相加点前移就不能进行此步，因为在图 3-30a 中的 G_1、G_2 间还要加入其他环节的作用。

3）利用反馈计算公式将局部闭环回路化简为一个传递函数，使之成为单位反馈的单环回路，图 3-30c →图 3-30d。

4）图 3-30d 所示为单位反馈的单一闭环回路，利用单位反馈计算公式得到单一向前传递函数，即原系统的闭环传递函数，图 3-30d →图 3-30e。

需要说明的是，框图的简化途径并不是唯一的。例如：也可以将回路Ⅱ的分支点移到 B 点，以消除回路的相交。可以验证所得结果相同。

例 3-22 试简化图 3-31 所示系统结构图，并求系统传递函数 $X_o(s)/X_i(s)$。

解 在图中，由于 $G_1(s)$ 与 $G_2(s)$ 之间有交叉的相加点和分支点，因此不能直接进行方框运算，也不可简单地互换其位置。

1）将 $G_1(s)$ 与 $G_2(s)$ 之间的相加点前移、$G_1(s)$ 后面的分支点后移，移动后的系统框图如图 3-32a 所示。

2）将 $H_1(s)$、$\dfrac{1}{G_1(s)}$ 和 $\dfrac{1}{G_2(s)}$ 三个环节进行并联计算，图 3-32a 进一步被简化为图 3-32b。

3）最后进行负反馈运算，得系统传递函数为

$$G(s)=\frac{X_o(s)}{X_i(s)}=\frac{G_1G_2}{1+G_1+G_2+G_1G_2H_1}$$

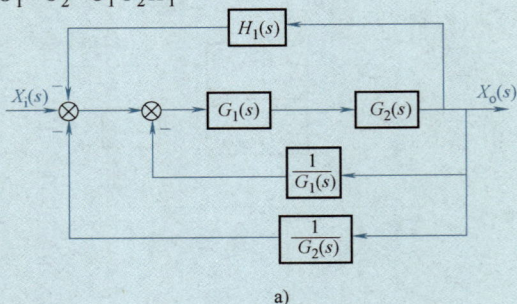

a)

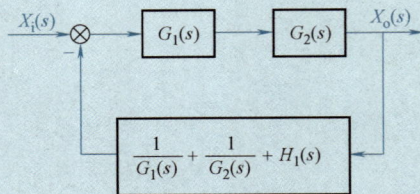

b)

图 3-32　系统结构图简化

a）分支点后移　b）简化图

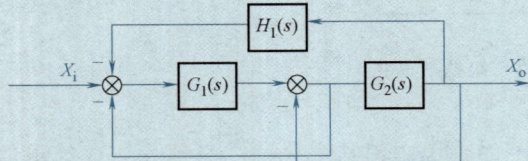

图 3-31　系统结构图

3.4　系统信号流图及梅森公式

3.4.1　系统的信号流图

1. 信号流图的概念

框图虽然对分析系统很有用处，但是遇到比较复杂的系统时，其变换和化简过程往往显

得烦琐而费时。此时可以将框图转化为信号流图，并据此采用梅森公式求出系统的传递函数。信号流图是信号流程图的简称，是与框图等价的、描述变量之间关系的图形表示法。

与图 3-33 所示系统框图对应的系统信号流图如图 3-34 所示。

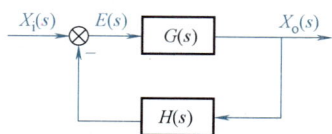

图 3-33　系统框图（二）

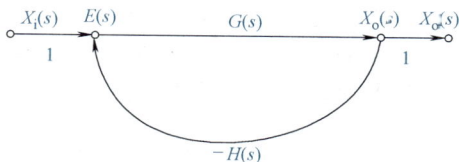

图 3-34　系统信号流图

信号流图中的网络是由一些定向线段将一些节点连接起来组成的。在信号流图中，节点表示变量或信号，用符号"○"表示。输入节点称为源节点，如图 3-34 中的 $X_i(s)$；输出节点称为汇节点或阱点，如图 3-34 中的 $X_o(s)$；混合节点是指既有输入又有输出的节点，如图 3-34 中的 $E(s)$。节点之间用定向线段连接，称为支路。通常在支路上标明增益，即支路上的传递函数。沿支路箭头方向穿过各相连支路的路径称为通路；从输入节点到输出节点的通路上通过任何节点不多于一次的通路称为前向通路；起点与终点重合且与任何节点相交不多于一次的通路称为回路（或回环），如图 3-34 中的 $E(s) \rightarrow G(s) \rightarrow X_o(s) \rightarrow -H(s) \rightarrow E(s)$。回环中各支路传递函数的乘积，称为回环传递函数，图 3-34 中回环的传递函数为 $-G(s)H(s)$；系统中包含若干个回环，且回环间没有任何公共节点的，称为不接触回环。

2. 信号流图的绘制

绘制系统的信号流图时，首先必须将描述系统的线性微分方程变换成以 s 为变量的代数方程；其次，线性代数方程组中的每一个方程都要写成因果关系式，且在书写时，将作为"因"的一些变量写在等式右端，而把"果"的变量写在等式左端。

例 3-23　绘制如图 3-35 所示电路的信号流图。

解　系统的微分方程组为

$$u_i = Ri + u_o$$

$$u_o = \frac{1}{C}\int i\mathrm{d}t$$

对上述两式进行拉普拉斯变换，得

$$U_i(s) = RI(s) + U_o(s)$$

$$U_o(s) = \frac{1}{Cs}I(s)$$

上述表达式中有三个变量，即 $U_i(s)$、$U_o(s)$ 和 $I(s)$。把上述方程组写成各变量间的依次单项关系式，得

$$U_o(s) = \frac{1}{Cs}I(s)$$

$$I(s) = \frac{1}{R}U_i(s) - \frac{1}{R}U_o(s)$$

则系统的信号流图如图 3-36 所示。

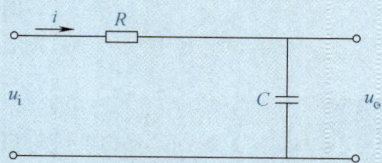

图 3-35　电路

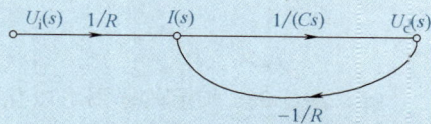

图 3-36　图 3-35 所示电路的信号流图

3. 信号流图的简化

如图 3-37 所示,信号流图的简化规则可扼要地归纳如下:

1) 串联支路的总增益等于各支路增益的乘积,如图 3-37a 所示。
2) 并联支路的总增益等于各支路增益的和,如图 3-37b 所示。
3) 混合节点可以通过移动支路的方法消去,如图 3-37c 所示。
4) 回环可以根据反馈连接的规则式化为等效支路,如图 3-37d 所示。

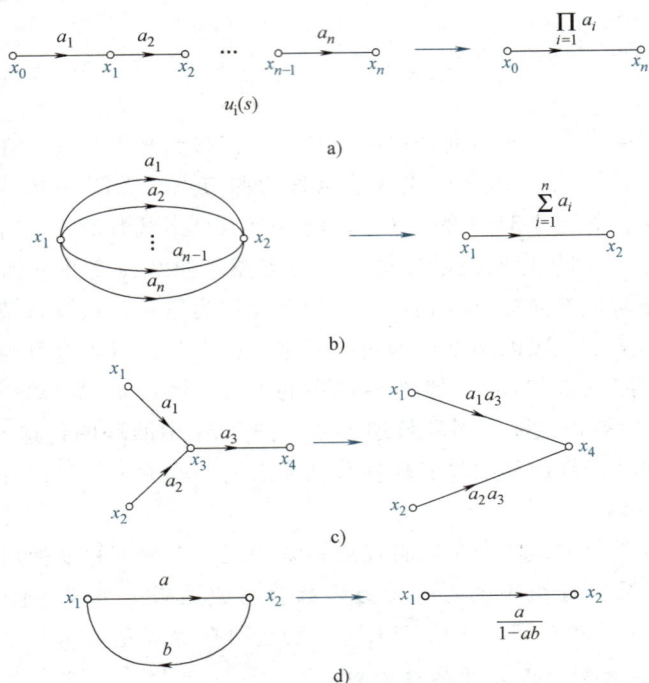

图 3-37 信号流图的简化规则

a) 简化 1   b) 简化 2   c) 简化 3   d) 简化 4

例 3-24 将图 3-38a 所示的系统框图化为系统信号流图并简化之,求系统闭环传递函数 $\dfrac{X_o(s)}{X_i(s)}$。

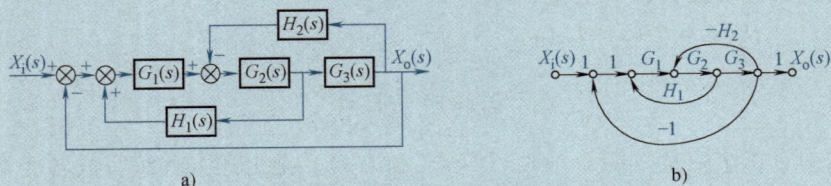

图 3-38 系统框图简化

a) 系统框图   b) 系统信号流图

解 图 3-38a 所示的框图可以化为图 3-38b 所示的信号流图。这里应注意的是,在框图比较环节处的正负号在信号流图中反映在支路增益的符号上。

图 3-38b 所示信号流图的简化过程如图 3-39 所示。

最后求得系统的闭环传递函数（总增益）为

$$\frac{X_o(s)}{X_i(s)} = \frac{G_1 G_2 G_3}{1 - G_1 G_2 H_1 + G_2 G_3 H_2 + G_1 G_2 G_3}$$

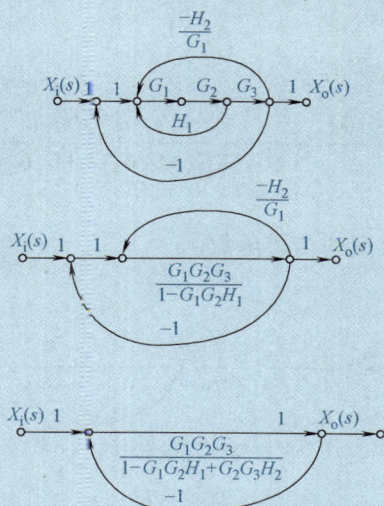

图 3-39 信号流图的简化过程

3.4.2 梅森公式及其应用

从一个复杂的信号流图上，经过简化可以求出系统的传递函数，而且，结构图的等效变换规则也适用于信号流图的简化，但此过程还是很麻烦。可根据梅森公式直接求取系统的传递函数。梅森公式为

$$T = \frac{1}{\Delta} \sum_{k=1}^{n} P_k \Delta_k \tag{3-70}$$

式中，T 是系统的传递函数；P_k 是第 k 条前向通道的传递函数；n 是从输入节点到输出节点的前向通道总数；Δ_k 是特征式的余子式，即从 Δ 中除去与第 k 条前向通道相接触的回路后，余下部分的特征式；Δ 是信号特征式，是信号流图所表示的方程组的系数行列式，其表达式为

$$\Delta = 1 - \sum L_1 + \sum L_2 - \sum L_3 + \cdots + (-1)^m \sum L_m \tag{3-71}$$

式中，$\sum L_1$ 是所有不同回路的传递函数之和；$\sum L_2$ 是任何两个互不接触回路传递函数的乘积之和；$\sum L_3$ 是任何三个互不接触回路传递函数的乘积之和；$\sum L_m$ 是任何 m 个互不接触回环增益的乘积之和。

例 3-25 用梅森公式求图 3-40 所示信号流图的传递函数。

解 节点 $X_i(s)$ 和 $X_o(s)$ 之间只有一条前向通道，其增益为

$$P_1 = G_1 G_2 G_3 G_4$$

此系统有三个回路，传递函数之和为

$$\sum L_1 = -G_2 G_3 G_6 - G_3 G_4 G_5 - G_1 G_2 G_3 G_4 G_7$$

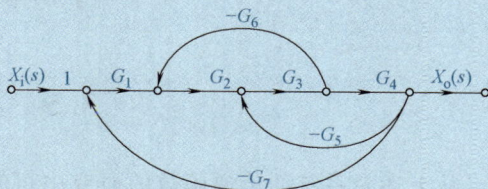

图 3-40 求信号流图的传递函数（一）

这三个回路相互之间都有公共节点，故不存在互不接触的回路。于是特征式为

$$\Delta = 1 - \sum L_1 = 1 + G_2 G_3 G_6 + G_3 G_4 G_5 + G_1 G_2 G_3 G_4 G_7$$

由于前三个回路都与前向通道 P_1 接触，故余子式为

$$\Delta_1 = 1$$

根据梅森公式求得传递函数为

$$\frac{X_o(s)}{X_i(s)} = \frac{P_1 \Delta_1}{\Delta} = \frac{G_1 G_2 G_3 G_4}{1 + G_2 G_3 G_6 + G_3 G_4 G_5 + G_1 G_2 G_3 G_4 G_7}$$

例 3-26 求图 3-41 所示信号流图的传递函数。

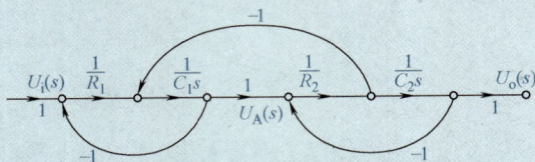

图 3-41 求信号流图的传递函数（二）

解 由图可见，有三个不同的回环，即

$$\sum L_1 = -\frac{1}{R_1 C_1 s} - \frac{1}{R_2 C_1 s} - \frac{1}{R_2 C_2 s}$$

有两个互不接触的回环，即

$$\sum L_2 = \frac{1}{R_1 C_1 s} \frac{1}{R_2 C_2 s}$$

从而

$$\Delta = 1 - \sum L_1 + \sum L_2 = 1 + \frac{1}{R_1 C_1 s} + \frac{1}{R_2 C_1 s} + \frac{1}{R_2 C_2 s} + \frac{1}{R_1 C_1 s} \frac{1}{R_2 C_2 s}$$

只有一个前向通道

$$P_1 = \frac{1}{R_1} \frac{1}{C_1 s} \frac{1}{R_2} \frac{1}{C_2 s}, \quad \Delta_1 = 1$$

根据梅森公式，有

$$\frac{U_o(s)}{U_i(s)} = \frac{1}{\Delta} P_1 \Delta_1 = \frac{\dfrac{1}{R_1} \dfrac{1}{C_1 s} \dfrac{1}{R_2} \dfrac{1}{C_2 s}}{1 + \dfrac{1}{R_1 C_1 s} + \dfrac{1}{R_2 C_1 s} + \dfrac{1}{R_2 C_2 s} + \dfrac{1}{R_1 C_1 s} \dfrac{1}{R_2 C_2 s}}$$

$$= \frac{1}{R_1 R_2 C_1 C_2 s^2 + (R_1 C_1 + R_2 C_2 + R_1 C_2) s + 1}$$

3.5 相似原理

从上述对系统的传递函数的研究中可知，对不同的物理系统（环节）可用形式相同的微分方程与传递函数来描述，即可以用形式相同的数学模型来描述。数学模型相同的物理系

统称为相似系统。例如：图 3-2 所示的机械系统和图 3-4 所示的电路网络系统具有相司形式的传递函数，两者即为相似系统。在相似系统的数学模型中，作用相同的变量称为相似变量。常见的相似系统见表 3-2。

表 3-2 常见的相似系统

电路网络系统	机械系统
$$\frac{U_o(s)}{U_i(s)} = \frac{1}{RCs+1}$$	$$\frac{X_o(s)}{X_i(s)} = \frac{1}{\frac{c}{k}s+1}$$
$$\frac{U_o(s)}{U_i(s)} = \frac{RCs}{RCs+1}$$	$$\frac{X_o(s)}{X_i(s)} = \frac{\frac{c}{k}s}{\frac{c}{k}s+1}$$
$$\frac{U_o(s)}{U_i(s)} = \frac{(R_2C_2s+1)(R_1C_1s+1)}{sR_1C_2+(R_2C_2s+1)(R_1C_1s+1)}$$	$$\frac{X_o(s)}{X_i(s)} = \frac{\left(1+\frac{c_1}{k_1}s\right)\left(1+\frac{c_2}{k_2}s\right)}{\frac{c_1}{k_2}s+\left(1+\frac{c_1}{k_1}s\right)\left(1+\frac{c_2}{k_2}s\right)}$$
$$\frac{U_o(s)}{U_i(s)} = \frac{(R_2C_2s+1)}{C_2/C_1(R_1C_1s+1)+(R_2C_2s+1)}$$	$$\frac{X_o(s)}{X_i(s)} = \frac{1+\frac{c_1}{k_1}s}{\left(1+\frac{c_1}{k_1}s\right)+\left(1+\frac{c_2}{k_2}s\right)\frac{k_2}{k_1}}$$

质量-弹簧-阻尼机械平动系统、机械回转系统、电气系统和液压系统的相似变量见表 3-3。

表 3-3　相似系统的相似变量

机械平动系统	机械回转系统	电气系统	液压系统
力 F	转矩 T	电压 u	压力 p
质量 m	转动惯量 J	电感 L	液感 L_H
黏性阻尼系数 c	黏性阻尼系数 c	电阻 R	液阻 R_H
弹簧系数 k	扭转系数 k	电容的倒数 $1/C$	液容的倒数 $1/C_H$
线位移 y	角位移 θ	电荷 q	容积 V
速度 v	角速度 ω	电流 i	流量 q

56

由于相似系统的数学模型在形式上相同，因此可以用相同的数学方法对相似系统加以研究；特别是可以利用相似系统的这一特点进行模拟研究，即用一种比较容易实现的系统（如电气系统）模拟其他较难实现的系统。

课外阅读　现代控制理论建模方法简介

按照发展过程，通常把自动控制理论分为经典控制理论和现代控制理论两个部分。经典控制理论的研究对象是单输入单输出的自动控制系统，特别是线性定常系统。其特点是建立输入、输出的传递函数作为系统的数学模型。现代控制理论所包含的学科内容十分广泛，主要有线性系统理论、非线性系统理论、最优控制理论、随机控制理论和适应控制理论，是建立在状态空间法基础上的一种控制理论，是自动控制理论的一个主要组成部分。

现代控制理论是在 20 世纪 50 年代中期迅速兴起的空间技术的推动下发展起来的。空间技术的发展迫切要求建立新的控制原理，以解决诸如把宇宙火箭和人造卫星用最少燃料或最短时间准确地发射到预定轨道一类的控制问题。这类控制问题十分复杂，采用经典控制理论难以解决。

1954 年，美国学者 R. 贝尔曼创立了动态规划，并在 1956 年将其应用于控制过程。1958 年，苏联科学家 Л. С. 庞特里亚金提出了名为极大值原理的综合控制系统的新方法。他们的研究成果解决了空间技术中出现的复杂控制问题，并开拓了控制理论中最优控制理论这一新的领域。1960—1961 年，美国学者 R. E. 卡尔曼和 R. S. 布什建立了卡尔曼-布什滤波理论，扩大了控制理论的研究范围，包括了更为复杂的控制问题。在同一时期内，贝尔曼、卡尔曼等人把状态空间法系统地引入控制理论中。状态空间法对揭示和认识控制系统的许多重要特性具有关键的作用。其中能控性和能观测性尤为重要，成为控制理论两个最基本的概念。到 20 世纪 60 年代初，以状态空间法、极大值原理、动态规划、卡尔曼-布什滤波为基础的分析和设计控制系统的新的原理和方法已经确立，这标志着现代控制理论的形成。

（1）线性系统理论　是现代控制理论中最基本和比较成熟的一个分支，着重研究线性系统中状态的控制和观测问题，基本分析方法是状态空间法，采用的数学工具是线性系统理论。

（2）非线性系统理论　非线性系统的分析和综合理论尚不完善。研究领域主要还限于系统的运动稳定性、双线性系统的控制和观测问题、非线性反馈问题等。更一般的非线性系统理论还有待建立。从20世纪70年代中期以来，由微分几何理论得出的某些方法对分析某些类型的非线性系统提供了有力的理论工具。

（3）最优控制理论　最优控制理论是设计最优控制系统的理论基础，主要研究受控系统在指定性能指标实现最优时的控制规律及其综合方法。在最优控制理论中，用于综合最优控制系统的主要方法有极大值原理和动态规划。最优控制理论的研究范围正在不断扩大，诸如大系统的最优控制、分布参数系统的最优控制等。

（4）随机控制理论　随机控制理论的目标是解决随机控制系统的分析和综合问题。维纳滤波理论和卡尔曼-布什滤波理论是随机控制理论的基础之一。随机控制理论的一个主要组成部分是随机最优控制，这类随机控制问题的求解有赖于动态规划的概念和方法。

（5）适应控制理论　适应控制系统是在模仿生物适应能力的思想基础上建立的一类可自动调整本身特性的控制系统。适应控制系统的研究常可归结为三个基本问题：①识别受控对象的动态特性；②在识别对象的基础上选择决策；③在决策的基础上做出反应或动作。

（6）智能控制理论　是人工智能和自动控制的结合物，是一类无需人的干预就能够独立地驱动智能机器，实现其目标的自动控制。智能控制的注意力并不放在对数学公式的表达、计算和处理上，而是放在对任务和模型的描述、符号和环境的识别以及知识库和推理机的设计开发上。智能控制的理论基础是人工智能、控制论、运筹学和系统学等学科的交叉。

（7）自适应控制　自适应控制系统通过不断地测量系统的输入、状态、输出或性能参数，逐渐了解和掌握对象，然后根据所得到的信息按一定的设计方法，作出决策去更新控制器的结构和参数以适应环境的变化，达到所要求的控制性能指标。自适应控制系统的类型主要有自校正控制系统、模型参考自适应控制系统、自寻最优控制系统、学习控制系统等。

（8）鲁棒控制　过程控制中面临的一个重要问题就是模型的不确定性。鲁棒控制主要解决的就是模型的不确定性问题，但在处理方法上与自适应控制有所不同。鲁棒控制在设计控制器时尽量利用不确定性信息来设计一个控制器，使得不确定参数出现时仍能满足性能指标要求。

（9）模糊控制　模糊控制借助模糊数学模拟人的思维方法，将工艺操作人员的经验加以总结，运用语言变量和模糊逻辑理论进行推理和决策，对复杂对象进行控制。模糊控制既不是指被控过程是模糊的，也不意味着控制器是不确定的，它只是表示知识和概念上的模糊性，它完成的工作是完全确定的。

（10）神经网络控制　神经网络是指由所谓神经元的简单单元按并行结构经过可调的连接权构成的网络。神经网络控制是指利用神经网络这种工具从机理上对人脑进行简单结构模拟的新型控制和辨识方法。神经网络控制的主要特点是：用于非线性系统的辨识和估计；对于复杂不确定性问题具有自适应能力；具有分布式储存能力，可实现在线、离线学习。

思考题与习题

3-1　试求图3-42所示的机械系统的微分方程和传递函数。

3-2　求出图3-43所示电路网络的微分方程。

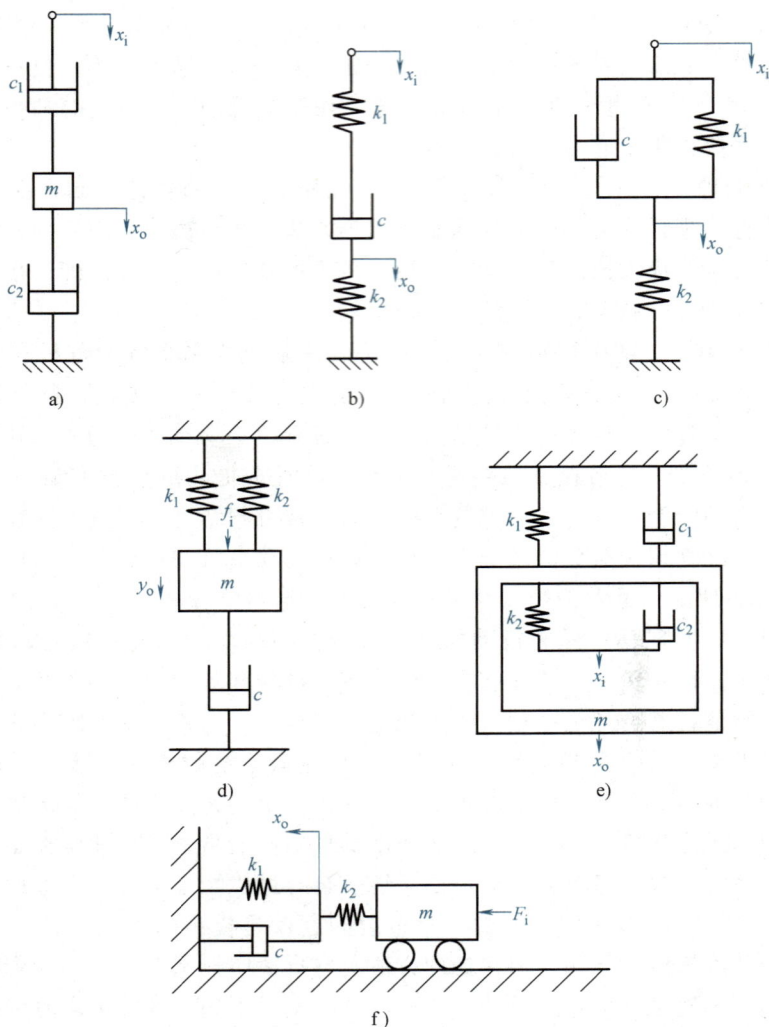

a)

b)

c)

d)

e)

f)

图 3-42 题 3-1 图

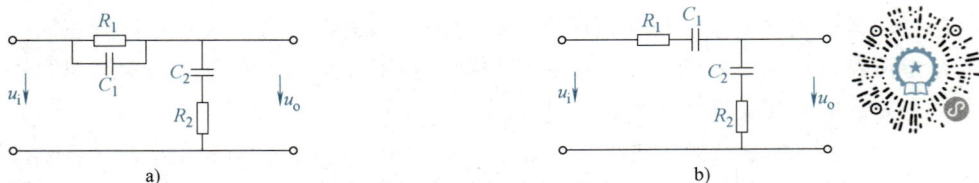

a)

b)

图 3-43 题 3-2 图

3-3 求图 3-44 所示机械系统的微分方程。图中 M 为输入转矩，c_m 为圆周阻尼，J 为转动惯量。

3-4 已知系统的动力学方程如下，试写出它们的传递函数 $Y(s)/R(s)$。

（1） $y'''(t) + 15y''(t) + 50y'(t) + 500y(t) = r''(t) + 2r'(t)$

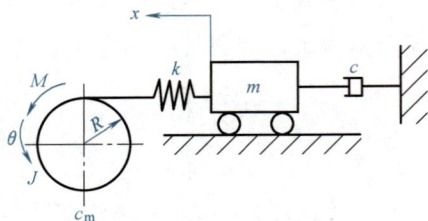

图 3-44 题 3-3 图

（2） $5y''(t) + 25y'(t) = 0.5r'(t)$

（3） $y''(t) + 25y(t) = 0.5r(t)$

（4） $y''(t) + 3y'(t) + 6y(t) + 4\int y(t)dt = 4r(t)$

3-5 若某线性定常系统在单位阶跃输入作用下，其输出为 $y(t) = 1 - e^{-2t} + 2e^{-t}$，试求系统的传递函数。

3-6 试分析当反馈环节 $H(s) = 1$，前向通道传递函数 $G(s)$ 分别为惯性环节、微分环节和积分环节时，输入、输出的闭环传递函数。

3-7 求图 3-45 所示两系统的传递函数。

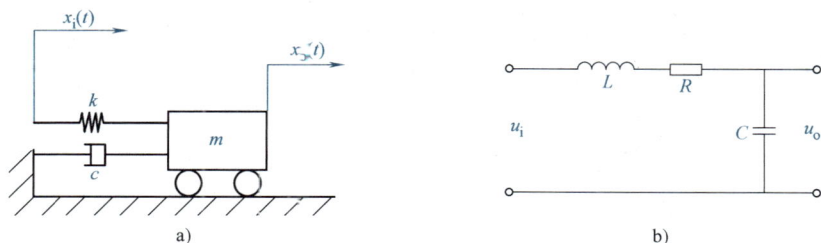

图 3-45 题 3-7 图

3-8 对于图 3-46 所示系统，试求：

（1） 从作用力 $f_1(t)$ 到位移 $x_2(t)$ 的传递函数。

（2） 作用力 $f_2(t)$ 到位移 $x_1(t)$ 的传递函数。

3-9 已知控制系统结构如图 3-47 所示，试通过系统框图等效变换求系统传递函数 $C(s)/R(s)$。

3-10 若系统传递函数框图如图 3-48 所示，求：

（1） 以 $R(s)$ 为输入，当 $N(s) = 0$ 时，分别以 $C(s)$、$Y(s)$、$B(s)$、$E(s)$ 为输出的闭环传递函数。

（2） 以 $N(s)$ 为输入，当 $R(s) = 0$ 时，分别以 $C(s)$、$Y(s)$、$B(s)$、$E(s)$ 为输出的闭环传递函数。

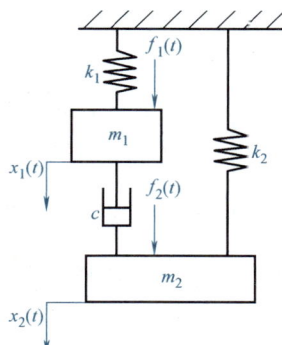

图 3-46 题 3-8 图

（3） 比较以上各传递函数的分母，从中可以得出什么结论？

3-11 已知某系统的传递函数框图如图 3-49 所示，其中，$X_i(s)$ 为输入，$X_o(s)$ 为输出，$N(s)$ 为干扰。试求：$G(s)$ 为何值时，系统可以消除干扰的影响？

3-12 求出图 3-50 所示系统的传递函数 $X_o(s)/X_i(s)$。

3-13 求出图 3-51 所示系统的传递函数 $X_o(s)/X_i(s)$。

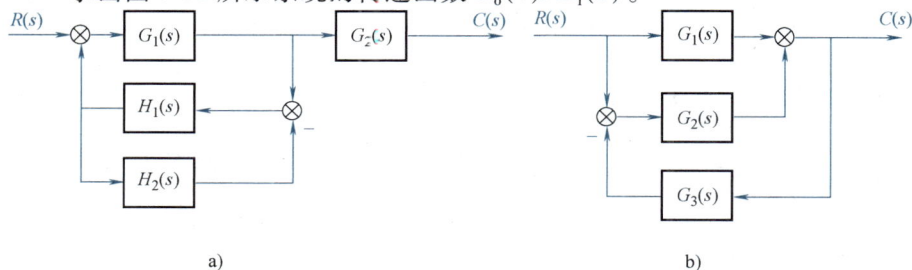

a)   b)

图 3-47 题 3-9 图

c)

d)

e)

f)

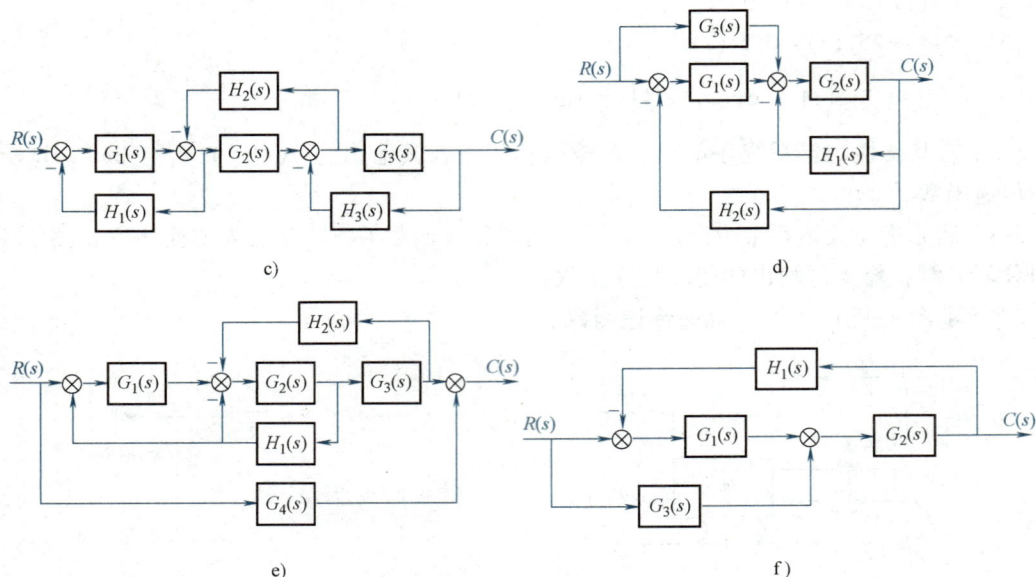

图 3-47 题 3-9 图（续）

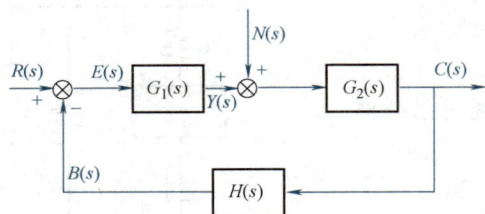

图 3-48 题 3-10 图

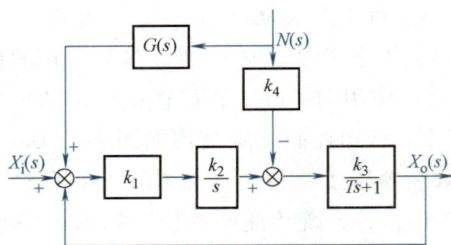

图 3-49 题 3-11 图

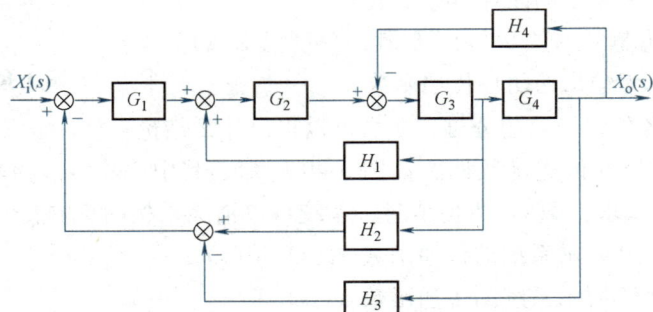

图 3-50 题 3-12 图

3-14 求出图 3-52 所示系统的传递函数 $X_o(s)/X_i(s)$。

3-15 试简化图 3-53 所示系统框图，并求系统传递函数 $C(s)/R(s)$。

3-16 试简化图 3-54 所示系统框图，并求传递函数 $C(s)/R(s)$。

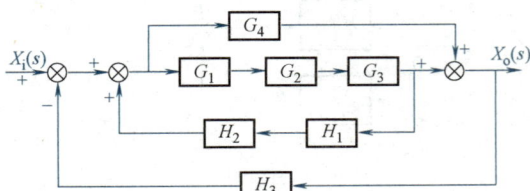

图 3-51 题 3-13 图

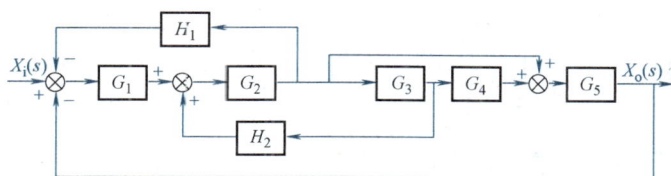

图 3-52 题 3-14 图

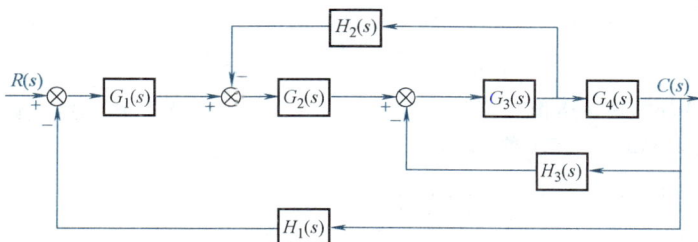

图 3-53 题 3-15 图

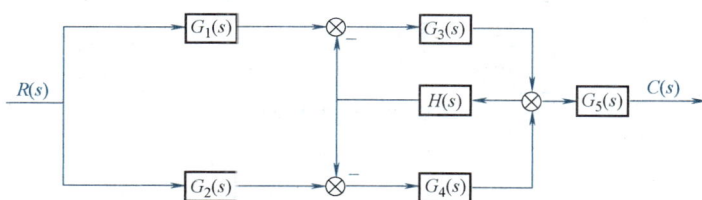

图 3-54 题 3-16 图

3-17 试画出图 3-55 所示系统的框图，并求出其传递函数，其中 $f_i(t)$ 为输入力，$x_o(t)$ 为输出位移。

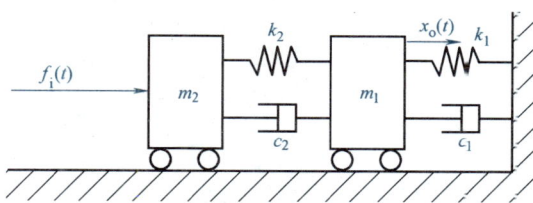

3-18 图 3-56a 所示为汽车悬挂系统原理图。当汽车在道路上行驶时，轮胎的垂直位移是一个运动激励，作用在汽车的悬挂系统上。该系统的运动，由质心的平移运动和围绕质心的旋转运动组成。简化的悬挂系统如图 3-56b 所示，试建立车体在垂直方向上运动的简化的微分方程。设汽车轮胎的垂直运动 x_i 为系统的输入量，车体的垂直运动 x_o 为系统的输出量。

图 3-55 题 3-17 图

3-19 试绘制如图 3-57 所示 RC 无源网络的信号流图。设电容初始电压为 $u_1(0)$。

3-20 画出如图 3-58 所示系统框图对应的信号流图，并用梅森公式求传递函数 $C(s)/R(s)$ 和 $E(s)/R(s)$。

3-21 证明如图 3-59a、b 所示系统是相似系统。

3-22 图 3-60 所示为一作旋转运动的惯量-阻尼-弹簧系统。在转动惯量为 J 的转子上带有叶片与弹簧，其弹簧扭转刚度与黏性阻尼系数分别为 k 与 c。若在外部施加一转矩 M 作为输入，以转子转角 θ 作为输出，试建立该系统的微分方程。

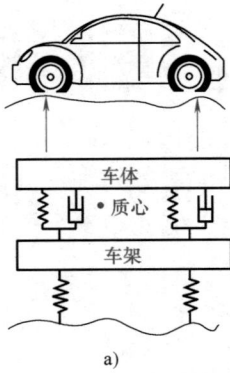

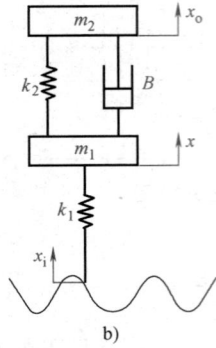

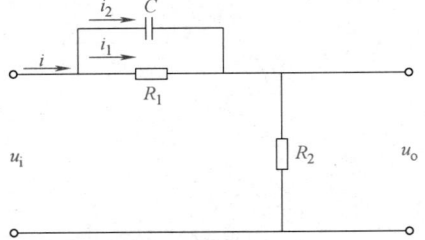

图 3-56 题 3-18 图

图 3-57 题 3-19 图

a) 汽车悬挂系统原理图 b) 简化的悬挂系统

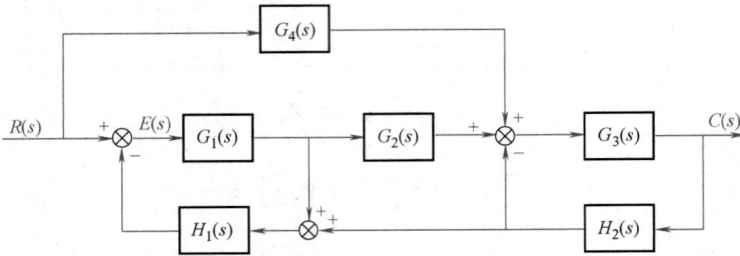

图 3-58 题 3-20 图

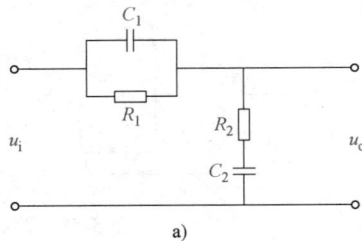

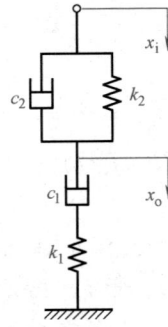

图 3-59 题 3-21 图

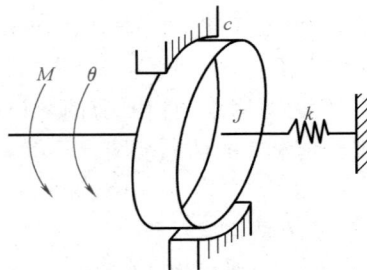

图 3-60 题 3-22 图

第4章

控制系统的时间响应

在建立系统数学模型后，首先要进行系统性能的评价，即系统分析。在经典控制理论中，常用的系统分析方法有时域分析法、频域分析法和根轨迹法。其中的时间响应分析是系统性能分析的重要方法之一。时间响应一般是指在初始状态为零时，系统在外加激励作用下，从系统的数学模型即微分方程出发，应用拉普拉斯变换及其反变换直接解出系统的输出随时间变化的函数关系，并根据一些性能指标对控制系统进行评价。

本章将介绍时间响应的组成及主要性能指标、一阶系统的时间响应、二阶系统的时间响应及性能指标、高阶系统的时间响应。

4.1 时间响应的组成及主要性能指标

4.1.1 时间响应的组成

以弹簧-质量块这个典型的机械系统为例，对控制系统的响应成分进行分析总结，其中会用到第 2 章的拉普拉斯变换数学工具。如图 4-1 所示，质量为 m 的质量块与刚度为 k 的弹簧组成了单自由度振动系统，周期性外力 $A\cos(\omega t)$ 作用在质量块上，弹簧变形量为 $x(t)$，则根据牛顿第二定律，系统的动力学方程为

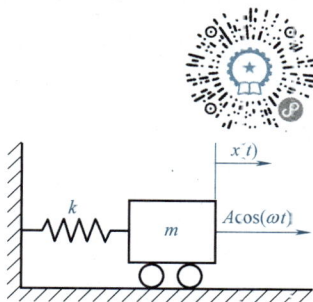

图 4-1 典型机械振动系统

$$m\frac{\mathrm{d}^2 x(t)}{\mathrm{d}t^2} = -kx(t) + A\cos(\omega t)$$

对此微分方程进行拉普拉斯变换有

$$m\left[s^2 X(s) - sx(0) - \dot{x}(0)\right] = -kX(s) + \frac{As}{s^2 + \omega^2}$$

其中 $x(0)$ 和 $\dot{x}(0)$ 为关于 $x(t)$ 的初始条件，整理后得

$$X(s) = \frac{sx(0) + \dot{x}(0)}{s^2 + \dfrac{k}{m}} + \frac{\dfrac{k}{m}}{s^2 + \dfrac{k}{m}} \frac{\dfrac{A}{k}s}{s^2 + \omega^2} = \frac{sx(0) + \dot{x}(0)}{s^2 + \omega_n^2} + \frac{\dfrac{A}{k}\omega_n^2 s}{(s^2 + \omega_n^2)(s^2 + \omega^2)}$$

其中定义 $\omega_n = \sqrt{k/m}$ 为系统的固有频率，利用 2.4 节中的知识整理上式有

$$X(s) = \frac{\dot{x}(0)}{\omega_n} \frac{\omega_n}{s^2 + \omega_n^2} + x(0)\frac{s}{s^2 + \omega_n^2} - \frac{A}{k} \frac{1}{1 - \dfrac{\omega^2}{\omega_n^2}} \frac{s}{s^2 + \omega_n^2} + \frac{A}{k} \frac{1}{1 - \dfrac{\omega^2}{\omega_n^2}} \frac{s}{s^2 + \omega^2}$$

对上式进行拉普拉斯反变换有

$$x(t) = \underbrace{\frac{\dot{x}(0)}{\omega_n}\sin(\omega_n t) + x(0)\cos(\omega_n t)}_{\text{零输入响应}} - \underbrace{\frac{A}{k\left(1-\dfrac{\omega^2}{\omega_n^2}\right)}\cos(\omega_n t) + \overbrace{\frac{A}{k\left(1-\dfrac{\omega^2}{\omega_n^2}\right)}\sin(\omega t)}^{\text{强迫响应}}}_{\text{零状态响应}}$$

分析上式可知,等式右边第一、二项是由系统的初始状态 $x(0)$ 和 $\dot{x}(0)$ 引起的振动响应,而第三、四项是由作用力引起的振动响应。因此,按振动来源,系统的时间响应可分为零输入响应(即由"无输入时系统的初态"引起的自由响应)与零状态响应(即系统的初态为零而仅由输入引起的响应)。另一方面,按振动的性质,系统的时间响应还可分为自由响应(振动频率为系统固有频率 ω_n,由等式右边第一、二、三项组成)与强迫响应(振动频率为输入外力的频率 ω,由等式右边第四项组成)。

控制工程所要研究的时间响应往往是零状态响应,而零状态响应又主要由瞬态响应和稳态响应组成。

(1)瞬态响应 系统在外加激励作用下,其输出由初始状态到稳定状态的响应过程,称为瞬态响应,也称过渡过程或暂态响应。

(2)稳态响应 系统在外加激励作用下,当时间趋于无穷大时,系统的输出状态称为稳态响应。

图 4-2 所示为某系统在单位阶跃信号 $l(t)$ 作用下的时间响应。系统输出在 $t=t_s$ 时达到稳定状态,在 $0 \rightarrow t_s$ 时间内的时间响应过程称为瞬态响应,当 $t \rightarrow \infty$ 时系统的输出称为稳态响应。

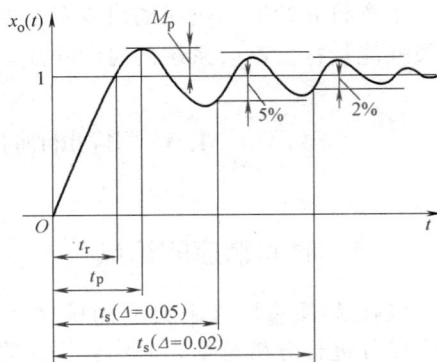

图 4-2 某系统在单位阶跃信号
$l(t)$ 作用下的时间响应

4.1.2 动态过程及其性能指标

动态过程又称过渡过程或瞬态过程,是指在典型信号输入下,控制系统的输出量从初态到终态,表现为衰减、发散或等幅振荡的过程。对一个实际控制系统,必须是衰减的,动态过程除提供系统的稳定性信息外,还提供响应速度及阻尼情况。一般认为,阶跃信号输入对系统而言是最严峻的工况,描述稳定的系统在单位阶跃信号作用下,动态过程随时间 t 变化状况的指标,称为动态性能指标,这也是自控系统时间响应主要考察的指标。

如图 4-2 所示,动态性能指标主要有:

(1)上升时间 t_r 响应曲线由零开始第一次上升到稳态值所需要的时间即为上升时间 t_r。对于无振荡系统,一般响应曲线从稳态值的 10% 上升到稳态值的 90% 所需时间即为上升时间 t_r,它是系统响应速度的一种度量。

(2)峰值时间 t_p 响应曲线超过其稳态值并到达第一个峰值所需要的时间。

(3)最大超调量 M_p 响应曲线的最大偏离量与稳态值的差比上稳态值的百分数。

(4)调整时间 t_s 响应曲线到达并保持在稳态值的 5% 或 2% 内所需要的最短时间。

4.1.3　典型输入信号

控制系统的时间响应不仅取决于系统本身的特性，还与外加的输入信号有关。下面介绍工程中一些常用的典型输入信号，如图 4-3 所示。这些知识在 2.3 节中已有所介绍。

1. 脉冲信号

如果控制系统的输入信号是冲击量，如火炮发射的瞬间冲击力等，那么输入信号宜采用脉冲信号，如图 4-3a 所示。脉冲信号的数学表达式为

$$x_i(t) = \begin{cases} H, & 0 \leqslant t \leqslant t_0 \\ 0, & t < 0 \text{ 或 } t > t_0 \end{cases} \tag{4-1}$$

式中，H 为常数。由图 4-3a 可知，脉冲高度为 H，持续时间为 t_0，面积为 $S = Ht_0$。当面积为 1，时间 t_0 趋于 0 时，H 趋于无穷，此时为单位脉冲信号 $\delta(t)$，如图 4-3b 所示。单位脉冲信号的拉普拉斯变换为 $L[\delta(t)] = 1$。

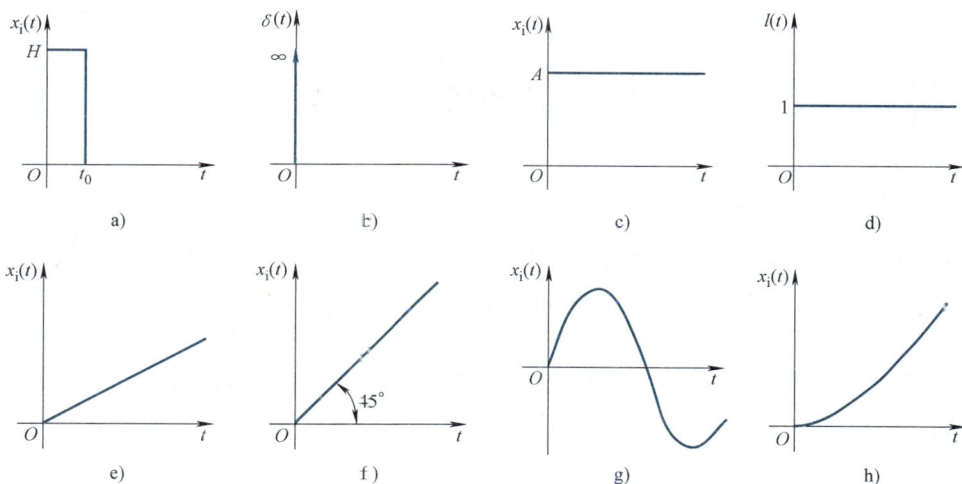

图 4-3　工程中一些常用的典型输入信号

a) 脉冲信号　b) 单位脉冲信号　c) 阶跃信号　d) 单位阶跃信号　e) 斜坡信号
f) 单位斜坡信号　g) 正弦信号　h) 加速度信号

2. 阶跃信号

如果控制系统的输入信号是突然变化的开关量，如突然通电或断电等，那么输入信号宜采用阶跃信号，如图 4-3c 所示。将单位阶跃信号 $l(t)$ 乘以一个常数即为阶跃信号，单位阶跃信号如图 4-3d 所示。单位阶跃信号的拉普拉斯变换为 $L[l(t)] = \dfrac{1}{s}$。

3. 斜坡信号

如果控制系统的输入信号是随时间逐渐变化的，如逐渐变化的温度，火控雷达追踪天空中的目标等，那么输入信号宜采用斜坡信号，如图 4-3e 所示。将单位斜坡信号乘以一个常数即为斜坡信号，单位斜坡信号如图 4-3f 所示。单位斜坡信号的拉普拉斯变换为 $L[t] = \dfrac{1}{s^2}$。

4. 正弦信号

如果控制系统的输入信号是随时间反复变化的，如机床的振动等，那么输入信号宜采用正弦信号 $\sin\omega t$，如图 4-3g 所示。正弦信号的拉普拉斯变换为 $L(\sin\omega t)=\dfrac{\omega}{s^2+\omega^2}$，余弦信号的拉普拉斯变换为 $L(\cos\omega t)=\dfrac{s}{s^2+\omega^2}$。

5. 加速度信号

加速度信号是一个按恒加速度变化的信号，在分析伺服系统时，经常用到，如图 4-3h 所示。其函数表达式为

$$x_i(t)=\begin{cases} \dfrac{H}{2}t^2, & t\geq 0 \\ 0, & t<0 \end{cases} \tag{4-2}$$

当 $H=1$ 时，称为单位加速度信号。单位加速度信号的拉普拉斯变换为 $L\left[\dfrac{1}{2}t^2\right]=\dfrac{1}{s^3}$。

4.2 一阶系统时域分析

4.2.1 一阶系统的数学模型

能用一阶微分方程描述的系统称为一阶系统。一阶系统的典型形式是惯性环节。其微分方程为

$$T\frac{dx_o(t)}{dt}+x_o(t)=x_i(t) \tag{4-3}$$

式中，$x_i(t)$ 为输入信号；$x_o(t)$ 为输出信号；T 为一阶系统的时间常数。

将式（4-3）进行拉普拉斯变换得到一阶系统的传递函数为

$$G_B(s)=\frac{X_o(s)}{X_i(s)}=\frac{1}{Ts+1} \tag{4-4}$$

其中 $X_o(s)=L[x_o(t)]$，$X_i(s)=L[x_i(t)]$。

一阶系统的框图如图 4-4 所示。

4.2.2 一阶系统的单位阶跃响应

当输入信号为单位阶跃信号时，系统的输出称为单位阶跃响应。

图 4-4 一阶系统的框图

输入信号 $x_i(t)=l(t)$，$X_i(s)=\dfrac{1}{s}$

输出信号 $X_o(s)=G_B(s)X_i(s)=\dfrac{1}{Ts+1}\dfrac{1}{s}=\dfrac{1}{s}-\dfrac{1}{s+\dfrac{1}{T}}$

所以 $\qquad\qquad x_o(t)=1-e^{-t/T}\,(t\geq 0) \tag{4-5}$

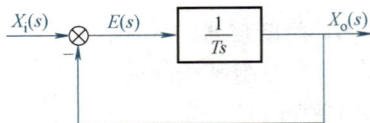

一阶系统的单位阶跃响应曲线如图 4-5 所示。

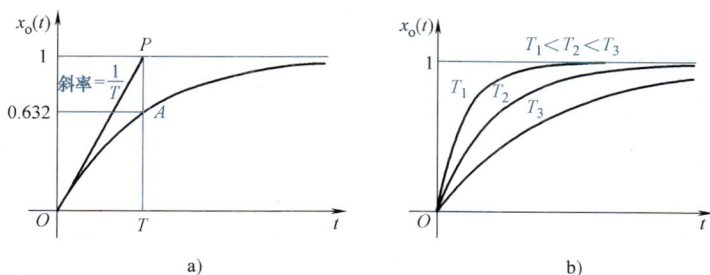

图 4-5 一阶系统的单位阶跃响应曲线

a）单位阶跃响应曲线 b）不同时间常数 T 的响应曲线

由图 4-5 可知：

1）一阶系统的单位阶跃响应曲线是一个单调上升的指数曲线，其瞬态项为 $-\mathrm{e}^{-t/T}$，稳态项为 1。

2）可以用时间常数 T 去度量系统输出量的数值，即 $x_\mathrm{o}(T)=0.632$，$x_\mathrm{o}(2T)=0.865$，$x_\mathrm{o}(3T)=0.95$，$x_\mathrm{o}(4T)=0.982$。当 $t\geqslant 4T$ 时，其响应值已达到稳态值的 98% 以上，即系统的过渡过程时间 $t_\mathrm{s}=4T$。可见时间常数 T 反映了一阶系统的固有属性，T 值越小，系统的惯性就越小，系统的响应就越快。可以用实验法测定一阶系统时间常数，或测定所测系统是否属于一阶系统。

3）当 $t=0$ 时，响应曲线斜率初始值为 $1/T$，并随时间增加而下降，即 $\dot{x}_\mathrm{o}(0)=\dfrac{1}{T}$，$\dot{x}_\mathrm{o}(T)=0.368\dfrac{1}{T}$，$\dot{x}_\mathrm{o}(2T)=0.135\dfrac{1}{T}$，$\dot{x}_\mathrm{o}(4T)=0.018\dfrac{1}{T}$，初始斜率特性也常用于确定一阶系统时间常数。

4）一阶系统单位阶跃响应的动态性能指标如下。

① 上升时间。

由 $\begin{cases} x_\mathrm{o}(t_1)=1-\mathrm{e}^{-\frac{t_1}{T}}=0.1 x_\mathrm{o}(+\infty)=0.1 \\ x_\mathrm{o}(t_2)=1-\mathrm{e}^{-\frac{t_2}{T}}=0.9 x_\mathrm{o}(+\infty)=0.9 \end{cases}$，即 $\begin{cases} t_1=T\ln\dfrac{1}{0.9} \\ t_2=T\ln\dfrac{1}{0.1} \end{cases}$，解出：$t_\mathrm{r}=t_2-t_1=T\ln 9$。

② 调整时间。

由 $\left|\dfrac{x_\mathrm{o}(t_\mathrm{s})-x_\mathrm{o}(+\infty)}{x_\mathrm{o}(+\infty)}\right|\leqslant\Delta$，即 $\mathrm{e}^{-\frac{t_\mathrm{s}}{T}}\leqslant\Delta$，解出：$t_\mathrm{s}\geqslant T\ln\dfrac{1}{\Delta}=\begin{cases} 3T, & \Delta=0.05 \\ 3.912T, & \Delta=0.02 \end{cases}$

③ 最大超调量。由图 4-5 可以看出不存在超调部分，故最大超调量为 0。

4.2.3 一阶系统的单位脉冲响应

当输入信号为单位脉冲信号时，系统的输出称为单位脉冲响应，特别记为 $w(t)$。

输入信号 $\qquad\qquad x_\mathrm{i}(t)=\delta(t)$，$\quad X_\mathrm{i}(s)=1$

输出信号 $\qquad\qquad W(s)=G_\mathrm{B}(s)X_\mathrm{i}(s)=\dfrac{1}{Ts+1}$

67

所以
$$w(t) = \frac{1}{T} e^{-t/T} \quad (t \geqslant 0) \tag{4-6}$$

由式（4-6）可知

$$\dot{w}(0) = -\frac{1}{T^2}, \quad \dot{w}(T) = -0.368 \frac{1}{T^2}, \quad \dot{w}(+\infty) = 0$$

一阶系统的单位脉冲响应曲线如图4-6所示。

由图4-6可知：

1）一阶系统的单位脉冲响应曲线是一个单调下降的指数曲线，其瞬态项为 $\frac{1}{T} e^{-t/T}$，稳态项为0。

2）可以用时间常数 T 去度量系统输出量的数值，即 $w(T) = 0.368 \frac{1}{T}$，$w(2T) = 0.135 \frac{1}{T}$，$w(4T) = 0.018 \frac{1}{T}$。当 $t \geqslant 4T$ 时，其响应值已衰减到稳态值的2%以下，即系统的过渡过程时间为 $t_s = 4T$。可见时间常数 T 反映了一阶系统的固有属性，T 值越小，系统的惯性就越小，系统的响应就越快。

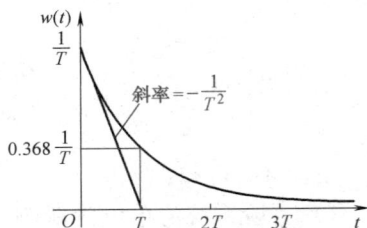

图4-6　一阶系统的单位脉冲响应曲线

3）当 $t = 0$ 时，响应曲线斜率初始值为 $-\frac{1}{T^2}$，并随时间增大而增大，即 $\dot{w}(T) = -0.368 \frac{1}{T^2}$，$\dot{w}(2T) = -0.135 \frac{1}{T^2}$，$\dot{w}(4T) = -0.018 \frac{1}{T^2}$，初始斜率特性也常用于确定一阶系统时间常数。

4）工程上常用脉冲信号输入来测定系统的传递函数，但无法施加理想的脉冲信号，常用一定宽度 t_0 的矩形信号代替，一般要求 $t_0 \leqslant 0.1T$。

4.2.4　一阶系统的单位斜坡响应

当输入信号为单位斜坡信号时，系统的输出称为单位斜坡响应。

输入信号
$$x_i(t) = t, \quad X_i(s) = \frac{1}{s^2}$$

输出信号
$$X_o(s) = G_B(s) X_i(s) = \frac{1}{Ts+1} \frac{1}{s^2} = \frac{1}{s^2} - \frac{T}{s} + \frac{T}{s + \frac{1}{T}}$$

所以
$$x_o(t) = t - T + T e^{-t/T} \quad (t \geqslant 0) \tag{4-7}$$

一阶系统的单位斜坡响应曲线如图4-7所示。

由图4-7可知：

1）一阶系统的单位斜坡响应曲线是一个与输入斜坡信号的斜率相同，但时间滞后 T 的斜坡函数，因此在位置上存在稳态跟踪误差，其值正好等于时间常数 T；该响应的瞬态项 $T e^{-t/T}$ 为衰减非周期函数，稳态项为 $(t - T)$。

2）在初态下，初始位置与初始斜率均为零。

3）在斜坡响应中，输出量与输入量之间的误差为 $T(1 - e^{-t/T})$。该误差随时间增大而增大，最后趋于常数 T，时间常数 T 越小，误差越小，跟踪的准确度就越高。

4.2.5 响应之间的关系

对比一阶系统的时间响应可知，对时间变量而言，单位脉冲函数是单位阶跃函数的导数，而且单位脉冲响应是单位阶跃响应的导数；单位阶跃函数是单位斜坡函数的导数，而且单位阶跃响应是单位斜坡响应的导数。这种关系表明：线性定常系统对某输入信号的导数或积分的响应，等于系统对该信号响应的导数或积分。该特点适用于任意阶次的线性定常系统，线性时变系统和非线性系统均不具备该特点。利用这一特点，在测试系统时，可以用一种信号输入推断出几种相应信号的响应结果，为研究系统的时间响应带来方便。

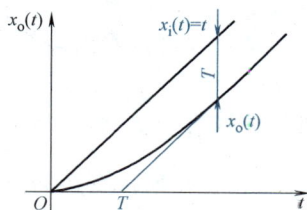

图 4-7 一阶系统的单位斜坡响应曲线

例 4-1 已知单位负反馈系统的开环传递函数为 $G_K(s) = \dfrac{20}{1+0.2s}$，求系统的单位阶跃响应。

解 该系统的闭环传递函数为

$$G_B(s) = \frac{G_K(s)}{1+G_K(s)} = \frac{20}{21+0.2s}$$

输入信号为 $x_i(t) = l(t)$，拉普拉斯变换为 $X_i(s) = \dfrac{1}{s}$，无初始条件时系统输出的拉普拉斯变换为

$$X_o(s) = G_B(s)X_i(s) = \frac{20}{21+0.2s}\frac{1}{s} = \frac{20}{21}\times\frac{1}{1+\dfrac{s}{105}}\frac{1}{s} = \frac{20}{21}\left(\frac{1}{s}-\frac{1}{105+s}\right)$$

取拉普拉斯反变换得到系统的单位阶跃响应，即

$$x_o(t) = \frac{20}{21}(1-e^{-105t}) \quad (t \geq 0)$$

该例也可以将系统分解成比例环节串联惯性环节，即 $G_B(s) = \dfrac{20}{21}\times\dfrac{1}{1+\dfrac{s}{105}}$，然后根据拉普拉斯反变换的齐次线性性质，利用式（4-5）直接得到 $x_o(t) = \dfrac{20}{21}(1-e^{-105t})(t \geq 0)$。

例 4-2 已知系统如图 4-8 所示，求系统的单位阶跃响应。

解 系统的传递函数为

$$G(s) = \frac{1}{1+s}\frac{1}{1+10s} = \frac{1}{9}\times\left(\frac{10}{1+10s}-\frac{1}{1+s}\right) = \frac{1}{9}\times\frac{10}{1+10s}-\frac{1}{9}\times\frac{1}{1+s}$$

从上式可以看出该系统可简化为两个惯性系统并联的形式，其中一个比例系数为$\dfrac{10}{9}$，时间常数为 10，另一个比例系数为$-\dfrac{1}{9}$，时间常数为 1，由拉普拉斯反变换的齐次线性性质且根据式（4-5）可以得到系统的单位阶跃响应为

$$X_i(s) \rightarrow \boxed{\dfrac{1}{1+s}} \rightarrow \boxed{\dfrac{1}{1+10s}} \rightarrow X_o(s)$$

图 4-8　两个惯性环节串联的系统

$$x_o(t) = \frac{10}{9}\left(1 - e^{-\frac{t}{10}}\right) - \frac{1}{9}\left(1 - e^{-t}\right) \quad (t \geq 0)$$

例 4-3　某温度计可用一阶系统 $1/(1+Ts)$ 描述，测量数据表明，需要 1min 才能显示出实际温度 98% 的数值，求时间常数 T 和温度计指示实际温度从 10% 变化到 90% 所需时间。

解　该例是求一阶系统阶跃响应的上升时间，其中系统模型的确定又涉及调整时间。首先确定时间常数 T，根据式（4-5），系统的阶跃响应 $x_o(t) = 1 - e^{-t/T}$ $(t \geq 0)$，由题意可知

$$x_o(60) = 1 - e^{-\frac{60}{T}} = 0.98$$

直接解出 $T = \left(-\dfrac{60}{\ln 0.02}\right)\mathrm{s} = 15\mathrm{s}$，再由 $\begin{cases} x_o(t_1) = 1 - e^{-\frac{t_1}{T}} = 0.1 \\ x_o(t_2) = 1 - e^{-\frac{t_2}{T}} = 0.9 \end{cases}$，解出

$$t_r = t_2 - t_1 = T\ln 9 = 33\mathrm{s}$$

4.3　二阶系统时域分析

4.3.1　二阶系统的数学模型

能用二阶微分方程描述的系统称为二阶系统。其微分方程为

$$\frac{d^2 x_o(t)}{dt^2} + 2\xi\omega_n \frac{dx_o(t)}{dt} + \omega_n^2 x_o(t) = \omega_n^2 x_i(t) \tag{4-8}$$

式中，$x_i(t)$ 为输入信号；$x_o(t)$ 为输出信号；ω_n 称为无阻尼固有频率；ξ 称为阻尼比。它们是二阶系统的特征参数。

将式（4-8）进行拉普拉斯变换得到二阶系统的传递函数为

$$G_B(s) = \frac{X_o(s)}{X_i(s)} = \frac{\omega_n^2}{s^2 + 2\xi\omega_n s + \omega_n^2} \tag{4-9}$$

其中，$X_o(s) = L[x_o(t)]$，$X_i(s) = L[x_i(t)]$。

二阶系统的框图如图 4-9 所示。

4.3.2　二阶系统特征根的分布

二阶系统特征方程为

$$s^2+2\xi\omega_n s+\omega_n^2=0$$

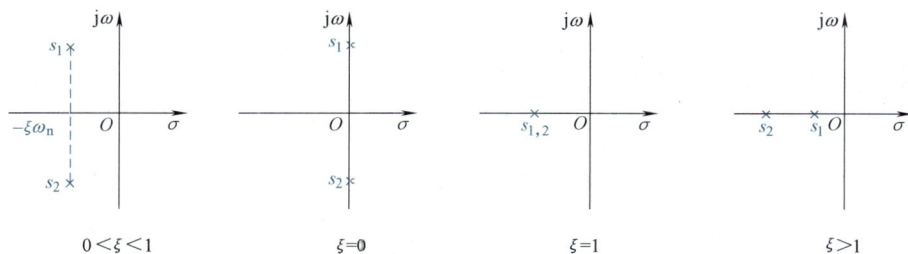

图 4-9　二阶系统的框图

二阶系统特征方程的特征根为

$$s_{1,2}=-\xi\omega_n\pm\omega_n\sqrt{\xi^2-1} \tag{4-10}$$

1）当 $0<\xi<1$ 时，系统为欠阻尼系统，两个特征根为共轭复数，即

$$s_{1,2}=-\xi\omega_n\pm j\omega_n\sqrt{1-\xi^2} \tag{4-11}$$

2）当 $\xi=0$ 时，系统为无阻尼系统，两个特征根为共轭纯虚根，即

$$s_{1,2}=\pm j\omega_n \tag{4-12}$$

3）当 $\xi=1$ 时，系统为临界阻尼系统，两个特征根为相等的负实根，即

$$s_{1,2}=-\omega_n \tag{4-13}$$

4）当 $\xi>1$ 时，系统为过阻尼系统，两个特征根为不相等的负实根，即

$$s_{1,2}=-\xi\omega_n\pm\omega_n\sqrt{\xi^2-1} \tag{4-14}$$

二阶系统特征根的分布如图 4-10 所示。

图 4-10　二阶系统特征根的分布

4.3.3　二阶系统的单位阶跃响应

同一阶系统一样，当输入信号为单位阶跃时，系统的输出称为单位阶跃响应。

输入信号　　　　　　　$x_i(t)=l(t)$,　$X_i(s)=\dfrac{1}{s}$

输出信号

$$X_o(s)=G_B(s)X_i(s)=\frac{\omega_n^2}{s^2+2\xi\omega_n s+\omega_n^2}\frac{1}{s}=\frac{\omega_n^2}{s(s^2+2\xi\omega_n s+\omega_n^2)} \tag{4-15}$$

下面根据阻尼比 ξ 取不同值的情况分别进行讨论。

1）$0<\xi<1$，系统为欠阻尼时，根据式（4-15），得

$$X_o(s)=\frac{1}{s}-\frac{s+2\xi\omega_n}{s^2+2\xi\omega_n s+\omega_n^2}=\frac{1}{s}-\frac{s+2\xi\omega_n}{(s+\xi\omega_n)^2+(\omega_n\sqrt{1-\xi^2})^2}$$

记 $\omega_d=\omega_n\sqrt{1-\xi^2}$，称 ω_d 为二阶系统的有阻尼固有频率。

71

$$X_o(s) = \frac{1}{s} - \left[\frac{s+\xi\omega_n}{(s+\xi\omega_n)^2+\omega_d^2} + \frac{\xi}{\sqrt{1-\xi^2}} \frac{\omega_d}{(s+\xi\omega_n)^2+\omega_d^2} \right]$$

经拉普拉斯反变换得

$$x_o(t) = 1 - e^{-\xi\omega_n t}\left[\cos(\omega_d t) + \frac{\xi}{\sqrt{1-\xi^2}}\sin(\omega_d t) \right] \quad (t \geqslant 0) \tag{4-16}$$

即

$$x_o(t) = 1 - \frac{e^{-\xi\omega_n t}}{\sqrt{1-\xi^2}}\sin(\omega_d t + \beta) \quad (t \geqslant 0) \tag{4-17}$$

其中初始相位角 $\beta = \arctan\dfrac{\sqrt{1-\xi^2}}{\xi} = \arccos\xi$。

2) $\xi = 0$，系统为无阻尼时，根据式（4-15），得

$$X_o(s) = \frac{1}{s} - \frac{s}{s^2+\omega_n^2}$$

经拉普拉斯反变换得

$$x_o(t) = 1 - \cos(\omega_n t) \quad (t \geqslant 0) \tag{4-18}$$

3) $\xi = 1$，系统为临界阻尼时，根据式（4-15），得

$$X_o(s) = \frac{1}{s} - \frac{s+2\omega_n}{s^2+2\omega_n s+\omega_n^2} = \frac{1}{s} - \frac{1}{s+\omega_n} - \frac{\omega_n}{(s+\omega_n)^2}$$

经拉普拉斯反变换得

$$x_o(t) = 1 - e^{-\omega_n t}(1+\omega_n t) \quad (t \geqslant 0) \tag{4-19}$$

4) $\xi > 1$，系统为过阻尼时，根据式（4-15），得

$$X_o(s) = \frac{1}{s} - \frac{s+2\xi\omega_n}{s^2+2\xi\omega_n s+\omega_n^2} = \frac{1}{s} - \frac{s+2\xi\omega_n}{(s+\xi\omega_n)^2-\left(\omega_n\sqrt{\xi^2-1}\right)^2}$$

记 $T_1 = \dfrac{1}{\omega_n\left(\xi-\sqrt{\xi^2-1}\right)}$, $T_2 = \dfrac{1}{\omega_n\left(\xi+\sqrt{\xi^2-1}\right)}$，则 $T_1 > T_2$，整理上式有

$$X_o(s) = \frac{1}{s} - \frac{\dfrac{T_1}{T_1-T_2}}{s+\dfrac{1}{T_1}} - \frac{\dfrac{T_2}{T_2-T_1}}{s+\dfrac{1}{T_2}}$$

经拉普拉斯反变换得

$$x_o(t) = 1 - \frac{T_1 e^{-t/T_1} - T_2 e^{-t/T_2}}{T_1 - T_2} \quad (t \geqslant 0) \tag{4-20}$$

二阶系统的单位阶跃响应曲线如图 4-11 所示。

由图 4-11 可知：

1) 横坐标为无因次时间 $\omega_n t$，纵坐标为输出响应 $x_o(t)$。

2) 系统为欠阻尼时，二阶系统的单位阶跃响应是一个幅值衰减的正弦曲线，稳态项为 1，瞬态项是一个随时间增长而衰减的振荡过程，衰减的快慢取决于指数 $\omega_n\xi$ 的大小。

3）系统为无阻尼时，二阶系统的单位阶跃响应是一个等幅振荡的曲线，无稳态项。

4）系统为临界阻尼时，二阶系统的单位阶跃响应是一个单调收敛的指数曲线，稳态项为1，没有正方向的超调量。

4.3.4 二阶系统的单位脉冲响应

同一阶系统一样，当输入信号为单位脉冲时，系统的输出称为单位脉冲响应。

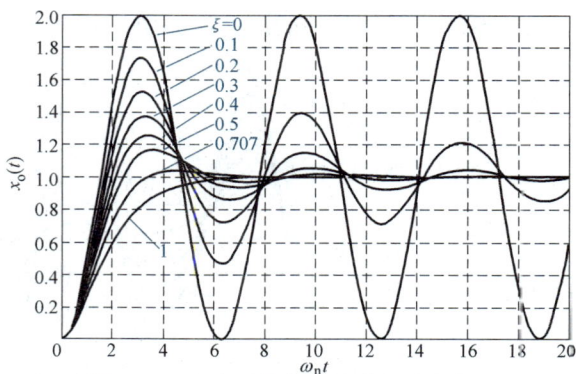

图4-11 二阶系统的单位阶跃响应曲线

输入信号 $x_i(t)=\delta(t)$，$X_i(s)=1$

输出信号
$$W(s)=G_B(s)X_i(s)=\frac{\omega_n^2}{s^2+2\xi\omega_n s+\omega_n^2} \tag{4-21}$$

下面根据阻尼比 ξ 取不同值的情况分别进行讨论。

1）$0<\xi<1$，系统为欠阻尼时，根据式（4-21），得

$$W(s)=\frac{\omega_n}{\sqrt{1-\xi^2}}\frac{\omega_n\sqrt{1-\xi^2}}{(s+\xi\omega_n)^2+\left(\omega_n\sqrt{1-\xi^2}\right)^2}=\frac{\omega_n}{\sqrt{1-\xi^2}}\frac{\omega_d}{(s+\xi\omega_n)^2+\omega_d^2}$$

其中 $\omega_d=\omega_n\sqrt{1-\xi^2}$，对上式进行拉普拉斯反变换得

$$w(t)=\frac{\omega_n}{\sqrt{1-\xi^2}}e^{-\xi\omega_n t}\sin(\omega_d t)\quad(t\geqslant 0) \tag{4-22}$$

2）$\xi=0$，系统为无阻尼时，根据式（4-21），得

$$W(s)=\frac{\omega_n^2}{s^2+\omega_n^2}$$

对上式进行拉普拉斯反变换得

$$w(t)=\omega_n\sin(\omega_n t)\quad(t\geqslant 0) \tag{4-23}$$

3）$\xi=1$，系统为临界阻尼时，根据式（4-21），得

$$W(s)=\frac{\omega_n^2}{(s+\omega_n)^2}$$

对上式进行拉普拉斯反变换得

$$w(t)=\omega_n^2 t e^{-\omega_n t}(t\geqslant 0) \tag{4-24}$$

4）$\xi>1$，系统为过阻尼时，根据式（4-21），得

$$W(s)=\frac{\omega_n^2}{(s+\xi\omega_n)^2-\left(\omega_n\sqrt{\xi^2-1}\right)^2}=\frac{\omega_n}{2\sqrt{\xi^2-1}}\left(\frac{1}{s+\xi\omega_n-\omega_n\sqrt{\xi^2-1}}-\frac{1}{s+\xi\omega_n+\omega_n\sqrt{\xi^2-1}}\right)$$

对上式进行拉普拉斯反变换得

$$w(t)=\frac{\omega_n}{2\sqrt{\xi^2-1}}\left[e^{-(\xi-\sqrt{\xi^2-1})\omega_n t}-e^{-(\xi+\sqrt{\xi^2-1})\omega_n t}\right]\quad(t\geqslant 0) \tag{4-25}$$

二阶系统的单位脉冲响应曲线如图 4-12 所示。

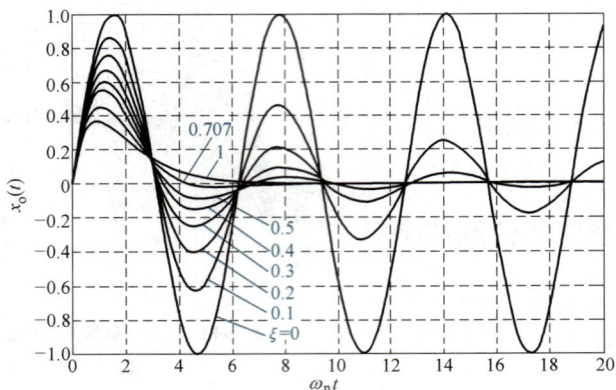

图 4-12　二阶系统的单位脉冲响应曲线

由图 4-12 可知：

1）系统为欠阻尼时，二阶系统的单位脉冲响应是一个幅值衰减的正弦曲线，其稳态项为 0，瞬态项是一个随时间增长而衰减的振荡过程，衰减的快慢取决于指数 $\omega_n\xi$ 的大小。

2）系统为无阻尼时，二阶系统的单位脉冲响应是一个等幅振荡的曲线，无瞬态项。

3）系统为临界阻尼时，二阶系统的单位脉冲响应是一个单调衰减的曲线，稳态项为 0，没有负方向的超调量。

例 4-4　二阶系统可以看成是积分环节和惯性环节的串联。如图 4-13 所示，其中 $T>0$，$K>0$，试求系统的固有频率 ω_n 和阻尼比 ξ。

　　解　由图 4-13 可知系统的闭环传递函数为

$$G_B(s)=\frac{K}{K+s(Ts+1)}=\frac{\dfrac{K}{T}}{s^2+\dfrac{s}{T}+\dfrac{K}{T}}$$

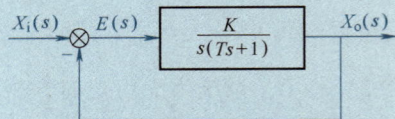

图 4-13　例 4-4 的系统框图

　　故而可以求出系统的固有频率和阻尼比分别为

$$\omega_n=\sqrt{\frac{K}{T}}\,,\xi=\frac{1}{T}/(2\omega_n)=\frac{1}{2\sqrt{TK}}$$

例 4-5　如例 4-4 中 $T=5$、$K=20$，试求该系统的单位阶跃响应和单位脉冲响应。

　　解　当 $T=5$、$K=20$ 时，系统的无阻尼固有频率和阻尼比分别为 $\omega_n=\sqrt{\dfrac{K}{T}}=\sqrt{\dfrac{20}{5}}=2$

和 $\xi=\dfrac{1}{2\sqrt{TK}}=\dfrac{1}{2\sqrt{5\times20}}=0.05$，系统为二阶欠阻尼系统。根据式（4-17），系统的单位阶跃响应为

$$x_o(t)=1-\frac{e^{-\xi\omega_n t}}{\sqrt{1-\xi^2}}\sin\left(\omega_n\sqrt{1-\xi^2}\,t+\arccos\xi\right)=1-1.0013e^{-0.1t}\sin(1.9975t+1.5208)\quad(t\geqslant0)$$

根据式（4-22），系统的单位脉冲响应为

$$w(t) = \frac{\omega_n}{\sqrt{1-\xi^2}} e^{-\xi\omega_n t} \sin\omega_n\sqrt{1-\xi^2}\,t = 2.0025 e^{-0.1t}\sin(1.9975t) \quad (t \geq 0)$$

4.4 二阶系统的性能指标

在许多实际问题中，常用时域量评价系统动态性能的优劣。二阶系统是最普遍的形式，瞬态响应多以衰减振荡的形式出现。下面介绍二阶系统在欠阻尼情况下单位阶跃响应的性能指标。

1. 上升时间

根据上升时间的定义，当 $t = t_r$ 时，$x_o(t_r) = 1$，由式（4-17）得

$$x_o(t_r) = 1 - \frac{e^{-\xi\omega_n t_r}}{\sqrt{1-\xi^2}}\sin\left(\omega_n\sqrt{1-\xi^2}\,t_r + \arctan\frac{\sqrt{1-\xi^2}}{\xi}\right) = 1$$

即

$$\frac{e^{-\xi\omega_n t_r}}{\sqrt{1-\xi^2}}\sin\left(\omega_n\sqrt{1-\xi^2}\,t_r + \arctan\frac{\sqrt{1-\xi^2}}{\xi}\right) = 0$$

若上式成立，则只有 $\sin(\omega_d t_r + \beta) = 0$。因 t_r 是 $x_o(t)$ 第一次达到输出稳态值的时间，所以 $\omega_d t_r + \beta = \pi$，则

$$t_r = \frac{\pi - \beta}{\omega_d} = \frac{\pi - \beta}{\omega_n\sqrt{1-\xi^2}} \tag{4-26}$$

由式（4-26）可知：当 ξ 一定时，t_r 与 ω_n 成反比；当 ω_n 一定时，ξ 越小，t_r 越小。

2. 峰值时间

根据峰值时间的定义：将式（4-16）对时间求一阶导数并令其为零，可得峰值时间。即

$$\dot{x}_o(t_p) = \xi\omega_n e^{-\xi\omega_n t_p}\left[\cos(\omega_d t_p) + \frac{\xi}{\sqrt{1-\xi^2}}\sin(\omega_d t_p)\right] - e^{-\xi\omega_n t_p}\left[-\omega_d\sin(\omega_d t_p) + \frac{\xi}{\sqrt{1-\xi^2}}\omega_d\cos(\omega_d t_p)\right] = 0$$

所以 $\sin\omega_d t_p = 0$，峰值时间为达到第一次正弦波峰的时间，故有

$$t_p = \frac{\pi}{\omega_d} = \frac{\pi}{\omega_n\sqrt{1-\xi^2}} \tag{4-27}$$

可见峰值时间 t_p 与 ω_d 成反比。

3. 最大超调量

根据最大超调量的定义，将峰值时间代入式（4-17），可得输出量最大值，即

$$x_o(t_p) = 1 - \frac{e^{-\frac{\omega_n\xi\pi}{\omega_n\sqrt{1-\xi^2}}}}{\sqrt{1-\xi^2}}\sin(\pi + \arccos\xi) = 1 + e^{-\frac{\xi\pi}{\sqrt{1-\xi^2}}}$$

故而超调量为

$$M_p = \frac{x_o(t_p) - x_o(+\infty)}{x_o(+\infty)} = e^{-\frac{\xi\pi}{\sqrt{1-\xi^2}}} \qquad (4\text{-}28)$$

由式（4-28）可知，超调量 M_p 仅为 ξ 的函数，与 ω_n 无关，且当 ξ 增大时，M_p 减小。

工程中希望系统具有适当的阻尼系数、较快的响应速度和较短的调节时间。一般取 $\xi = 0.4 \sim 0.8$。

4. 调整时间

用响应曲线的包络线代替实际曲线，即 $x_o(t) \approx 1 \pm \dfrac{e^{-\omega_n\xi t}}{\sqrt{1-\xi^2}}$，根据调整时间的定义，

$$\left| \frac{x_o(t_s) - x_o(+\infty)}{x_o(+\infty)} \right| \leqslant \Delta, \quad \text{即} \quad \frac{e^{-\omega_n\xi t_s}}{\sqrt{1-\xi^2}} \leqslant \Delta, \quad \text{解出}$$

$$t_s \geqslant \frac{1}{\omega_n\xi}\ln\frac{1}{\Delta\sqrt{1-\xi^2}} = \begin{cases} \dfrac{3}{\omega_n\xi}, & \Delta = 0.05 \\[2mm] \dfrac{4}{\omega_n\xi}, & \Delta = 0.02 \end{cases} \qquad (4\text{-}29)$$

由式（4-29）可知，t_s 与 $\omega_n\xi$ 成反比。

由以上二阶系统性能指标的分析可以看到，在 $\xi \geqslant 1$ 的系统中有最短上升时间的是 $\xi = 1$，在 $1 > \xi \geqslant 0$ 的系统中，ξ 越小，超调量越大，上升时间越短。通常取 $\xi = 0.4 \sim 0.8$，此时超调量适度，调节时间较短。

例 4-6 某二阶系统的固有频率 $\omega_n = 5$，阻尼比 $\xi = 0.7$，试求此系统在单位阶跃响应下的峰值时间 t_p、调整时间 t_s（$\Delta = 0.05$）和最大超调量 M_p。

解 根据式（4-27），响应的峰值时间为

$$t_p = \frac{\pi}{\omega_n\sqrt{1-\xi^2}} = \frac{\pi}{5\sqrt{1-0.7^2}}\text{s} = 0.88\text{s}$$

根据式（4-29），响应的调整时间为

$$t_s = \frac{1}{\omega_n\xi}\ln\frac{1}{\Delta\sqrt{1-\xi^2}} = \frac{1}{5\times0.7}\ln\frac{1}{0.05\sqrt{1-0.7^2}}\text{s} = 0.95\text{s}$$

根据式（4-28），相应的最大超调量为

$$M_p = e^{-\frac{\xi\pi}{\sqrt{1-\xi^2}}} = e^{-\frac{0.7\pi}{\sqrt{1-0.7^2}}} = 0.046$$

例 4-7 如例 4-4 中二阶系统要求具有性能指标 $M_p = 10\%$，$t_s = 2\text{s}$（$\Delta = 0.02$），试确定参数 T、K 以及求出单位阶跃响应下的上升时间 t_r 和峰值时间 t_p。

解 由式（4-28）可知 $\quad M_p = e^{-\frac{\xi\pi}{\sqrt{1-\xi^2}}} = 0.1$

解出 $\xi = 0.6$，同时由式（4-29）有

$$t_s = \frac{4}{\omega_n\xi} = 2$$

解出 $\omega_n = 3.333$，由 $\begin{cases} \omega_n^2 = \dfrac{K}{T} \\[2mm] 2\omega_n\xi = \dfrac{1}{T} \end{cases}$ 可解出 $T = 0.25$ 和 $K = 2.778$，再由式（4-27）求出峰值时间为

$$t_p = \frac{\pi}{\omega_n\sqrt{1-\xi^2}} = \frac{\pi}{3.333\sqrt{1-0.6^2}}s = 1.1781s$$

例 4-8 用于抵抗冲击的隔振装置可以简化为图 4-14 所示的弹簧阻尼系统，弹簧刚度为 k，自然长度为 h，速度阻尼为 c，设备质量为 m，位移为 $x(t)$，基座位移为 $y(t)$，持续的冲击作用在基座上，相当于阶跃信号输入，即令 $\ddot{y} = \dfrac{30000}{m}l(t)$。设弹簧形变的位移曲线 $z(t) = x(t) - y(t) - h$，如图 4-15 所示，初始时弹簧无形变，设备和基座无速度。试求设备质量 m、弹簧刚度 k 和速度阻尼 c 的大小。

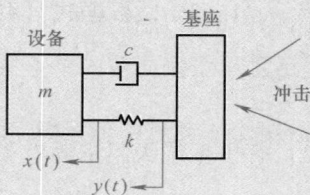

图 4-14 弹簧阻尼系统

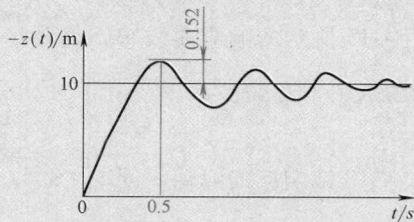

图 4-15 阶跃响应曲线

解 由牛顿第二定律有

$$m\frac{d^2x(t)}{dt^2} = -k\big[x(t) - y(t) - h\big] - c\left[\frac{dx(t)}{dt} - \frac{dy(t)}{dt}\right]$$

由于弹簧自然长度为常数，有 $\dfrac{dh(t)}{dt} = \dfrac{d^2h(t)}{dt^2} = 0$，将上式改写为

$$m\frac{d^2x(t)}{dt^2} - m\frac{d^2y(t)}{dt^2} - m\frac{d^2h(t)}{dt^2} = -k\big[x(t) - y(t) - h\big] - c\left[\frac{dx(t)}{dt} - \frac{dy(t)}{dt} - \frac{dh(t)}{dt}\right] - m\frac{d^2y(t)}{dt^2}$$

整理有

$$-\frac{d^2z(t)}{dt^2} - \frac{c}{m}\frac{dz(t)}{dt} - \frac{k}{m}z(t) = \frac{d^2y(t)}{dt^2} = \frac{30000}{m}l(t)$$

重新选取系统输入 $x_i(t) = \dfrac{30000}{m}l(t)$，系统输出 $x_o(t) = -z(t)$。根据题意弹簧初始无形变以及系统无初速度，初始条件为 $x_o(0) = -z(0) = -[x(0) - y(0) - h] = 0$ 以及 $\dot{x}_o(0) = -\dot{z}(0) = -[\dot{x}(0) - \dot{y}(0) - 0] = 0$。经整理后系统微分方程为

$$\begin{cases} \dfrac{d^2x_o(t)}{dt^2} + \dfrac{c}{m}\dfrac{dx_o(t)}{dt} + \dfrac{k}{m}x_o(t) = x_i(t) \\[3mm] x_o(0) = \dot{x}_o(0) = 0 \end{cases}$$

系统传递函数为

$$G_B(s) = \frac{X_o(s)}{X_i(s)} = \frac{1}{s^2 + \frac{c}{m}s + \frac{k}{m}}$$

与标准二阶系统传递函数对比，有

$$\omega_n^2 = \frac{k}{m}, \quad 2\omega_n\xi = \frac{c}{m}$$

由于 $X_i(s) = L\left[\frac{30000}{m}l(t)\right] = \frac{30000}{ms}$，根据终值定理且由图 4-15 有

$$x_o(+\infty) = \lim_{s \to 0} s X_o(s) = \lim_{s \to 0} s G_B(s) X_i(s) = \lim_{s \to 0}\left(s \frac{1}{s^2 + \frac{c}{m}s + \frac{k}{m}} \frac{30000N}{ms}\right) = \frac{30000N}{k} = 10m$$

解出

$$k = 3000N/m$$

由图 4-15 所示的响应曲线知，超调量百分比 $M_p = \frac{0.152}{10} = 1.52\%$，根据式（4-28）解出阻尼比为

$$\xi = 0.8$$

从图 4-15 知响应的峰值时间 $t_p = 0.5s$，根据式（4-27）解出系统无阻尼固有频率为

$$\omega_n = \frac{\pi}{t_p\sqrt{1-\xi^2}} = \frac{\pi}{0.5\sqrt{1-0.8^2}}rad/s = 10.47rad/s$$

设备质量为

$$m = \frac{k}{\omega_n^2} = \frac{3000}{10.47^2}kg = 27.37kg$$

速度阻尼为 $\quad c = 2m\omega_n\xi = 2 \times 27.37 \times 10.47 \times 0.8N \cdot s/m = 458.5N \cdot s/m$

4.5　高阶系统时域分析

由 4.4 节二阶系统的单位阶跃响应可以看到，当系统传递函数的极点都有负实部，即都位于复平面的左半平面时，响应曲线最终是收敛的，这个特性也可以推广到高阶系统的单位阶跃响应中。

1. 高阶系统单位阶跃响应

高阶系统一般用高阶线性常微分方程描述为

$$a_n\frac{d^n x_o(t)}{dt^n} + a_{n-1}\frac{d^{n-1} x_o(t)}{dt^{n-1}} + \cdots + a_0 x_o(t) = b_m\frac{d^m x_i(t)}{dt^m} + b_{m-1}\frac{d^{m-1} x_i(t)}{dt^{m-1}} + \cdots + b_0 x_i(t) \quad (n \geq m)$$

$$(4\text{-}30)$$

式中，$x_i(t)$ 为输入信号；$x_o(t)$ 为输出信号；$a_0, \cdots, a_n$ 以及 $b_0, \cdots, b_m$ 为相应的系数。通过拉普拉斯变换得到高阶系统的传递函数为

$$G_B(s) = \frac{X_o(s)}{X_i(s)} = \frac{b_m s^m + b_{m-1} s^{m-1} + \cdots + b_1 s + b_0}{a_n s^n + a_{n-1} s^{n-1} + \cdots + a_1 s + a_0} = \frac{M(s)}{D(s)} = \frac{K \prod\limits_{i=1}^{m}(s - z_i)}{\prod\limits_{j=1}^{n}(s - p_j)} \quad (4\text{-}31)$$

式中，p_1，$\cdots$，p_n 为传递函数的极点；z_1，$\cdots$，z_m 为传递函数的零点；K 为传递函数的闭环增益；$M(s)$ 与 $D(s)$ 分别是多项式的分子与分母。

输入信号

$$x_i(t) = l(t), \quad X_i(s) = \frac{1}{s}$$

输出信号

$$X_o(s) = G_B(s) X_i(s) = \frac{K \prod\limits_{i=1}^{m}(s - z_i)}{s \prod\limits_{j=1}^{q}(s - p_j) \prod\limits_{k=1}^{r}(s^2 + 2\omega_{nk}\xi_k s + \omega_{nk}^2)} = \frac{A_0}{s} + \sum_{j=1}^{q} \frac{A_j}{s - p_j} + \sum_{k=1}^{r} \frac{B_k s + C_k}{s^2 + 2\omega_{nk}\xi_k s + \omega_{nk}^2}$$

$$(4\text{-}32)$$

其中参数 q 与 r 的关系为 $q + 2r = n$，ω_{nk} 和 ξ_k 分别是第 k 个子系统的无阻尼固有频率和阻尼比，且系数

$$A_0 = \lim_{s \to 0} s X_o(s) = \frac{b_0}{a_0}$$

$$A_j = \lim_{s \to p_j}(s - p_j) X_o(s), \quad j = 1, 2, \cdots, q$$

$$(B_k s + C_k)\big|_{s = s_k} = \lim_{s \to s_k}(s^2 + 2\omega_{nk}\xi_k s + \omega_{nk}^2) X_o(s), \quad k = 1, 2, \cdots, r, \text{ 且 } s_k \text{ 为共轭复根之一。}$$

式（4-32）特别考虑了式（4-31）中有共轭复根的情况，而且考虑传递函数 $G_B(s)$ 的极点都位于 s 复平面左半平面并且各振荡环节为欠阻尼的情景，即 $p_j < 0$，$j = 1, 2, \cdots, q$，$0 < \xi_k < 1$，$k = 1, 2, \cdots, r$。

对式（4-32）进行拉普拉斯反变换，解出高阶系统的单位阶跃响应为

$$x_o(t) = A_0 + \sum_{j=1}^{q} A_j e^{p_j t} + \sum_{k=1}^{r} \left[B_k e^{-\omega_{nk}\xi_k t} \cos(\omega_{nk}\sqrt{1 - \xi_k^2}\, t) + \frac{C_k - B_k \omega_{nk}\xi_k}{\omega_{nk}\sqrt{1 - \xi_k^2}} e^{-\omega_{nk}\xi_k t} \sin(\omega_{nk}\sqrt{1 - \xi_k^2}\, t) \right]$$

$$(4\text{-}33)$$

2. 高阶系统闭环主导极点估计

本小节的讨论已经假设高阶系统闭环传递函数的极点均位于复平面的左半平面，某极点的负实部绝对值越大，表明它对应的响应输出的成分衰减得越快，因此负实部绝对值小的极点反倒成为高阶系统阶跃响应的关键。在高阶系统中找到的这样一些极点称为主导极点，即其他的极点负实部的绝对值比这些主导极点负实部大五倍以上。在工程中，高阶系统的主导极点经常是一对共轭复数，在没有计算机的情况下，可以通过主导极点进行系统响应的估算。

输入信号

$$x_i(t) = l(t), \quad X_i(s) = \frac{1}{s}$$

输出信号

$$X_o(s) = G_B(s)X_i(s) = \frac{M(s)}{sD(s)} \approx \frac{\lim\limits_{s \to 0}[sX_o(s)]}{s} + \frac{\lim\limits_{s \to p_1}(s-p_1)X_o(s)}{s-p_1} + \frac{\lim\limits_{s \to p_2}(s-p_2)X_o(s)}{s-p_2}$$

$$(4\text{-}34)$$

式中，p_1 和 p_2 为系统的一对共轭复数主导极点，$p_1 = -a+bj$，$p_2 = -a-bj$；"≈"表明只考虑主导极点，而将其余忽略，这样将高阶系统近似成了二阶系统。

3. 高阶系统单位阶跃响应动态指标计算

利用闭环主导极点将高阶系统近似成二阶系统后，可以求取单位阶跃响应的一些动态性能指标，同时可以说明闭环传递函数的零极点对这些性能指标的影响。

例 4-9 已知某系统传递函数为 $G_B(s) = \dfrac{1}{(1+0.005s)(s^2+1.4s+1)}$，试估算系统的单位阶跃响应特性。

解 该系统有三个极点，分别为 $p_1 = -200$，$p_{2,3} = -0.7 \pm 0.7j$，由于 $|Re(p_1)| > 5|Re(p_{2,3})|$，故而 $p_{2,3}$ 可看作高阶系统的闭环主导极点，该系统可简化为二阶系统，即

$$G_B(s) \approx \frac{1}{s^2+1.4s+1}$$

由此解出系统的固有频率 $\omega_n = 1$，阻尼比 $\xi = 0.7$，故此系统的百分比超调量和 5% 的调整时间分别为

$$M_p = e^{-\frac{\xi\pi}{\sqrt{1-\xi^2}}} = e^{-\frac{0.7\pi}{\sqrt{1-0.7^2}}} = 4.6\%$$

$$t_s = \frac{3}{\omega_n\xi} = \frac{3}{1\times0.7} = 4.29s$$

课外阅读　摩天大楼防风抗震的秘密武器——阻尼器

2021 年 5 月 18 日中午时分，深圳市赛格大厦出现晃动，现场大量人员紧急从大厦撤离。该大厦总高 355.8m，总建筑层 79 层，地上 75 层。

受深圳市住建部门委托，2021 年 5 月 18 日 21 时至 19 日 15 时多家专业机构对赛格大厦的晃动、倾斜、沉降等情况进行了实时监测，该三项指标均远远小于规范允许值，监测数据未显示异常情况。2021 年 9 月 8 日起，赛格广场大厦裙楼及塔楼全部恢复运营使用。

2019 年，上海中心大厦也出现过一次剧烈的晃动，而且晃动的幅度接近 1m，造成中心大厦这么大幅度晃动的原因是当时路过上海的超强台风"利奇马"。当时"利奇马"台风风力高达 17 级，可以说是非常恐怖的风级。而上海中心大厦历经如此级别的大风竟然没有出现任何问题，一度让人称奇。

通过调研发现，高楼大厦出现晃动或者振荡的现象并不鲜见。由此产生了一个问题：如

果高楼晃动得太厉害，会不会坍塌？再者，人坐在晃动着的高楼里，也实在是感觉不太安全。上海中心大厦能在 17 级的台风中安然无恙，是不是运气好呢？实际上 1m 左右的晃动是安全的，而保证大厦不超过这个安全级别的晃动，其本质原因是大厦本身的设计和一个秘密的"神器"——质量调谐阻尼器。

上海中心大厦总建筑面积 57.8 万 m^2，建筑主体为地上 127 层，地下 5 层，总高 632m。大厦顶楼的 125~126 层藏着一个"镇楼神器"——有"上海慧眼"之称的大型阻尼器。

该阻尼器是中国自主研发的摆式电涡流质量调谐阻尼器，可以抗 7 级地震和 12 级台风。阻尼器质量达 1000t，由 12 根吊索、质量块、阻尼系统和主体保护系统四部分组成。这个质量调谐阻尼器在台风和地震来袭、大楼侧面受力时，会通过计算机监测后，以相应的摆动产生反作用力，抵消大楼的部分受力。

阻尼器就是靠质量带来的惯性来阻止大厦晃动的。由于阻尼器悬挂或放置在台座上，质量非常大，所以只有大厦晃动了阻尼器才会运动。而且惯性阻尼器的运动是滞后于大厦的晃动的，当阻尼器晃动起来之后，摆动方向和大厦不完全相同，阻力和对绳索的拉力限制了大厦的晃动，而当大厦摆回来的时候阻尼器还是滞后的，于是阻尼器就限制了大厦的晃动幅度。当有强风来袭时，阻尼器会探测风力以及楼层的摇晃程度，控制重物向反方向做运动，从而降低建筑物的摇晃，就像人处于摇晃的木桥上，根据反方向来移动达到身体平衡的效果一样。

如果在高楼中安装一个风阻尼器，也能有效减少风力驱使的建筑物的摇晃程度。一般风阻尼器会安装在高楼的上端中间位置。风阻尼器看起来就像是一个巨大的钟摆，装置中配备了传感效应，它会在台风来袭时检测建筑物的摇晃程度，然后通过计算机控制整个装置，让阻尼器随着风吹的方向摆动，通过弹簧和液压装置来控制阻尼器，从而吸收来自楼体的摇晃，有效减少建筑物由于强风所引起的晃动。

我国拥有目前全球最大的风阻尼器，它安装在台北 101 大厦的 88 层至 92 层楼之间，它的直径达到 5.5m，总质量 680t，而且它也是全球唯一外露式的风阻尼器，常有游客慕名参观。上海浦东的环球金融中心也在大厦的 90 层处安装了两台 150t 的风阻尼器。安装了这两台装置之后，该大厦在强风来临时大约能减少 40% 的晃动加速度，这样一来，就算当时在建筑物内也不会感受到晃动了。

其实阻尼器在很多行业和领域都有广泛的应用，例如在汽车上安装阻尼器能有效减少车体的振动，在发生碰撞时也能抵消一部分的动能，减少车内的晃动，保证人员安全。后来阻尼器被用于建筑物的减震效能上，风阻尼器除了可以在强风来临时减少楼体晃动，还能在地震时起到一定的作用，它能降低强震对建筑物顶部的冲击。

思考题与习题

4-1　试述工程中典型的输入信号都有哪些。它们的拉普拉斯变换分别是什么？

4-2　以二阶系统的单位阶跃响应为例，其动态过程的性能指标都有哪些？分别是什么？

4-3　试述二阶系统特征根在复平面变化时对系统单位阶跃响应的影响。

4-4　本章在控制系统时域分析中一直假定系统初始条件为零，试求出有初始条件时二阶系统单位脉冲响应的输出函数。

4-5　已知单位负反馈系统的开环传递函数为

（1）$G_K(s) = \dfrac{5}{s(s+4)}$　　（2）$G_K(s) = \dfrac{4}{s(s+5)}$

试求该系统的单位脉冲响应和单位斜坡响应。

4-6　已知单位反馈系统的开环传递函数为

$$G_K(s) = \frac{4}{s(s+1)}$$

试求该系统的单位阶跃响应以及各动态性能指标。

4-7　例 4-4 中如果 $T = 0.1$，而整个闭环系统的阻尼比为 0.6，试求对应的 K 值；如果整个闭环系统的无阻尼固有频率为 2，试求对应的 K 值。

4-8　已知系统框图如图 4-16 所示，试求该系统的无阻尼固有频率和阻尼比。

4-9　已知一系统可以用如下微分方程描述：

$$\frac{\mathrm{d}^2 z}{\mathrm{d}t^2} + 2\xi \frac{\mathrm{d}z}{\mathrm{d}t} + 2z = u \quad (0 < \xi < 1)$$

当 $u = 2l(t)$ 时，最大超调量百分比为 2%，试求 ξ。

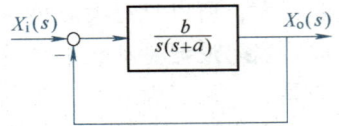

图 4-16　题 4-8 图

4-10　二阶系统闭环传递函数为

$$G_B(s) = \frac{\omega_n^2}{s^2 + 2\omega_n \xi s + \omega_n^2}$$

为使系统有 4% 的超调量和 1s 的调整时间 （$\Delta = 0.02$），试求 ω_n 和 ξ 的大小。

4-11　例 4-4 中，惯性参数 T 和开环比例 K 满足什么关系时系统特征根在虚轴上有两个共轭复根？如果给定 $T = 1$，当 K 如何变化时系统的最大超调量会从 30% 增大到 80%？

4-12　已知系统的单位阶跃响应为

$$x_o(t) = 1 + 0.2e^{-60t} - 1.2e^{-10t}$$

试求系统的闭环传递函数以及阻尼比和无阻尼固有频率。

4-13　二阶系统的单位阶跃响应为

$$x_o(t) = 10 - 12.5e^{-1.2t}\sin(1.6t + 53.1°)$$

试求系统的峰值时间、调整时间和最大超调量。

4-14　如果系统的特征根为 $-2 \pm 2j$，试求该系统在单位阶跃响应下的动态性能指标。

4-15　如果要求二阶欠阻尼系统单位阶跃响应时的最大超调量处于 10%~20%，调整时间不超过 0.5s （$\Delta = 0.02$），试确定系统特征根的取值范围。

4-16　已知单位反馈系统的开环传递函数为

$$G_K(s) = \frac{K}{s(s+1)}$$

试分析 K 的变化对系统单位阶跃响应各动态性能指标的影响。

4-17　已知某高阶系统，闭环极点如图 4-17 所示，求该系统的传递函数，并估计该系统单位阶跃响应的调整时间 （$\Delta = 0.02$）。

4-18　试从二阶系统的角度来求取例 4-2 的单位阶跃响应，求出系统的无阻尼固有频率和阻尼比，并在复平面中画出该系统的特征根。

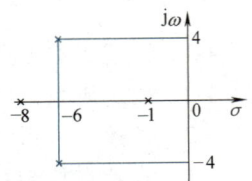

图 4-17　题 4-17 图

4-19 对于二阶欠阻尼系统，特征根的俯角，如图 4-18 中所示的 β 称为二阶系统阻尼角，试分析特征根长度以及阻尼角与系统无阻尼固有频率和阻尼比之间的关系；如果特征根长度不变，试分析阻尼角由小变大时，对单位阶跃响应系统的超调量和调整时间的影响。

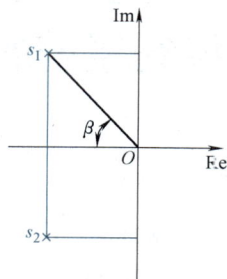

4-20 二阶系统传递函数为

$$G_B(s) = \frac{\omega_n^2}{s^2 + 2\xi\omega_n s + \omega_n^2}$$

试推导单位斜坡响应下的输出函数。

4-21 已知单位反馈系统的开环传递函数为

（1）$G_K(s) = \dfrac{20}{1+0.1s}$　　（2）$G_K(s) = \dfrac{10}{1+0.5s}$　　（3）$G_K(s) = \dfrac{2}{1+s}$

图 4-18 题 4-19 图

求系统的单位阶跃响应。

4-22 典型二阶系统的单位阶跃响应曲线如图 4-19 所示，试确定系统的闭环传递函数。

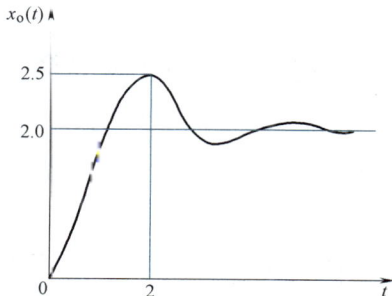

图 4-19 题 4-22 图

第5章

控制系统的误差分析

控制系统的准确性是对控制系统的基本要求之一，对于实际系统来说，输出量通常不能绝对精确地达到所期望的数值，期望的数值与实际输出值的差就是所谓的误差，系统的精度是通过系统的误差来度量的。本章的目的是建立闭环控制系统的误差和稳态误差的概念，掌握稳态误差的计算方法，研究影响误差的因素，提出提高系统精度的途径。

本章首先介绍控制系统误差的基本概念，接着阐述稳态误差的计算方法及减小稳态偏差的措施，最后介绍系统的动态偏差。

5.1　稳态误差的基本概念

5.1.1　系统的误差与偏差

系统的误差是以系统输出端为基准来定义的，是指被控对象的期望输出信号与实际输出信号之差。设 $x_{\mathrm{or}}(t)$ 是控制系统所希望的输出，$x_{\mathrm{o}}(t)$ 是系统的实际输出，则误差 $e(t)$ 为

$$e(t) = x_{\mathrm{or}}(t) - x_{\mathrm{o}}(t)$$

若 $e(t)$ 的拉普拉斯变换为 $E_1(s)$，对上式进行拉普拉斯变换得

$$E_1(s) = X_{\mathrm{or}}(s) - X_{\mathrm{o}}(s) \tag{5-1}$$

反馈控制系统的一般模型如图 5-1 所示。控制系统的偏差是以系统的输入端为基准来定义的，是指控制系统的输入信号与控制系统的主反馈信号之差。设 $x_{\mathrm{i}}(t)$ 是控制系统的输入信号，$b(t)$ 为主反馈信号，则系统的偏差为

$$\varepsilon(t) = x_{\mathrm{i}}(t) - b(t)$$

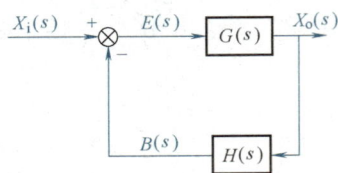

图 5-1　反馈控制系统的一般模型

若 $\varepsilon(t)$ 的拉普拉斯变换为 $E(s)$，对上式进行拉普拉斯变换得

$$E(s) = X_{\mathrm{i}}(s) - B(s) = X_{\mathrm{i}}(s) - H(s)X_{\mathrm{o}}(s) \tag{5-2}$$

式中，$H(s)$ 为反馈回路的传递函数。

闭环控制系统之所以能够对输出 $x_{\mathrm{o}}(t)$ 进行自动控制，就在于运用偏差 $E(s)$ 进行控制。当控制系统的偏差信号 $E(s) \neq 0$ 时，实际输出信号与期望输出信号不同，$E(s)$ 就起控制作用，力图将 $X_{\mathrm{o}}(s)$ 调节到 $X_{\mathrm{or}}(s)$ 值。

当控制系统的偏差信号 $E(s) = 0$ 时，该控制系统无控制作用，此时的实际输出信号就是期望输出信号。即当 $E(s) = 0$ 时，$X_{\mathrm{o}}(s) = X_{\mathrm{or}}(s)$，有

$$E(s) = X_{\mathrm{i}}(s) - H(s)X_{\mathrm{o}}(s) = X_{\mathrm{i}}(s) - H(s)X_{\mathrm{or}}(s) = 0$$

因此

$$X_i(s) = H(s)X_{or}(s)$$

或

$$X_{or}(s) = \frac{1}{H(s)}X_i(s) \tag{5-3}$$

将式（5-3）代入式（5-1），并对照式（5-2）得

$$E_1(s) = X_{or}(s) - X_o(s) = \frac{X_i(s) - H(s)X_o(s)}{H(s)} = \frac{E(s)}{H(s)}$$

即

$$E_1(s) = \frac{E(s)}{H(s)} \tag{5-4}$$

或

$$E(s) = H(s)E_1(s)$$

上式即为偏差信号与误差信号之间的关系，因此求出偏差 $E(s)$ 后即可得到系统的误差。对于单位反馈系统来说，$H(s)=1$，因此 $E_1(s)=E(s)$，即偏差 $\varepsilon(t)$ 与误差 $e(t)$ 相同。

5.1.2 系统的稳态误差与稳态偏差

系统的稳态误差是指系统进入稳态后的误差，因此，不讨论过渡过程中的情况。只有稳定的系统存在稳态误差。

稳态误差的定义为

$$e_{ss} = \lim_{t \to \infty} e(t) \tag{5-5}$$

为了计算稳态误差，可首先求出系统的误差信号的拉普拉斯变换 $E_1(s)$，再用拉普拉斯变换终值定理求解

$$e_{ss} = \lim_{t \to \infty} e(t) = \lim_{s \to 0} sE_1(s) \tag{5-6}$$

同理，系统的稳态偏差为

$$\varepsilon_{ss} = \lim_{t \to \infty} \varepsilon(t) = \lim_{s \to 0} sE(s) \tag{5-7}$$

分析图 5-1 所示系统的稳态偏差 ε_{ss}，可知

$$E(s) = X_i(s) - H(s)X_o(s) = X_i(s) - G(s)H(s)E(s) \tag{5-8}$$

因此

$$E(s) = \frac{1}{1+G(s)H(s)}X_i(s)$$

由终值定理得系统的稳态偏差为

$$\varepsilon_{ss} = \lim_{t \to \infty} \varepsilon(t) = \lim_{s \to 0} sE(s) = \lim_{s \to 0} s\frac{1}{1+G(s)H(s)}X_i(s) \tag{5-9}$$

由此可见，系统的稳态偏差与系统开环传递函数和输入信号的形式有关。

5.2 与输入有关的稳态偏差

影响系统稳态偏差的主要因素是系统的结构、参数和输入信号的性质，为了计算稳态偏

85

差，需要引入系统的类型和静态系数的概念。

5.2.1　系统的类型

设系统的开环传递函数 $G_K(s)$ 为

$$G_K(s) = G(s)H(s) = \frac{K\prod_{i=1}^{m}(\tau_i s + 1)}{s^\lambda \prod_{j=1}^{n-\lambda}(T_j s + 1)} \tag{5-10}$$

式中，K 为系统的开环增益（或称开环放大系数、开环放大倍数）；$\tau_i(i=1,2,\cdots,m)$ 和 $T_j(j=1,2,\cdots,n-\lambda)$ 分别为各环节的时间常数；λ 为开环系统中积分环节的个数，$\lambda=0,1,2,\cdots$；s^λ 表示包括 λ 个串联的积分环节。

将式（5-10）代入式（5-9）中，得

$$\varepsilon_{ss} = \lim_{s\to0} sE(s) = \lim_{s\to0}\frac{sX_i(s)}{1+G(s)H(s)} = \lim_{s\to0}\frac{s}{1+K/s^\lambda}X_i(s) = \lim_{s\to0}\frac{s^{\lambda+1}}{s^\lambda+K}X_i(s) \tag{5-11}$$

分析式（5-11）可知，当系统的输入信号 $X_i(s)$ 一定时，稳态值和时间常数无关，和开环放大倍数 K 及开环传递函数中包含的积分环节个数 λ 有关。特别是 λ 值决定了稳态为零、有限值和无穷大三种情况。因此，可以把系统按 λ 值分类为：

1）$\lambda=0$，无积分环节，称为 0 型系统。

2）$\lambda=1$，有一个积分环节，称为Ⅰ型系统。

3）$\lambda=2$，有两个积分环节，称为Ⅱ型系统；以此类推。

λ 越高，稳态精度越高，但稳定性越差，因此，一般系统不超过Ⅲ型。

需要注意的是，系统的类型与系统的阶数是完全不同的两个概念。例如：设某系统的开环传递函数为

$$G(s)H(s) = \frac{10(0.5s+1)}{s(s+1)(2s+1)}$$

由于 $\lambda=1$，有一个积分环节，故为Ⅰ型系统，但由分母部分可知是三阶系统。

5.2.2　静态无偏系数

1. 位置无偏系数 K_p

当输入为单位阶跃信号 $X_i(s) = \dfrac{1}{s}$ 时，系统的稳态偏差为

$$\varepsilon_{ss} = \lim_{s\to0} sE(s) = \lim_{s\to0} s\frac{1}{1+G(s)H(s)}\frac{1}{s} = \frac{1}{1+\lim_{s\to0}G(s)H(s)} \tag{5-12}$$

令

$$K_p = \lim_{s\to0}G(s)H(s) = \lim_{s\to0}\frac{K}{s^\lambda}G_0(s)H_0(s) = \lim_{s\to0}\frac{K}{s^\lambda} \tag{5-13}$$

其中

$$G_0(s)H_0(s) = \frac{\prod_{i=1}^{m}(\tau_i s + 1)}{\prod_{j=1}^{n-\lambda}(T_j s + 1)}$$

式中，K_p 为位置无偏系数。

将 K_p 代入式（5-12），则

$$\varepsilon_{ss} = \frac{1}{1+K_p} \tag{5-14}$$

对于 0 型系统：$K_p = \lim\limits_{s \to 0} \dfrac{K}{s^0} = K$，$\varepsilon_{ss} = \dfrac{1}{1+K}$，为有差系统，且 K 越大，稳态偏差 ε_{ss} 越小。

对于 I 型、II 型系统：$K_p = \lim\limits_{s \to 0} \dfrac{K}{s^\lambda} = \infty$，$\varepsilon_{ss} = 0$，为位置无差系统。

图 5-2 所示为单位反馈系统的单位阶跃响应曲线。由图可见，当系统开环传递函数中有积分环节存在时，系统阶跃响应的稳态值是无差的，而没有积分环节时，稳态值是有差的。为了减小稳态偏差，应当适当提高开环增益，但是过大的 K 值将影响系统的稳定性。

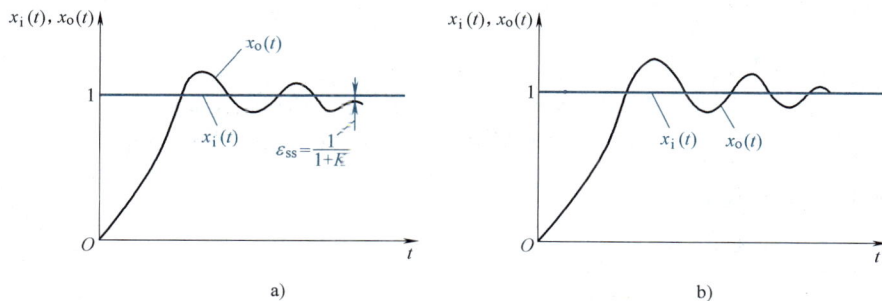

图 5-2　单位阶跃响应曲线

a）无积分环节　b）有积分环节

2. 速度无偏系数 K_v

当输入为单位斜坡信号时

$$x_i(t) = t, \quad X_i(s) = \frac{1}{s^2}$$

$$\varepsilon_{ss} = \lim\limits_{s \to 0} sE(s) = \lim\limits_{s \to 0} s \frac{1}{1+G(s)H(s)} \frac{1}{s^2} = \frac{1}{\lim\limits_{s \to 0} sG(s)H(s)} = \frac{1}{K_v} \tag{5-15}$$

其中

$$K_v = \lim\limits_{s \to 0} sG(s)H(s) = \lim\limits_{s \to 0} \frac{sK}{s^\lambda} G_0(s)H_0(s) = \lim\limits_{s \to 0} \frac{K}{s^{\lambda-1}} \tag{5-16}$$

式中，K_v 为速度无偏系数。

对于 0 型系统

$$K_v = \lim\limits_{s \to 0} sK = 0, \quad \varepsilon_{ss} = \frac{1}{K_v} = \infty$$

对于 I 型系统

$$K_v = \lim\limits_{s \to 0} \frac{K}{s^0} = K, \quad \varepsilon_{ss} = \frac{1}{K_v} = \frac{1}{K}$$

对于 II 型系统

$$K_v = \lim_{s \to 0} \frac{K}{s} = \infty \,, \qquad \varepsilon_{ss} = \frac{1}{K_v} = 0$$

上述分析表明，0 型系统不能跟踪斜坡输入；Ⅰ型系统能跟踪斜坡输入，但有一定的稳态偏差，在稳态工作时，输入速度与输出速度相等，但有一个位置上的偏差，开环放大系数 K 越大，稳态偏差越小；Ⅱ型或高于Ⅱ型的系统能够准确地跟踪斜坡输入，稳态偏差为零。图 5-3 所示为单位反馈系统对单位斜坡输入的响应曲线。

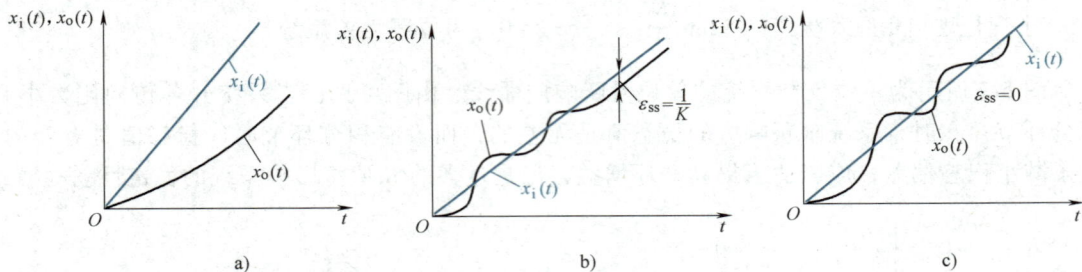

图 5-3　单位反馈系统对单位斜坡输入的响应曲线

a）0 型系统　b）Ⅰ型系统　c）Ⅱ型或高于Ⅱ型的系统

88

3. 加速度无偏系数 K_a

当输入为单位加速度信号时

$$x_i(t) = \frac{1}{2}t^2, \quad X_i(s) = \frac{1}{s^3}$$

$$\varepsilon_{ss} = \lim_{s \to 0} sE(s) = \lim_{s \to 0} s\frac{1}{1+G(s)H(s)}\frac{1}{s^3} = \frac{1}{\lim_{s \to 0} s^2 G(s)H(s)} = \frac{1}{K_a} \tag{5-17}$$

其中

$$K_a = \lim_{s \to 0} s^2 G(s)H(s) = \lim_{s \to 0} \frac{s^2 K}{s^\lambda} G_0(s)H_0(s) = \lim_{s \to 0} \frac{K}{s^{\lambda-2}} \tag{5-18}$$

式中，K_a 为加速度无偏系数。

对于 0 型和 Ⅰ型系统

$$K_a = \lim_{s \to 0} \frac{K}{s^{\lambda-2}} = 0, \quad \varepsilon_{ss} = \frac{1}{K_a} = \infty$$

对于Ⅱ型系统

$$K_a = \lim_{s \to 0} \frac{K}{s^0} = K, \quad \varepsilon_{ss} = \frac{1}{K_a} = \frac{1}{K}$$

可见，当输入为单位加速度信号时，0、Ⅰ型系统不能跟随输入信号，而Ⅱ型系统在稳定状态下能够跟随加速度输入信号，但有一定的稳态偏差。Ⅱ型系统跟随加速度输入信号时的输出波形如图 5-4 所示。

表 5-1 概括了 0 型、Ⅰ型和Ⅱ型系统在不同输入时的稳态偏差。可见，对角线右上方稳态偏差为无穷大；对角线左下方稳态偏差为零。

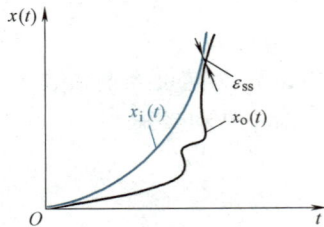

图 5-4　Ⅱ型系统跟随加速度输入信号时的输出波形

表5-1 在不同输入时不同类型系统中的稳态偏差

稳态偏差		输入信号		
		单位阶跃输入	单位斜坡输入 (单位恒速输入)	单位加速度输入 (单位恒加速度输入)
系统类型	0型系统	$\dfrac{1}{1+K}$	∞	∞
	I型系统	0	$\dfrac{1}{K}$	∞
	II型系统	0	0	$\dfrac{1}{K}$

根据上面的讨论，可归纳出如下几点：

1）同一系统对于不同的输入信号，有不同的稳态偏差。同一输入信号对于不同的系统也会引起不同的稳态偏差，即系统的稳态偏差取决于系统结构和输入信号。

2）系统的稳态偏差值与系统的开环放大倍数 K 有关，K 值越大，稳态偏差越小。K 值越小，稳态偏差越大。

3）根据线性系统的叠加原理，可知当输入控制信号是上述典型信号的线性组合，即 $x_i(t)=a_0+a_1t+a_2t^2/2$ 时，输出量的稳态偏差应是它们分别作用时的稳态偏差之和，即

$$\varepsilon_{ss}=\frac{a_0}{1+K_p}+\frac{a_1}{K_v}+\frac{a_2}{K_a}$$

4）对于单位反馈系统，稳态偏差等于稳态误差。对于非单位反馈系统，可由式（5-4）将稳态偏差转换为稳态误差。但是，不能将系统化为单位反馈系统来直接求稳态偏差，进而得到稳态误差，因为两者计算出的偏差和误差是不同的。

例5-1 某单位反馈系统的开环传递函数为 $G_K(s)=\dfrac{17(0.4s+1)}{s^2(0.04s+1)(0.2s+1)}$，试分别求出系统对单位阶跃、单位斜坡、单位加速度输入时的稳态偏差。

解 该系统为II型系统，所以

静态位置无偏系数 $K_p=\lim\limits_{s\to0}G_K(s)=\infty$

静态速度无偏系数 $K_v=\lim\limits_{s\to0}sG_K(s)=\infty$

静态加速度无偏系数 $K_a=\lim\limits_{s\to0}s^2G_K(s)=17$

因此，该系统对三种典型输入的稳态偏差分别为

位置偏差 $\varepsilon_{ssp}=\dfrac{1}{1+K_p}=0$

速度偏差 $\varepsilon_{ssv}=\dfrac{1}{K_v}=0$

加速度偏差 $\varepsilon_{ssa}=\dfrac{1}{K_a}=\dfrac{1}{17}=0.059$

例 5-2 已知一个具有单位负反馈的自动跟踪系统（Ⅰ型系统），系统的开环放大倍数 $K = 600\text{rad/s}$，系统的最大跟踪速度 $\omega_{\max} = 24\text{rad/s}$，求系统在最大跟踪速度下的稳态偏差。

解 由题意知，系统的输入为等速输入，因此输入信号为

$$X_i(s) = \frac{24}{s^2}$$

系统的稳态偏差为

$$\varepsilon_{ss} = 24 \frac{1}{K} = \frac{24}{600} = 0.04$$

例 5-3 已知系统框图如图 5-5 所示，当系统输入信号为 $x_i(t) = 1 + 6t + 3t^2$ 时，求系统的稳态偏差。

解 根据系统框图求出开环传递函数为

$$G_K(s) = G(s)H(s) = \frac{10(s+1)}{s^2(s+4)} = \frac{\dfrac{5}{2}(s+1)}{s^2\left(\dfrac{s}{4}+1\right)}$$

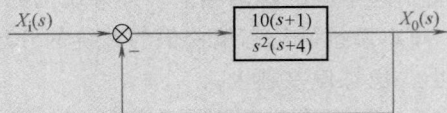

图 5-5 例 5-3 的系统框图

由传递函数知，系统为Ⅱ型系统，开环增益 $K = \dfrac{5}{2}$。

将输入信号分解成单位阶跃信号、单位斜坡信号、等加速度信号叠加的形式，即

$$x_i(t) = 1 + 6t + 6 \times \frac{t^2}{2}$$

设该系统在单位阶跃信号、单位斜坡信号、单位加速度信号的作用下产生的稳态偏差分别为 ε_{ssp}、ε_{ssv}、ε_{ssa}。因此系统的总稳态偏差 ε_{ss} 为

$$\varepsilon_{ss} = \varepsilon_{ssp} + 6\varepsilon_{ssv} + 6\varepsilon_{ssa}$$

对于Ⅱ型系统

$$\varepsilon_{ssp} = 0, \qquad \varepsilon_{ssv} = 0, \qquad \varepsilon_{ssa} = \frac{1}{K} = \frac{2}{5}$$

所以该系统在 $x_i(t)$ 信号作用下的稳态偏差为

$$\varepsilon_{ss} = 0 + 0 + 6 \times \frac{2}{5} = \frac{12}{5}$$

5.2.3 扰动作用下的稳态偏差

对于实际控制系统，不仅接收给定的输入信号，还经常受到各种扰动作用，如负载转矩的变动、电源电压和频率的波动以及环境温度的变化等。对于线性系统，如果同时受到输入信号和扰动信号的作用，系统的总偏差等于输入信号和扰动信号分别作用时稳态偏差的代数和。因此，控制系统在扰动作用下的稳态值，反映了系统的抗干扰能力。

图 5-6 所示带有扰动的控制系统，除了受到输入信号 $X_i(s)$ 作用外，还存在干扰作用 $N(s)$，可分别求出 $X_i(s)$ 和 $N(s)$ 单独作用时的稳态偏差，再利用叠加原理求总稳态偏差。

图 5-6　带有扰动的控制系统

仅考虑扰动信号引起的稳态时，可将 $N(s)$ 作为输入，不考虑输入信号的影响，即令 $X_i(s) = 0$，由图 5-6 得系统偏差为

$$E(s) = X_i(s) - B(s) = -B(s) = -H(s)X_o(s) \tag{5-19}$$

在干扰作用下，输出信号为

$$X_o(s) = \frac{G_2(s)}{1 + G_1(s)G_2(s)H(s)} N(s) \tag{5-20}$$

$$E(s) = -H(s)X_o(s) = -\frac{G_2(s)H(s)}{1 + G_1(s)G_2(s)H(s)} N(s) \tag{5-21}$$

干扰引起的稳态偏差为

$$\varepsilon_{ss} = \lim_{s \to 0} sE(s) = \lim_{s \to 0}\left[\frac{-G_2(s)H(s)}{1 + G_1(s)G_2(s)H(s)} N(s) \right] \tag{5-22}$$

当输入信号与干扰信号同时作用时，总稳态偏差等于两个信号分别作用时的稳态偏差之和。由输入信号 $x_i(t)$ 单独作用引起的稳态偏差为

$$\varepsilon_{ss1} = \lim_{s \to 0} s \frac{1}{1 + G_1(s)G_2(s)H(s)} X_i(s) \tag{5-23}$$

干扰信号 $n(t)$ 单独作用引起的稳态偏差为

$$\varepsilon_{ss2} = \lim_{s \to 0}\left[\frac{-G_2(s)H(s)}{1 + G_1(s)G_2(s)H(s)} N(s) \right] \tag{5-24}$$

因此，在输入信号和扰动信号共同作用下的总稳态偏差为

$$\varepsilon_{ss} = \varepsilon_{ss1} + \varepsilon_{ss2} \tag{5-25}$$

例 5-4　系统框图如图 5-7 所示，当输入信号 $x_i(t) = 1(t)$，干扰 $n(t) = 1(t)$ 时，求系统总的稳态偏差 ε_{ss}。

解　系统同时受到输入信号和干扰信号作用，因此，首先求出由输入 $x_i(t)$ 引起的稳态偏差 ε_{ss1}。

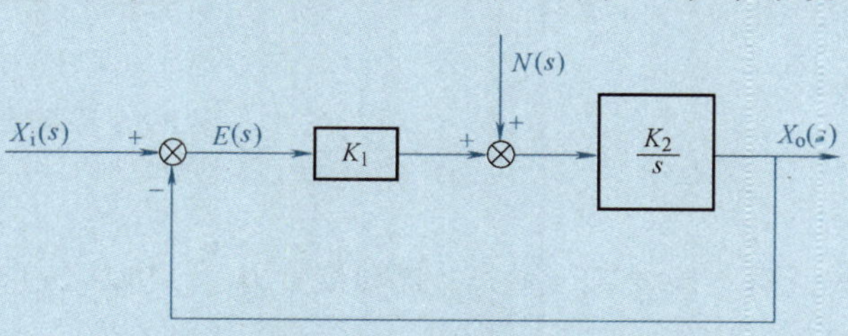

仅在 $x_i(t)$ 作用下，系统开环传递函数为

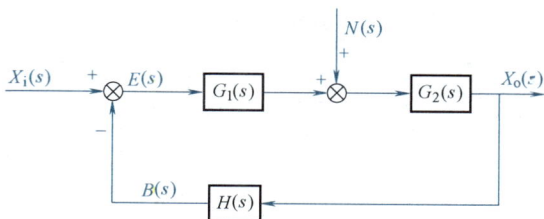

图 5-7　例 5-4 的系统框图

$$G(s)H(s) = \frac{K_1 K_2}{s}$$

此时系统为 I 型系统，增益 $K = K_1 K_2$，所以单位阶跃信号作用下的稳态偏差 ε_{ss1} 为

$$\varepsilon_{ss1} = 0$$

在干扰信号 $n(t)$ 作用下产生的稳态偏差为

$$\varepsilon_{ss2} = \lim_{s \to 0} s \frac{-\dfrac{K_2}{s}}{1 + K_1 \dfrac{K_2}{s}} \frac{1}{s} = \lim_{s \to 0} \frac{-K_2}{s + K_1 K_2} = -\frac{1}{K_1}$$

所以，系统总稳态偏差为

$$\varepsilon_{ss} = \varepsilon_{ss1} + \varepsilon_{ss2} = -\frac{1}{K_1}$$

例 5-5 如图 5-8a 所示系统中，设扰动信号为单位阶跃输入 $D_1(s) = D_2(s) = \dfrac{1}{s}$，试分别

求出 $D_1(s)$ 和 $D_2(s)$ 单独作用时，系统的稳态偏差 ε_{ssd1} 和 ε_{ssd2}。

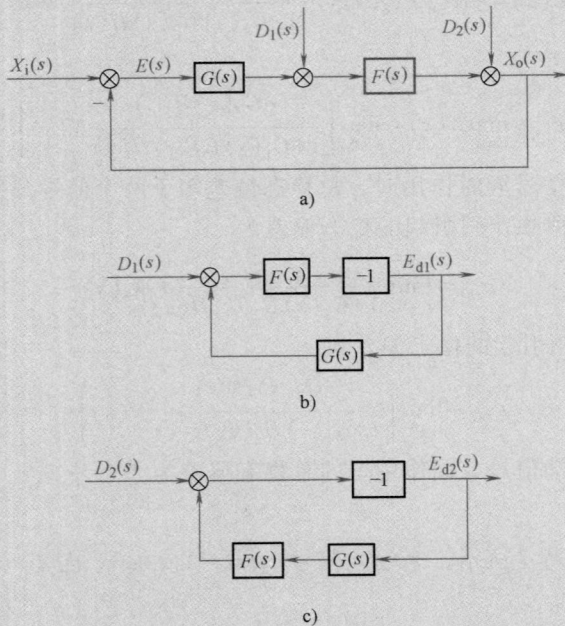

a)

b)

c)

图 5-8 系统框图

a) 系统框图 b) 等效框图（一） c) 等效框图（二）

解 假设 $X_i(s) = 0$，扰动信号 $D_1(s)$ 和 $D_2(s)$ 分别单独作用于系统时，其等效框图如图 5-8b、c 所示。

偏差信号分别为

$$E_{d1}(s) = \frac{-F(s)}{1 + F(s)G(s)} D_1(s)$$

$$E_{d2}(s) = \frac{-1}{1 + F(s)G(s)} D_2(s)$$

利用终值定理求稳态偏差，分别为

$$\varepsilon_{\text{ssd1}} = \lim_{s \to 0} sE_{\text{d1}}(s) = \lim_{s \to 0} \left[\frac{-F(s)}{1+F(s)G(s)} \frac{1}{s} \right] = -\frac{F(0)}{1+F(0)G(0)}$$

$$\varepsilon_{\text{ssd2}} = \lim_{s \to 0} sE_{\text{d2}}(s) = \lim_{s \to 0} \left[\frac{-1}{1+F(s)G(s)} \frac{1}{s} \right] = -\frac{1}{1+F(0)G(0)}$$

一般情况下，$F(0)G(0) \gg 1$，所以有

$$\varepsilon_{\text{ssd1}} \approx -\frac{1}{G(0)}, \qquad \varepsilon_{\text{ssd2}} \approx -\frac{1}{G(0)F(0)}$$

5.2.4 减小或消除稳态偏差的措施

为了减小或消除系统在输入信号和干扰作用下的稳态偏差，可以采取以下措施：

1）增大系统开环增益或扰动作用点之前系统的前向通道增益。增大扰动作用点之前的比例控制器增益，可以减小系统对阶跃扰动的稳态偏差，而增大扰动点之后系统的前向通道增益，不能改变系统对扰动的稳态偏差数值。

2）在系统的前向通道或主反馈通道设置串联积分环节。如果在扰动作用点之前的前向通道或主反馈通道中设计 v 个积分环节，必可消除系统在扰动信号 $n(t) = \sum_{i=0}^{v-1} n_i t^i$ 作用下的稳态偏差。

3）有的系统不仅要求稳态偏差小，而且要求系统具有良好的动态性能。这时，仅靠加大开环放大倍数或串入积分环节往往不能同时满足上述要求，可采用复合控制（或称顺馈）的方法来对偏差进行补偿。

5.2.5 动态偏差

静态偏差系数的一个特点是，对于给定的系统所求得的稳态偏差可能是一个有限值或零或无穷大。研究动态偏差系数能够提供一些关于偏差随时间变化的信息。

动态偏差 $\varepsilon(t)$ 显然是时间的函数。把偏差传递函数 $\Phi(s)$ 在 $s=0$ 的邻域展开成泰勒级数并取前 $n+1$ 项，有

$$\Phi(s) = \frac{E(s)}{X_{\text{i}}(s)} = \Phi(0) + \dot{\Phi}(0)s + \frac{1}{2!}\ddot{\Phi}(0)s^2 + \cdots + \frac{1}{n!}\Phi^{(n)}(0)s^n \qquad (5\text{-}26)$$

偏差的拉普拉斯变换式为

$$E(s) = \Phi(s)X_{\text{i}}(s)$$

$$= \Phi(0)X_{\text{i}}(s) + \dot{\Phi}(0)sX_{\text{i}}(s) + \frac{1}{2!}\ddot{\Phi}(0)s^2 X_{\text{i}}(s) + \cdots + \frac{1}{n!}\Phi^{(n)}(0)s^n X_{\text{i}}(s) \qquad (5\text{-}27)$$

对式（5-27）进行拉普拉斯反变换，得

$$\varepsilon_{\text{ss}}(t) = \Phi(0)x_{\text{i}}(t) + \dot{\Phi}(0)\dot{x}_{\text{i}}(t) + \frac{1}{2!}\ddot{\Phi}(0)\ddot{x}_{\text{i}}(t) + \cdots + \frac{1}{n!}\Phi^{(n)}(0)x_{\text{i}}^{(n)}(t) \qquad (5\text{-}28)$$

令 $\dfrac{1}{C_0} = \Phi(0)$，$\dfrac{1}{C_1} = \dot{\Phi}(0)$，$\dfrac{1}{C_2} = \dfrac{1}{2!}\ddot{\Phi}(0)$，$\cdots$，$\dfrac{1}{C_n} = \dfrac{1}{n!}\Phi^{(n)}(0)$，可以将式（5-28）写成

93

$$\varepsilon_{ss}(t) = \frac{x_i(t)}{C_0} + \frac{\dot{x}_i(t)}{C_1} + \frac{\ddot{x}_i(t)}{C_2} + \cdots + \frac{x_i^{(n)}(t)}{C_n} \qquad (5\text{-}29)$$

式中，C_0，C_1，C_2，$\cdots$，C_n 分别称为动态位置偏差系数、动态速度偏差系数、动态加速度偏差系数等。

例 5-6 设某单位负反馈控制系统的开环传递函数为 $G(s)H(s) = \dfrac{10}{s(s+1)}$，求输入 $x_i(t) = a_0 + a_1 t + a_2 t^2$ 时的动态偏差。

解 该系统的偏差传递函数为

$$\Phi(s) = \frac{E(s)}{X_i(s)} = \frac{1}{1 + G(s)H(s)} = \frac{s + s^2}{s^2 + s + 10} = 0.1s + 0.09s^2 - 0.019s^3 + \cdots$$

即

$$\varepsilon_{ss}(t) = 0.1\dot{x}_i(t) + 0.09\ddot{x}_i(t) - 0.019x_i^{(3)}t + \cdots$$

则动态偏差系数

$$C_0 = \infty, \; C_1 = \frac{1}{0.1} = 10, \; C_2 = \frac{1}{0.09} = 11.1$$

因为 $x_i(t) = a_0 + a_1 t + a_2 t^2$，所以有

$$\dot{x}_i(t) = a_1 + 2a_2 t, \qquad \ddot{x}_i(t) = 2a_2, \qquad x_i^{(3)}(t) = 0$$

故动态偏差为

$$\varepsilon_{ss}(t) = 0.1a_1 + 0.18a_2 + 0.2a_2 t$$

借助于计算机仿真，可以求得 $\varepsilon(t)$ 的波形和数值，即可以准确地求出动态偏差。

课外阅读　差之毫厘　谬以千里

1999 年 2 月 24 日 16 时 30 分左右，中国西南航空公司的一架 TU-154 执行 SZ4509 航班从成都飞往温州，在温州瑞安上空 1200m 高度以俯冲姿态坠毁。

1999 年 2 月 24 日下午 14 点 35 分，SZ4509 航班从成都双流国际机场顺利起飞，并且按照计划缓缓升高、前行，如约来到了江西省上饶市的高空中。客舱内的乘客们有说有笑，各自分享着过年期间发生的趣事。与之形成对比的是，驾驶舱内的气氛渐渐凝重起来。根据后来的调查可知，此时驾驶舱内的机组人员已经紧张起来了，因为他们在飞机起飞后不久便发现，控制飞机方向的摇杆位置过于靠前。受其影响，飞机的机头与机身总是无法保持水平状态，机头一直处在向上抬起的状态中。不过总体飞行状况平稳，还没有出现大的问题，但是机组人员从不敢在这种事情上马虎，他们决定采取安全稳妥的方式，慢慢降低飞机的飞行高度，同时对摇杆进行检修，并向地面塔台通报情况。

直到飞到上饶市上空，机组人员也没能矫正好摇杆，缓解机头前倾的状况。就连客舱内的乘客都察觉到不对劲，站起来朝着机头方向移动，希望能够通过改变载重结构，来将翘起

的机头压下来，可惜这样的方法也失败了。

机组人员依然没有放弃，一边保持与地面塔台的联系，一边继续想办法解决问题。他们发现驾驶舱操作杆一直处在又"轻"又"松"的状态中，显得很不对劲，好像是没有接好，出现了脱离的状况。

机长决定按照地面塔台控制中心的要求，缓慢将飞机降下来，同时进行紧急迫降。在机长和其他机组人员的操作下，飞机顺利地下降到了1200m的高度，接下来只要继续严格按照要求步骤操作，飞机就能安全落地了。

在飞机继续下降到700m的高度时，帮助飞机降落的襟翼和起落架也顺利放出，但是意外就在此刻发生了——飞机突然失去了控制，伴随着仪表盘警告声，飞机朝着地面俯冲而下，出现在柏树村里散步的居民的视野中。最后，伴随着一声巨响，飞机猛烈地撞击地面，发生坠毁。机上有乘客50人，机组人员11人，61人全部遇难。

该事故发生后，中国民航局迅速成立了调查组，对这次事故展开了全面调查。调查组依次排除了天气、恐袭等因素，很快找到了已经严重受损的"黑匣子"。其中驾驶舱语音记录仪记下了机组人员的对话，包括机长发现驾驶摇杆位置太过靠前、机头不断向上抬起，以及机长要求旅客和乘务员都挪到前排、调整载重结构等话语。

机长有一句话引起了调查人员的高度关注。机长说："一加油门，机头就翘起来。摇杆位置和舵面不一致。"难道说，造成飞机失事的原因，就存在于摇杆上吗？

调查员继续根据"黑匣子"记录下的数据展开调查。在对事故现场进行清理后，他们找回了飞机升降舵操纵系统的舵机等部件，发现垂直尾翼上方的摇臂很不正常。有一处部件的拉杆与摇臂是通过自锁螺母进行连接的。因为这是一架从俄罗斯引进的飞机，所以此处所用的螺母应该是俄制规范螺母，而不应该是自锁螺母，这种自锁螺母比俄制规范螺母多了1mm的误差。

简单地说，客机失事前，摇臂是通过自锁螺母与"上下游"的控制机构连接的，而不是操作规范中规定的用开口销保险的花螺母，因而产生了过大的螺纹配合误差，自锁螺母在飞行中松脱，导致飞机失控，直至空难发生。

不管是用在何处的高精密仪器，就算是1mm的误差，也会带来无法挽回的后果。飞机上的机组人员已经凭着往日的经验，意识到问题出在了哪里，并绞尽脑汁进行了挽救，但依然无法将仅仅1mm的误差补足，也无法阻止飞机的失事。

由于缺少线索，就算调查组进行了大量的调查工作，依旧无法确定这1mm的误差，究竟是出现在俄罗斯大修时，还是出现在西南航空维修时。

让人难以想象，这一切悲剧的源头，竟然是一颗小小的螺母。不管那1mm的误差发生在何处，若是事前西南航空的维修人员能再仔细一些，能够将这1mm的误差修正回来，这一切的悲剧就不会发生。

思考题与习题

5-1 什么是系统的稳态偏差？如何计算系统的稳态偏差？

5-2 已知单位反馈系统的开环传递函数分别为

(1) $G_K(s) = \dfrac{50}{(0.1s+1)(2s+1)}$

(2) $G_K(s) = \dfrac{K}{s(s^2+4s+200)}$

(3) $G_K(s) = \dfrac{10(2s+1)(4s+1)}{s^2(s^2+2s+10)}$

试求位置无偏系数 K_p、速度无偏系数 K_v 及加速度无偏系数 K_a。

5-3 试求单位负反馈系统的静态位置、速度、加速度无偏系数及其稳态偏差。设输入信号为单位阶跃、单位斜坡，加速度为 $t^2/2$，其系统开环传递函数分别为

(1) $G(s)H(s) = \dfrac{50}{(0.1s+1)(2s+1)}$

(2) $G(s)H(s) = \dfrac{K}{s(0.1s+1)(0.5s+1)}$

(3) $G(s)H(s) = \dfrac{K(2s+1)(4s+1)}{s^2(s^2+2s+10)}$

(4) $G(s)H(s) = \dfrac{K(s+3.15)}{s(s+1.5)(s+0.5)}$

(5) $G(s)H(s) = \dfrac{K}{s^2(s+12)}$

5-4 已知单位负反馈系统的开环传递函数分别为

(1) $G_K(s) = \dfrac{100}{(0.1s+1)(s+5)}$

(2) $G_K(s) = \dfrac{50}{s(0.1s+1)(s+5)}$

(3) $G_K(s) = \dfrac{10(2s+1)}{s^2(s^2+6s+100)}$

试求输入分别为 $r(t)=2t$ 和 $r(t)=2+2t+t^2$ 时，系统的稳态偏差。

5-5 系统的负载变化往往是系统的主要干扰。如图 5-9 所示的扰动信号 $N(s)$ 使实际输出发生变化，试分析扰动信号 $N(s)$ 对系统稳态偏差的影响。

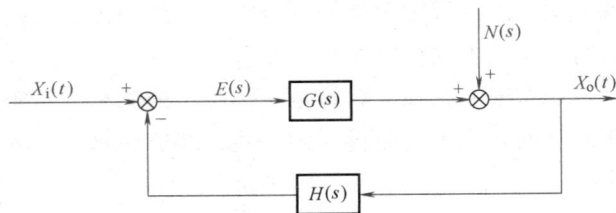

图 5-9 题 5-5 图

5-6 已知单位负反馈控制系统的开环传递函数如下。试求其静态位置、速度和加速度无偏系数，并求当输入信号分别为 $r(t)=1(t)$、$r(t)=4t$、$r(t)=t^2$ 及 $r(t)=1(t)+4t+t^2$ 时系统的稳态偏差。

（1） $G_K(s) = \dfrac{10}{s(0.1s+1)(0.5s+1)}$

（2） $G_K(s) = \dfrac{10}{s(s+1)(0.2s+1)}$

5-7 对于图 5-10 所示系统，求 $r(t) = 1(t)$、$r(t) = 10t$ 及 $r(t) = 3t^2$ 时的稳态偏差 $\varepsilon_{ss}(\infty)$。

5-8 控制系统如图 5-11 所示，其中 $G(s) = K_p + \dfrac{K}{s}$，$F(s) = \dfrac{1}{Js}$，输入 $r(t)$ 以及扰动 $n_1(t)$ 和 $n_2(t)$ 均为单位阶跃函数。试求：

（1） 在 $r(t)$ 作用下系统的稳态偏差。

（2） 在 $n_1(t)$ 作用下系统的稳态偏差。

（3） 在 $n_1(t)$ 和 $n_2(t)$ 同时作用下系统的稳态偏差。

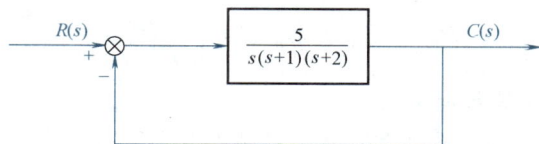

图 5-10 题 5-7 图

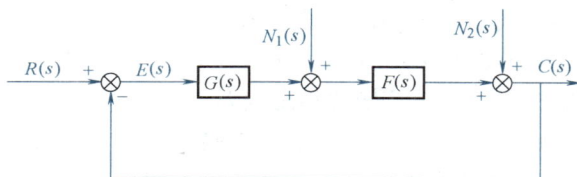

图 5-11 题 5-8 图

5-9 控制系统结构图如图 5-12 所示，其中扰动信号 $n(t) = 1(t)$。试问：能否选择一个合适的 K_1 值，使系统在扰动作用下的稳态偏差 $\varepsilon_{ss} = -0.099$？

5-10 如图 5-13 所示的系统，假设系统输入信号是斜坡输入 $x_i(t) = at$（式中 a 是一个任意常数，$t \geqslant 0$），试证明通过适当地调节 K_i 的值，该系统对斜坡输入的稳态偏差能达到零。

5-11 如图 5-14 所示的系统，已知 $X_i(s) = N(s) = \dfrac{1}{s}$，试求输入 $X_i(s)$ 和扰动 $N(s)$ 作用下的稳态偏差。

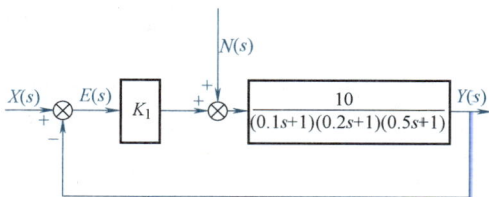

图 5-12 题 5-9 图

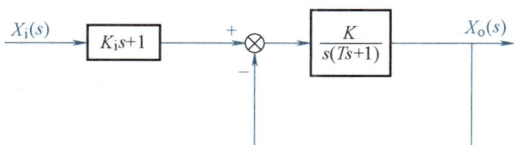

图 5-13 题 5-10 图

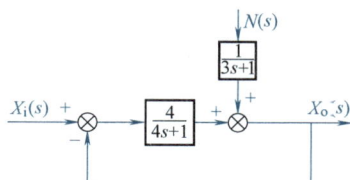

图 5-14 题 5-11 图

5-12 系统的开环传递函数为

97

$$G_K(s) = \frac{K}{s(s+1)(s+5)}$$

求单位斜坡输入下，系统的稳态偏差 $\varepsilon_{ss} = 0.01$ 时的 K 值。

5-13 设闭环传递函数的一般形式为

$$G_B(s) = \frac{G(s)}{1+G(s)H(s)} = \frac{b_m s^m + b_{m-1} s^{m-1} + \cdots + b_1 s + b_0}{s^n + a_{n-1} s^{n-1} + \cdots + a_1 s + a_0}$$

偏差定义取 $\varepsilon(t) = x_i(t) - x_o(t)$。试证明：

（1）系统在阶跃信号输入下，稳态偏差为零的充分条件是 $b_0 = a_0$，$b_i = 0$（$i = 1$，2，$\cdots$，m）。

（2）系统在斜坡信号输入下，稳态偏差为零的充分条件是 $b_0 = a_0$，$b_1 = a_1$，$b_i = 0$（$i = 2$，3，$\cdots$，m）。

5-14 某单位负反馈控制系统的开环传递函数为

$$G_K(s) = \frac{100}{s(0.1s+1)}$$

试求当输入为 $x_i(t) = 1 + t + at^2$（$a \geqslant 0$）时的稳态偏差。

5-15 已知控制系统框图如图 5-15 所示，试求：

（1）当 $x(t) = 0$，$F(t) = 1(t)$ 时系统的稳态偏差。

（2）当 $x(t) = 1(t)$，$F(t) = 1(t)$ 时系统的稳态偏差。

（3）如果分别在扰动点之前或之后或测量通道加入积分环节，比较一下系统对干扰的抑制能力。

（4）调节 K_1、K_2，对上述结构的系统的稳态偏差有何影响？

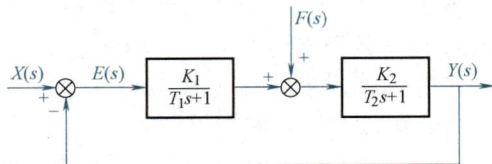

图 5-15 题 5-15 图

第6章

控制系统的频域分析

前面讨论了系统的时域特性和采用微分方程及其解的性质来确定系统的动态性能及稳态精度，但是对于高阶系统用时域分析方法却十分复杂。因此，工程中通常采用频率分析法来表征系统的特性。以拉普拉斯变换为工具将时域转换为频域，建立起系统的时间响应与其频谱之间的关系，研究系统对正弦输入的稳态响应即频率响应，对于控制系统的分析和设计具有重要意义。在机械工程中，很多实际问题通过采用频率特性分析的方法可以解决。例如：机械振动学中研究结构受到外力作用后产生的振动和由系统本身内在反馈所引起的自激振动，以及研究与其有关的共振频率、机械阻抗、动刚度、抗振稳定性等问题。在机械加工过程中，如金属切削加工或锻压成形加工过程中，产品的加工精度、表面质量及加工过程中的自激振动，都与加工过程及其工艺装备所构成的机械系统的频率特性密切相关。因此，频率响应方法对于机械系统或过程的动态设计、综合与校正以及稳定性分析都是一个十分重要的基本方法。对于一些复杂的机械系统或过程，难以从理论上列写其微分方程或难以确定其参数，可通过频率响应实验的方法，即所谓的系统辨识的方法，确定系统的传递函数。频率响应方法对于机械系统及过程的分析和设计是一个强有力的重要方法。

本章介绍频率响应的概念及其图解表示方法，重点介绍频率特性的极坐标图（奈奎斯特图）和对数坐标图（伯德图）的绘制方法，还会介绍闭环频率特性、频域性能指标以及最小相位系统的概念。

6.1 频率特性概述

6.1.1 频率响应

频率响应是指系统对正弦输入的稳态响应。当线性系统输入某一频率的正弦波，经过充分长的时间后，系统的稳态响应仍是同频率的正弦波，而且输出与输入的正弦幅值之比，以及输出与输入的相位之差，对于一定的系统来说是完全确定的。

若输入一个正弦信号

$$x_i(t) = X_i \sin\omega t$$

则系统的稳态响应为同频率的正弦信号

$$x_o(t) = X_o \sin[\omega t + \varphi(\omega)]$$

如图 6-1a 所示的线性系统，图 6-1b 中的 $x_o(t)$ 即为系统的频率响应。

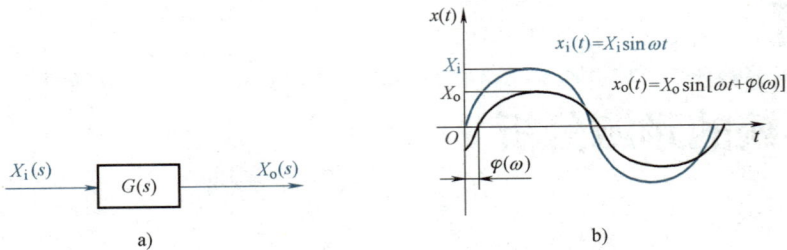

图 6-1 线性系统及其输入和输出波形图

a）线性系统　b）频率响应

例 6-1　一阶惯性系统的传递函数为 $G(s)=\dfrac{1}{Ts+1}$，式中 $T>0$，分析当系统输入信号为

$x_i(t)=X_i\sin\omega t$ 时系统的稳态响应。

解　输入信号 $x_i(t)=X_i\sin\omega t$ 的拉普拉斯变换为

$$X_i(s)=\frac{X_i\omega}{s^2+\omega^2}$$

输出信号的拉普拉斯变换为

$$X_o(s)=G(s)X_i(s)=\frac{1}{Ts+1}\frac{X_i\omega}{s^2+\omega^2}$$

经拉普拉斯反变换，输出信号为

$$x_o(t)=\frac{X_iT\omega}{1+T^2\omega^2}e^{-t/T}+\frac{X_i}{\sqrt{1+T^2\omega^2}}\sin(\omega t-\arctan T\omega)$$

式中，输出 $x_o(t)$ 即为由输入引起的响应，其中第一项是瞬态分量，第二项是稳态分量，随着时间的推移，即 $t\to\infty$ 时，瞬态分量迅速衰减至零，系统的输出 $x_o(t)$ 即为稳态响应，则有

$$x_o(t)=\frac{X_i}{\sqrt{1+T^2\omega^2}}\sin(\omega t-\arctan T\omega)$$

显然系统的稳态响应是与输入信号同频率的正弦信号，其幅值 $X_o(\omega)=\dfrac{X_i}{\sqrt{1+T^2\omega^2}}$，相位

$\varphi(\omega)=-\arctan T\omega$。因此，可以说频率响应只是时间响应的一个特例。不过当正弦信号的频率 ω 不同时，输出信号幅值与相位也不同，幅值与相位均随着频率的变化而变化。

6.1.2　频率特性

当不断改变输入正弦信号频率（由 0 变化到 ∞）时，线性系统的稳态输出与输入的幅值比是输入信号的频率 ω 的函数，称其为系统的幅频特性，记为

$$A(\omega)=\frac{X_o}{X_i}=|G(j\omega)| \tag{6-1}$$

它描述了在稳态情况下，当系统输入不同频率的正弦信号时，其幅值的衰减或增大特性。

稳态输出信号与输入信号的相位差为

$$\varphi(\omega) = \angle G(j\omega) \tag{6-2}$$

式中，$G(j\omega)$ 是在系统传递函数 $G(s)$ 中令 $s = j\omega$ 得来的，称为系统的频率特性；$|G(j\omega)|$ 表示频率特性的幅值；$\angle G(j\omega)$ 表示频率特性的相位角。

当 ω 从 0 变化到 ∞ 时，$|G(j\omega)|$ 和 $\angle G(j\omega)$ 的变化情况，分别称为系统的幅频特性和相频特性，总称为系统的频率特性。

6.1.3 频率特性与传递函数

根据频率特性的基本概念可知，系统的频率响应的定义是在正弦函数作用下系统稳态响应的振幅和相位与所加正弦输入函数之间的依赖关系。具体函数关系式推导如下。

通常线性定常系统的传递函数可表示为

$$G(s) = \frac{X_o(s)}{X_i(s)} = \frac{b_m s^m + \cdots + b_1 s + b_0}{a_n s^n + a_{n-1}s^{n-1} + \cdots + a_1 s + a_0} \tag{6-3}$$

假设系统的闭环极点为 $-p_1$，$-p_2$，$\cdots$，$-p_n$，无重极点，则式（6-3）可以表示为

$$G(s) = \frac{N(s)}{\prod_{i=1}^{n}(s + p_i)} \tag{6-4}$$

设系统的输入为 $x_i(t) = X_i \sin\omega t$，则拉普拉斯变换为

$$X_i(s) = \frac{X_i \omega}{s^2 + \omega^2} = \frac{X_i \omega}{(s + j\omega)(s - j\omega)} \tag{6-5}$$

于是，系统输出为

$$X_o(s) = G(s)X_i(s) = \frac{N(s)}{\prod_{i=1}^{n}(s + p_i)} \frac{X\omega}{(s + j\omega)(s - j\omega)}$$

$$= \sum_{i=1}^{n}\frac{k_i}{s + p_i} + \frac{k_c}{s + j\omega} + \frac{k_{-c}}{s - j\omega} \tag{6-6}$$

式中，$k_i(i = 1, 2, \cdots, n)$、k_c 和 k_{-c} 为 $X_o(s)$ 在其极点处的系数。

对式（6-6）求拉普拉斯反变换可得输出的时域表达式，即

$$x_o(t) = \sum_{i=1}^{n} k_i e^{-p_i t} + k_c e^{-j\omega t} + k_{-c} e^{j\omega t} \tag{6-7}$$

假设系统是稳定的，则传递函数 $G(s)$ 的极点都具有非零的负实部。当 $t \to \infty$ 时，式（6-7）除了最后两项外，其余各项都将衰减至零。所以 $x_o(t)$ 的稳态分量 $x_{os}(t)$ 为

$$x_{os}(t) = \lim_{t \to \infty} x_o(t) = k_c e^{-j\omega t} + k_{-c} e^{j\omega t} \tag{6-8}$$

式中待定系数 k_c 和 k_{-c} 可由下式确定

$$k_c = G(s)\frac{X_i \omega}{(s + j\omega)(s - j\omega)}(s + j\omega)\Big|_{s = -j\omega} = -\frac{G(-j\omega)X_i}{2j} \tag{6-9}$$

$$k_{-c} = G(s) \frac{X_i \omega}{(s+j\omega)(s-j\omega)} (s-j\omega) \Big|_{s=j\omega} = \frac{G(j\omega)X_i}{2j} \tag{6-10}$$

其中 $G(j\omega) = G(s)|_{s=j\omega}$ 是一个复数。于是，可用其模 $A(\omega) = |G(j\omega)|$ 与相角 $\varphi(\omega) = \angle G(j\omega)$ 来表示，即

$$G(j\omega) = |G(j\omega)| e^{j\angle G(j\omega)} = A(\omega) e^{j\varphi(\omega)} \tag{6-11}$$

其中

$$\varphi(\omega) = \angle G(j\omega) = \arctan \frac{\mathrm{Im}[G(j\omega)]}{\mathrm{Re}[G(j\omega)]} \tag{6-12}$$

由于 $G(j\omega)$ 和 $G(-j\omega)$ 是互为共轭的，因此 $G(-j\omega)$ 可表示为

$$G(-j\omega) = |G(-j\omega)| e^{-j\varphi(\omega)} = |G(j\omega)| e^{-j\varphi(\omega)} = A(\omega) e^{-j\varphi(\omega)} \tag{6-13}$$

将 $G(j\omega)$ 和 $G(-j\omega)$ 分别代入式（6-9）和式（6-10），有

$$k_c = -\frac{X_i}{2j} A(\omega) e^{-j\varphi(\omega)} \tag{6-14}$$

$$k_{-c} = \frac{X_i}{2j} A(\omega) e^{j\varphi(\omega)} \tag{6-15}$$

将上面求出的待定系数 k_c 和 k_{-c} 代入式（6-8）后，可得到系统在正弦输入时，输出的稳态分量为

$$\begin{aligned}
x_o(t) &= A(\omega)X_i \frac{e^{j[\omega t+\varphi(\omega)]} - e^{-j[\omega t+\varphi(\omega)]}}{2j} \\
&= A(\omega)X_i \sin[\omega t+\varphi(\omega)] \\
&= Y\sin[\omega t+\varphi(\omega)]
\end{aligned} \tag{6-16}$$

其中，$Y = A(\omega)X_i$ 为稳态响应的幅值。

上述分析表明，对于稳态的线性定常系统加入正弦函数，它的输出稳态分量也是一个与输入同频率的正弦函数，只是其幅值放大了 $A(\omega) = |G(j\omega)|$ 倍，相位移动了 $\varphi(\omega) = \angle G(j\omega)$，并且 $A(\omega)$ 和 $\varphi(\omega)$ 都是频率 ω 的函数。于是可定义系统稳态响应的幅值与正弦输入信号的幅值之比 $\frac{X_o}{X_i} = A(\omega) = |G(j\omega)|$ 为系统的幅频特性；稳态响应与正弦输入信号的相位差 $\varphi(\omega) = \angle G(j\omega)$ 为系统的相频特性；将两者结合在一起的向量 $G(j\omega) = A(\omega)e^{j\varphi(\omega)}$ 为系统的频率特性。

频率特性 $G(j\omega)$ 还可以表示为如下复数形式，即

$$G(j\omega) = P(\omega) + jQ(\omega) \tag{6-17}$$

其中，$P(\omega) = \mathrm{Re}[G(j\omega)]$ 和 $Q(\omega) = \mathrm{Im}[G(j\omega)]$ 分别称为系统的实频特性和虚频特性。幅频特性、相频特性与实频特性、虚频特性之间具有下列关系，即

$$P(\omega) = A(\omega)\cos\varphi(\omega) \tag{6-18}$$

$$Q(\omega) = A(\omega)\sin\varphi(\omega) \tag{6-19}$$

$$A(\omega) = \sqrt{P^2(\omega) + Q^2(\omega)} \tag{6-20}$$

$$\varphi(\omega) = \arctan \frac{Q(\omega)}{P(\omega)} \tag{6-21}$$

值得注意的是，频率特性的推导是在线性定常系统稳定的假设条件下得出的。如果系统不稳定，则瞬态过程 $x_o(t)$ 最终不可能趋于稳态响应 $x_{os}(t)$，当然也就无法由实际系统直接观察到这种稳态响应。但从理论上瞬态过程的稳态分量总是可以分离出来的，而且其规律性并不依赖于系统的稳定性。因此可以扩展频率特性的概念，将频率特性定义为：线性定常系统对正弦输入信号的输出的稳态分量与输入正弦信号的复数比。因此对于不稳定的系统，尽管无法用实验方法测量其频率特性，但根据式（6-22）由传递函数还是可以得到其频率特性。

$$G(\mathrm{j}\omega) = G(s)\big|_{s=\mathrm{j}\omega} \tag{6-22}$$

6.1.4　频率特性的求法

通常频率特性的求法分为以下三种：

1）根据已知系统的微分方程，把正弦输入信号代入微分方程，求解微分方程，便可求出系统的稳态解与正弦输入的幅值之比和相位之差，即系统的频率特性。例如：由例 6-1 中系统输出的频率响应，可得到其频率特性为

$$A(\omega) = \frac{X_o(\omega)}{X_i} = \frac{1}{\sqrt{1+T^2\omega^2}}$$

$$\varphi(\omega) = -\arctan T\omega$$

或表示为 $\dfrac{1}{\sqrt{1+T^2\omega^2}}\mathrm{e}^{-\arctan T\omega \mathrm{j}}$。

2）根据传递函数求取，将传递函数 $G(s)$ 中的 s 用 $\mathrm{j}\omega$ 代替，就可得到系统的频率特性 $G(\mathrm{j}\omega)$。

例 6-2　求例 6-1 所述系统的频率特性和频率响应。

解　由上述可知，系统的频率特性为

$$G(\mathrm{j}\omega) = G(s)_{s=\mathrm{j}\omega} = \frac{1}{1+\mathrm{j}T\omega} = \frac{1}{\sqrt{1+T^2\omega^2}}\mathrm{e}^{-\arctan T\omega \mathrm{j}}$$

因此

$$A(\omega) = |G(\mathrm{j}\omega)| = \frac{1}{\sqrt{1+T^2\omega^2}}$$

$$\varphi(\omega) = \angle G(\mathrm{j}\omega) = -\arctan T\omega$$

系统的频率响应为

$$x_o(t) = X_i|G(\mathrm{j}\omega)|\sin[\omega t + \angle G(\mathrm{j}\omega)]$$

$$= \frac{X_i}{\sqrt{1+T^2\omega^2}}\sin(\omega t - \arctan T\omega)$$

此结果与例 6-1 的结果相一致。

3）根据实验测得。前面两种方法是建立在已知系统的传递函数或微分方程等数学模型的基础上的。当实际系统无法求解数学模型时，可以通过实验求得频率特性后求出传递函

数。这对于那些内部结构未知以及难以用分析的方法列写动态方程的系统尤为重要。事实上，当传递函数难以用分析的方法得到时，常用的方法是利用对该系统频率特性测试曲线进行拟合来得出传递函数模型。此外，在验证推导出的传递函数的正确性时，也往往用它所对应的频率特性同测试结果相比较来判断。

例 6-3 如图 6-2 所示，已知单位反馈系统的开环传递函数 $G_K(s) = \dfrac{1}{s+1}$，$x_i(t) = \sin(t+30°) - \cos(2t-45°)$，求系统的稳态误差。

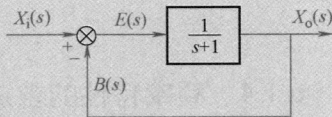

图 6-2 例 6-3 的系统框图

解 方法一：利用频率特性求稳态输出 $x_o(t)$，再求稳态误差 $e_{ss} = x_i(t) - x_o(t)$。

系统的闭环传递函数为

$$G_B(s) = \frac{G_K(s)}{1+G_K(s)} = \frac{\dfrac{1}{s+1}}{1+\dfrac{1}{s+1}} = \frac{1}{s+2}$$

其频率特性为

$$G_B(j\omega) = \frac{1}{j\omega+2}$$

幅频特性

$$|G_B(j\omega)| = \frac{1}{\sqrt{\omega^2+4}}$$

相频特性

$$\angle G_B(j\omega) = -\arctan\frac{\omega}{2}$$

当 $\omega = 1$ 时，$|G_B(j\omega)| = \dfrac{1}{\sqrt{5}} = 0.45$，$\angle G_B(j\omega) = -\arctan\dfrac{1}{2} = -26.56°$。

当 $\omega = 2$ 时，$|G_B(j\omega)| = \dfrac{1}{\sqrt{8}} = 0.35$，$\angle G_B(j\omega) = -\arctan 1 = -45°$。

输出

$$x_o(t) = \sin(t+30°-26.56°) - 0.35\cos(2t-45°)$$

稳态误差

$$e_{ss}(t) = x_i(t) - x_o(t) = \sin(t+30°) - \cos(2t-45°) - 0.45\sin(t+3.44°) + 0.35\cos(2t-90°)$$
$$= 0.419\sin t + 0.477\cos t + 0.357\cos 2t - 0.707\sin 2t$$

方法二：求偏差传递函数 $E(s)/X_i(s)$，再利用频率特性求稳态误差。

偏差传递函数

$$G_e(s) = \frac{E(s)}{X_i(s)} = \frac{1}{1+G_K(s)} = \frac{1}{1+\dfrac{1}{s+1}} = \frac{s+1}{s+2}$$

其频率特性为

$$G_e(j\omega) = \frac{j\omega+1}{j\omega+2}$$

幅频特性

$$|G_e(j\omega)| = \sqrt{\frac{\omega^2+1}{\omega^2+4}}$$

相频特性

$$\angle G_e(j\omega) = \arctan\omega - \arctan\frac{\omega}{2}$$

当 $\omega=1$ 时，$|G_e(j\omega)| = \sqrt{\frac{2}{5}} = 0.632$，$\angle G_e(j\omega) = 45° - \arctan\frac{1}{2} = 18.44°$，$e_{ss1}(t) = 0.632\sin(t+30°+18.44°) = 0.632\sin(t+48.44°)$。

当 $\omega=2$ 时，$|G_e(j\omega)| = \sqrt{\frac{5}{8}} = 0.791$，$\angle G_e(j\omega) = \arctan2 - \arctan\frac{2}{2} = 18.43°$，$e_{ss2}(t) = 0.791\cos(2t-45°+18.43°) = 0.791\cos(2t-26.57°)$。

稳态误差

$$e_{ss}(t) = e_{ss1}(t) + e_{ss2}(t) = 0.632\sin(t+48.44°) - 0.791\cos(2t-26.57°)$$

化简得

$$e_{ss}(t) = e_{ss1}(t) + e_{ss2}(t) = 0.419\sin t + 0.477\cos t + 0.367\cos2t - 0.707\sin2t$$

可见两种方法得到的结果是一致的。

注意：此题目不能用终值定理求解，因为不符合终值定理的使用条件，必须使用稳态偏差的定义来求解。

6.1.5 频率特性的特点和作用

频率特性分析方法始于 20 世纪 40 年代，目前已广泛应用于机械、电气、流体等领域，成为分析线性定常系统的基本方法之一，是经典控制理论的重要组成部分。系统的频率特性有如下特点：

1）系统传递函数 $G(s)$ 的拉普拉斯反变换是系统的单位脉冲响应，而系统的频率特性 $G(j\omega)$ 的求法是将传递函数 $G(s)$ 中的 s 用 $j\omega$ 替代，因此，系统的频率特性就是单位脉冲响应函数 $w(t)$ 的傅里叶变换，即 $w(t)$ 的频谱。所以，对频率特性的分析就是对单位脉冲响应函数的频谱分析。

2）时间响应分析主要用于分析线性系统过渡过程，以获得系统的动态特性；而频率特性分析则通过分析不同的正弦输入时系统的稳态响应，以获得系统的动态特性。

3）在分析系统的结构及参数的变化对系统性能的影响时，通常情况下（如对于单输入、单输出系统），采用频域分析法比采用时域分析法更加容易实现。

4）若系统在输入信号的同时，在某些频带中有严重的噪声干扰，则对系统采用频率特性分析法可设计出合适的通频带，以抑制噪声的影响。

105

6.2 频率特性的极坐标图

频率特性可在极坐标和对数坐标中表示。具体的表示方法如下：

1）极坐标图，也称奈奎斯特（Nyquist）图。它是以频率特性的实部 $\text{Re}[G(j\omega)]$ 为直角坐标系的横坐标，以其虚部 $\text{Im}[G(j\omega)]$ 为纵坐标，以 ω 为参变量的幅值与相位的图解表示法。

2）对数坐标图，也称伯德（Bode）图。它由对数幅频特性和对数相频特性两张图组成。对数幅频特性和对数相频特性都以 $\lg\omega$ 为横坐标，对数幅频特性以 $20\lg A(\omega)$ 为纵坐标，而对数相频特性以 $\varphi(\omega)$ 为纵坐标。

6.2.1 极坐标图的概念

一个复数可以用复平面上的一个点或一条矢量表示。在直角坐标或极坐标平面上，以 ω 为参变量，当 ω 由 $0 \to \infty$ 时，画出频率特性 $G(j\omega)$ 的点的轨迹，这个图形就称为频率特性的极坐标图，或称为幅相特性图，或称为奈奎斯特图，这个平面称为 $G(s)$ 的复平面。

绘制极坐标图的根据是式（6-16），大部分情况下不必逐点准确绘图，只要画出简图，找出 $\omega=0$ 及 $\omega \to \infty$ 时 $G(j\omega)$ 的位置，以及另外的一两个点或关键点，再把它们连接起来并标上变化情况，就成为极坐标简图。绘制极坐标简图的主要依据是相频特性 $\varphi(\omega)=\angle G(j\omega)$，同时参考幅频特性 $|G(j\omega)|$，有时也要利用实频特性和虚频特性。

极坐标图的优点是在一张图上就可以较容易地得到全部频率范围内的频率特性，利用图形可以较容易地对系统进行定性分析；缺点是不能明显地表示出各个环节对系统的影响和作用。

6.2.2 典型环节的极坐标图

一般系统都是由典型环节组成的，所以系统的频率特性也都是由典型环节的频率特性组成的。熟悉典型环节的频率特性是分析系统频率特性的基础。

1. 比例环节

比例环节的频率特性为

$$G(j\omega) = K \tag{6-23}$$

实频特性和虚频特性分别为：$P(\omega)=K, Q(\omega)=0$；幅频特性和相频特性分别为：$A(\omega)=K$，$\varphi(\omega)=0$。极坐标图如图6-3所示。由图可知，比例环节的极坐标图为实轴上的 K 点。

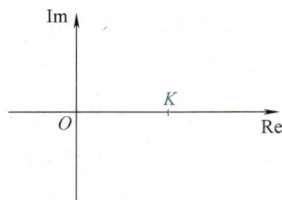

图6-3 比例环节的极坐标图

2. 微分环节

微分环节的频率特性为

$$G(j\omega) = j\omega \tag{6-24}$$

实频特性和虚频特性分别为：$P(\omega)=0$，$Q(\omega)=\omega$；幅频特性和相频特性分别为：$A(\omega)=\omega$，$\varphi(\omega)=90°$。极坐标图如图6-4所示。由图可知，微分环节当频率 ω 从 $0 \to \infty$ 变化时，特性曲线由原点趋向正虚轴的无穷远处，与虚轴重合。

3. 积分环节

积分环节的频率特性为

$$G(j\omega) = \frac{1}{j\omega} = -j\frac{1}{\omega} \tag{6-25}$$

幅频、相频、实频和虚频特性分别为：$A(\omega) = \frac{1}{\omega}$，$\varphi(\omega) = -90°$，$P(\omega) = 0$，$Q(\omega) = -\frac{1}{\omega}$。极坐标图如图 6-5 所示。

由图可知，当频率 ω 从 $0 \rightarrow +\infty$ 变化时，特性曲线由虚轴的 $-\infty$ 趋向原点，即与负虚轴重合。

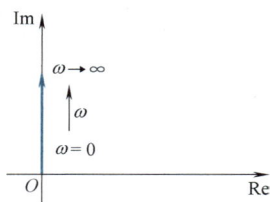

图 6-4 微分环节的极坐标图

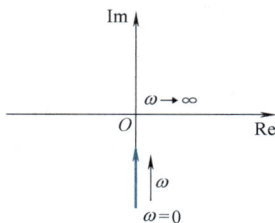

图 6-5 积分环节的极坐标图

4. 一阶微分环节

一阶微分环节的频率特性为

$$G(j\omega) = 1 + jT\omega \tag{6-26}$$

幅频、相频、实频和虚频特性分别为：$A(\omega) = \sqrt{1 + T^2\omega^2}$，$\varphi(\omega) = \arctan T\omega$，$P(\omega) = 1$，$Q(\omega) = T\omega$。极坐标图如图 6-6 所示。

由图可知，一阶微分环节当频率 ω 从 $0 \rightarrow \infty$ 变化时，特性曲线相当于微分环节的特性曲线向右平移一个单位，即为过点（1，j0）平行于虚轴上半轴的射线。

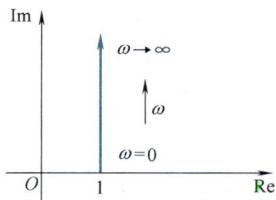

图 6-6 一阶微分环节的极坐标图

5. 一阶惯性环节

一阶惯性环节的频率特性为

$$G(j\omega) = \frac{1}{jT\omega + 1} \tag{6-27}$$

幅频、相频、实频和虚频特性分别为：$A(\omega) = \frac{1}{\sqrt{T^2\omega^2 + 1}}$，$\varphi(\omega) = -\arctan T\omega$，$P(\omega) = \frac{1}{T^2\omega^2 + 1}$，$Q(\omega) = \frac{-T\omega}{T^2\omega^2 + 1}$，从而可得到表 6-1。

表 6-1 一阶惯性环节关键点的值

ω	$\varphi(\omega)$	$A(\omega)$	$P(\omega)$	$Q(\omega)$
0	0°	1	1	0
$1/T$	-45°	$1/\sqrt{2}$	1/2	-1/2
∞	-90°	0	0	0

由表 6-1 可绘制惯性环节的极坐标图，如图 6-7 所示。由图可知，当 ω 从 $0^+ \rightarrow +\infty$ 变化

时，惯性环节的极坐标图是在第四象限中的半个圆。

6. 二阶微分环节

二阶微分环节频率特性分别为

$$G(j\omega) = 1 - T^2\omega^2 + j2\xi T\omega \tag{6-28}$$

幅频、相频、实频和虚频特性分别为：$A(\omega) = \sqrt{(1-T^2\omega^2)^2 + (2\xi T\omega)^2}$，$\varphi(\omega) = \arctan \dfrac{2\xi T\omega}{1-T^2\omega^2}$，$P(\omega) = 1 - T^2\omega^2$，$Q(\omega) = 2\xi T\omega$。极坐标图如图 6-8 所示。

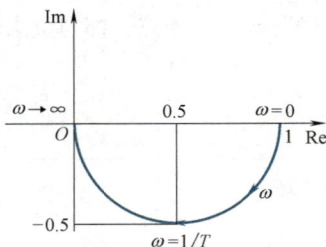

图 6-7　一阶惯性环节的极坐标图

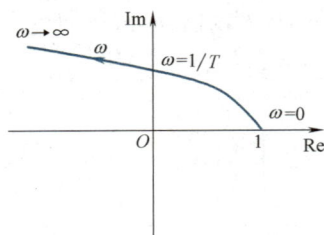

图 6-8　二阶微分环节的极坐标图

7. 二阶振荡环节

振荡环节的频率特性为

$$G(j\omega) = \frac{1}{(1-T^2\omega^2) + j2\xi T\omega} \quad (0 < \xi < 1) \tag{6-29}$$

式中，$T > 0$，为振荡环节的时间常数。此时，振荡环节的幅频、相频、实频和虚频特性分别为

$$A(\omega) = \frac{1}{\sqrt{(1-T^2\omega^2)^2 + (2\xi T\omega)^2}}, \quad \varphi(\omega) = -\arctan \frac{2\xi T\omega}{1-T^2\omega^2},$$

$$P(\omega) = \frac{1-T^2\omega^2}{(1-T^2\omega^2)^2 + (2\xi T\omega)^2}, \quad Q(\omega) = \frac{-2\xi T\omega}{(1-T^2\omega^2)^2 + (2\xi T\omega)^2}$$

从而可得到表 6-2。

表 6-2　振荡环节关键点的值

ω	$\varphi(\omega)$	$A(\omega)$	$P(\omega)$	$Q(\omega)$
0	0°	1	1	0
ω_n	−90°	$1/2\xi$	0	$-1/2\xi$
∞	−180°	0	0	0

由表 6-2 可绘出振荡环节频率特性的极坐标图，如图 6-9 所示。可见，频率特性曲线开始于正实轴的（1，j0）点，顺时针方向经第四象限后交负虚轴于 $\left(0, -j\dfrac{1}{2\xi}\right)$，然后图形进入第三象限，在原点与负实轴相切并终止于坐标原点。

从上述特征可知，振荡环节的极坐标图除了 $\omega = 0$ 和 ∞ 之外，其余各点都与阻尼系数 ξ 有关。对应不同的 ξ 值，振荡环节的极坐标图如图 6-10 所示。值得注意的是无论对欠阻尼

（$0<\xi<1$）还是过阻尼（$\xi>1$）的系统，其图形的一般形状都是相同的。针对 ξ 的不同取值，振荡环节的幅频特性在 ω 取值为 ω_r 处出现峰值，此峰值称为谐振峰值 M_r，频率 ω_r 称为谐振频率。ω_r 可按如下方法求出。

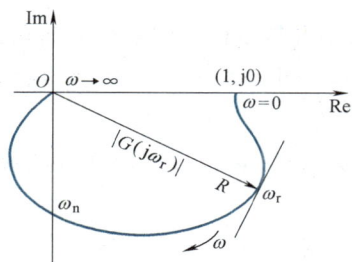

图 6-9　振荡环节的极坐标图

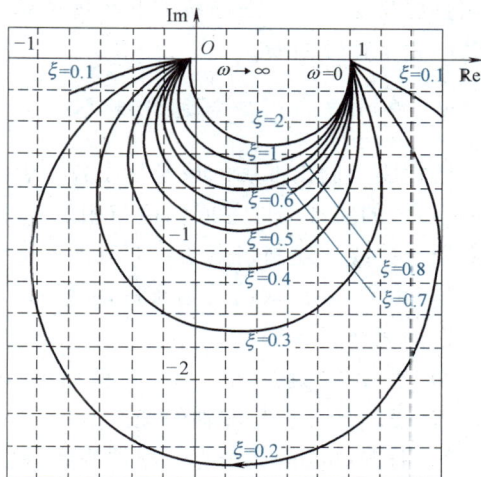

图 6-10　不同 ξ 值时振荡环节的极坐标图

由 $\left.\dfrac{\partial \mid G(j\omega)\mid}{\partial \omega}\right|_{\omega=\omega_r}=0$ 可求出谐振频率 $\omega_r=\omega_n\sqrt{1-2\xi^2}$、谐振峰值 $M_r=\dfrac{1}{2\xi\sqrt{1-\xi^2}}$ 和频率 ω_r

时的相角 $\varphi(\omega)=-\arctan\dfrac{\sqrt{1-2\xi^2}}{\xi}$。并且可进一步求得，当 $0<\xi<\dfrac{1}{\sqrt{2}}$ 时振荡环节将出现谐振现象，而当 $\xi\geqslant\dfrac{1}{\sqrt{2}}$ 时，ω_r 为虚数或零，这表明振荡环节此时不会出现振荡现象，$\mid G(j\omega)\mid$ 最大值位于 $\omega=\omega_r$ 处，幅频特性曲线是单调衰减的，但是只要 $\xi<1$，振荡环节的阶跃响应仍会出现超调和振荡现象。

8. 延迟环节

延迟环节的频率特性为

$$G(j\omega)=\mathrm{e}^{-j\tau\omega}=\cos\tau\omega-j\sin\tau\omega \tag{6-30}$$

可得出，延迟环节的幅频、相频、实频和虚频特性分别为：$A(\omega)=1$，$\varphi(\omega)=-\tau\omega$，$P(\omega)=\cos\tau\omega$，$Q(\omega)=-\sin\tau\omega$。极坐标图如图 6-11 所示。

由此可知，对于延迟环节来说，输出函数的幅值等于输入函数的幅值，只是相位发生了变化。输出函数的相位滞后于输入函数的相位，并正比于 ω。延迟环节的极坐标图是一个单位圆，其幅值恒为 1，而相位 $\varphi(\omega)$ 则随着 ω 顺时针方向成正比例变化，即端点在单位圆上无限循环。

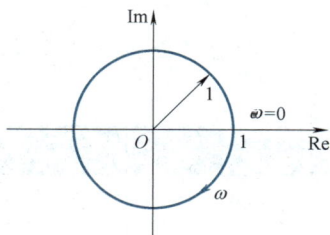

图 6-11　延迟环节的极坐标图

以上介绍了几种典型环节的频率特性及其极坐标图的绘制，在实际工程中，系统往往表现出复杂的传递特性，单纯的典型环节无法完全对系统进行表征，在这样的情况下，可以将系统的传递特性看作由几个典型环节串联组成，从而在绘制系统极坐标图时，将这些环节的频率特性中对应的矢量模相乘、幅角相加来逐步作图。下面举例说明如何绘制频率特性的极坐标图。例子中的传递函数都是基本环节相乘除的形式，这种形式的传递函数的频率特性曲线比较容易绘制。一般系统的开环传递函数都具有这样的形式，因此往往都是绘制开环传递函数的频率特性曲线。

6.2.3 绘制极坐标图的步骤

通常要绘制出准确的极坐标图并不容易，一般可以借助计算机以一定的频率间隔逐点计算 $G(j\omega)$ 的实部与虚部或幅值与相位。一般情况下，可找出几个关键点，然后绘制概略的奈奎斯特曲线。绘制奈奎斯特曲线的一般步骤如下：

1）由 $G(j\omega)$ 求出其幅频特性 $A(\omega)$、相频特性 $\varphi(\omega)$、实频特性 $P(\omega)$ 和虚频特性 $Q(\omega)$ 的表达式。

2）求出关键特征点，如起始点（$\omega = 0$）、终止点（$\omega = \infty$）、与实轴的交点 $\{Im[G(j\omega)] = 0\}$、与虚轴的交点 $\{Re[G(j\omega)] = 0\}$ 等，并标注在极坐标图上。

3）补充必要的几个点，根据幅频特性 $A(\omega)$、相频特性 $\varphi(\omega)$、实频特性 $P(\omega)$ 和虚频特性 $Q(\omega)$ 的变化趋势以及 $G(j\omega)$ 所处的象限，作出奈奎斯特曲线的大致图形。

例 6-4 开环传递函数为 $G(s) = \dfrac{K}{s(Ts+1)}$，绘制开环频率特性的极坐标图。

解 由 $G(s)$ 表达式可知频率特性为

$$G(j\omega) = \frac{K}{j\omega(jT\omega+1)} = K\frac{1}{j\omega}\frac{1}{1+jT\omega}$$

由上式可知，系统是由比例环节、积分环节和惯性环节串联组成的，该式进一步整理可得

$$G(j\omega) = \frac{-KT}{T^2\omega^2+1} - j\frac{K}{\omega(T^2\omega^2+1)}$$

因此，幅频特性和相频特性分别为

$$A(\omega) = \frac{K}{\omega\sqrt{T^2\omega^2+1}}, \varphi(\omega) = -90° - \arctan T\omega$$

于是，经过计算可得到表 6-3。

表 6-3 关键点的值（一）

ω	$\varphi(\omega)$	$A(\omega)$	$P(\omega)$	$Q(\omega)$
0	$-90°$	∞	$-KT$	$-\infty$
∞	$-180°$	0	0	0

由表 6-3 中幅频特性和相频特性随 ω 变化的情况，可绘制出频率特性极坐标图，如图 6-12 所示。在低频段沿着一条渐近线趋于无穷远点，这条渐近线过点（$-KT$，$j0$），并且平行于虚轴直线。

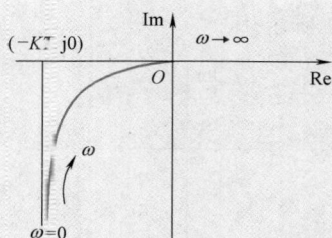

图 6-12 例 6-4 的极坐标图

例 6-5 传递函数为 $G(s) = \dfrac{1}{(T_1 s+1)(T_2 s+1)(T_3 s+1)}$，绘制开环频率特性的极坐标简图。

解 $\varphi(\omega) = -\arctan T_1\omega - \arctan T_2\omega - \arctan T_3\omega$

关键点的值见表 6-4。

表 6-4 关键点的值（二）

ω	$\varphi(\omega)$	$A(\omega)$
0	0	1
∞	$-270°$	0

频率特性极坐标图如图 6-13 所示。

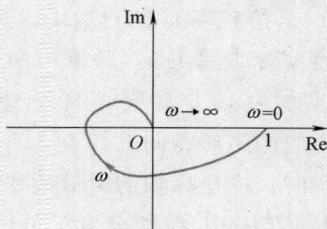

图 6-13 例 6-5 的极坐标图

例 6-6 传递函数为 $G(s) = \dfrac{\omega_n^2}{s(s^2+2\xi\omega_n s+\omega_n^2)}$，绘制频率特性的极坐标简图。

解 令 $G_1(s) = \dfrac{1}{s}$，$G_2(s) = \dfrac{\omega_n^2}{(s^2+2\xi\omega_n s+\omega_n^2)}$，则 $G(s) = G_1(s)G_2(s)$。关键点的值见表 6-5。

表 6-5 关键点的值（三）

ω	$\varphi_1(\omega)$	$\varphi_2(\omega)$	$\varphi(\omega)$	$A(\omega)$
0	$-90°$	$0°$	$-90°$	∞
∞	$-90°$	$-180°$	$-270°$	0

频率特性极坐标图如图 6-14 所示。

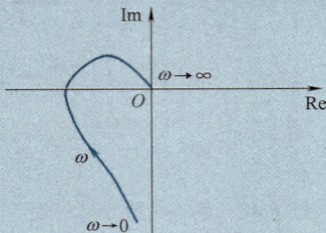

图 6-14 例 6-6 的极坐标图

6.3 频率特性的对数坐标图

6.3.1 对数坐标图的概念

频率特性的对数坐标图又称为伯德（Bode）图或对数频率特性图。从伯德图中容易看出某参数变化和某些环节对系统性能的影响，因此它在频率特性法中成为应用得最广的图示法。对数坐标图由对数幅频特性图和对数相频特性图组成，分别表示频率特性的幅值和相位与角频率之间的关系，两种图的自变量都是角频率 $\omega(\text{rad/s})$。对数坐标图的横坐标（频率坐标）是按频率 ω 的对数 $\lg\omega$ 进行线性分度的，即横坐标上表示的是角频率 ω，但它的单位长度实际上是 $\lg\omega$。频率由 ω 变到 2ω 的频带宽度称为 2 倍频程。频率由 ω 变到 10ω 的频带宽度称为 10 倍频程或 10 倍频，记为 dec。频率轴采用对数分度，频率比相同的各点间的横轴方向的距离相同，如 ω 为 0.1、1、10、100、1000 的各点间的横轴方向的间距相等。具体作图时，横坐标轴的最低频率要根据所研究的频率范围选定。

对数幅频特性的纵坐标按 $20\lg|G(j\omega)|$ 线性分度，单位是分贝（dB），并用符号 $L(\omega)$ 表示，即 $L(\omega)=20\lg|G(j\omega)|$。对数相频特性的纵坐标为 $\varphi(\omega)=\angle G(j\omega)$，按度（°）或弧度（rad）线性分度。由于纵坐标是线性分度，横坐标是对数分度，所以伯德图是绘制在单（半）对数坐标图上的。两图按频率上下对齐，容易看出同一频率时的幅值和相位。

对数频率特性图采用对数坐标有如下优点：

（1）拓宽频率表示范围 频率采用对数分度后，可以使高频部分横坐标相对压缩，而低频部分相对展开，从而可以在图上画出较大的频率范围。例如：即使频率变化 10000 倍，横坐标也只变化四个单位长度。因此可在同一幅图上，把低频部分与中高频部分的频率特性同时表示清楚。但应注意，由于 $\lg0=-\infty$，所以无法在对数坐标轴上标出 $\omega=0$ 的点。

（2）简化运算 通常传递函数可表示为一些典型环节的乘积。采用对数坐标后，可将串联环节幅值的乘除运算化为加减运算，这将使运算得到简化。另一方面，传递函数中典型环节的乘积关系变为对数坐标图上的加减运算后，能够明显地反映出各典型环节对总的对数坐标图的影响，因而给分析工作带来了极大的方便。

（3）方便绘图 在对数坐标图上，对数幅频特性可用分段直线近似表示，易于绘制且具有一定的精度。通常可用这种近似的对数坐标图对系统进行分析和设计。如果需要精确的对数坐标图，只要将与这种折线近似的对数坐标图进行适当的修正即可。

6.3.2 典型环节的对数坐标图

1. 比例（放大）环节

比例环节的频率特性为 $G(j\omega) = K$，对数频率特性为

$$L(\omega) = 20\lg K \tag{6-31}$$

$$\varphi(\omega) = 0° \tag{6-32}$$

可见，幅频特性与相频特性均为常数，其值与 ω 无关。对数频率特性曲线如图 6-15 所示。由图可知，对数幅频特性曲线是一条水平线，分贝数为 $20\lg K$，当 K 值改变时，仅对数幅频特性上、下移动，而对数相频特性不变。

2. 微分环节

微分环节的频率特性为 $G(j\omega) = j\omega$，对数频率特性为

$$L(\omega) = 20\lg\omega \tag{6-33}$$

$$\varphi(\omega) = 90° \tag{6-34}$$

由式（6-33）可知该曲线是一条直线，经过点（1，0），斜率为 20dB/dec，如图 6-16a 所示。而对数相频特性是一条过点（0，90°）且平行于横轴的直线，如图 6-16b 所示。

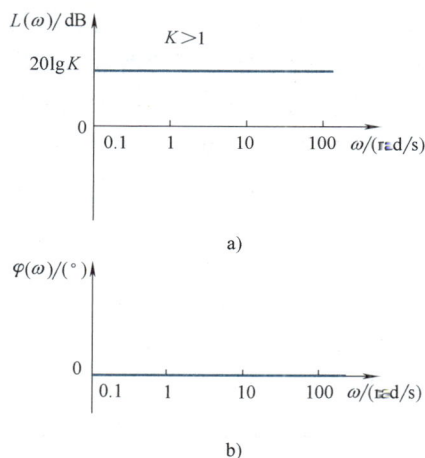

图 6-15 比例环节的对数频率特性曲线

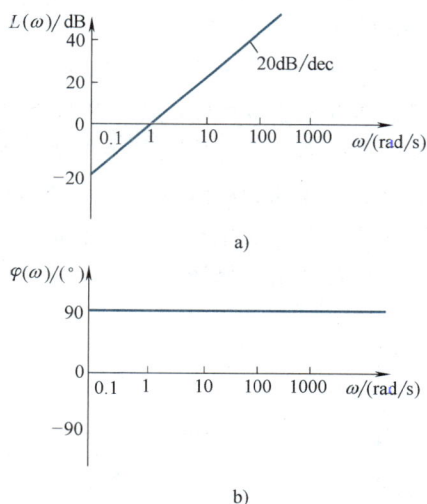

图 6-16 微分环节的对数频率特性曲线

3. 积分环节

积分环节的频率特性为 $G(j\omega) = \dfrac{1}{j\omega}$，对数频率特性为

$$L(\omega) = 20\lg\left|\frac{1}{j\omega}\right| = -20\lg\omega \tag{6-35}$$

$$\varphi(\omega) = \angle\left(\frac{1}{j\omega}\right) = -90° \tag{6-36}$$

由于横坐标实际上是 $\lg\omega$，把 $\lg\omega$ 看成横轴的自变量，而纵轴是函数 $20\lg|G(j\omega)|$，可知式（6-35）是一条直线。当 $\omega = 1$ 时，$20\lg|G(j\omega)| = 0$，该直线在 $\omega = 1$ 处穿越横轴

（或称 0dB 线），当 $\omega=10$ 时，$20\lg|G(j\omega)|=-20dB$，故积分环节的对数幅频特性曲线过点（1，0），斜率为 $-20dB/dec$，如图 6-17a 所示。而积分环节的对数相频特性与 ω 无关，是一条过点（0，$-90°$）且平行于横轴的直线，如图 6-17b 所示。

如果系统是由 n 个积分环节串联而成的，则传递函数为 $G(s)=\dfrac{1}{s^n}$，其对数幅频特性为

$$L(\omega)=20\lg\frac{1}{\omega^n}=-20n\lg\omega \qquad (6-37)$$

它是一条斜率为 $-20ndB/dec$ 的直线，并在 $\omega=1$ 处穿越 0dB 线。由于

$$\varphi(\omega)=-n\times90° \qquad (6-38)$$

所以，它的相频特性是通过纵轴上 $-n\times90°$ 点且平行于横轴的直线。

4. 一阶微分环节

一阶微分环节的频率特性为 $G(j\omega)=1+jT\omega$，对数频率特性为

$$L(\omega)=20\lg A(\omega)=20\lg|1+jT\omega|=20\lg\sqrt{1+T^2\omega^2} \qquad (6-39)$$

$$\varphi(\omega)=\arctan T\omega \qquad (6-40)$$

式（6-39）表示一条曲线，通常用如下所述的直线渐近线代替它。当 $\omega\ll1/T$ 时略去 $T\omega$，得 $L(\omega)=0dB$，当 $\omega\gg1/T$ 时略去 1，得 $L(\omega)=20\lg T\omega=20\lg T+20\lg\omega$，两种情况下分别表示 0dB 线和一条斜率为 $20dB/dec$ 的直线，该直线通过 0dB 线上 $\omega=1/T$ 点。这两条直线相交于 0dB 线上 $\omega=1/T$ 点。这两条直线形成的折线称为一阶微分环节的渐近线或渐近幅频特性，它们的交点对应的频率 $1/T$ 称为转折频率或交接频率或转角频率。一阶微分环节的精确幅频特性曲线和渐近线如图 6-18 所示，它们之间的误差可由式（6-39）和两条 $L(\omega)$ 直线计算。最大误差发生在转折频率 $\omega=1/T$ 处，数值为 3dB。通常以渐近线作为对数幅频特性曲线，必要时给以修正。

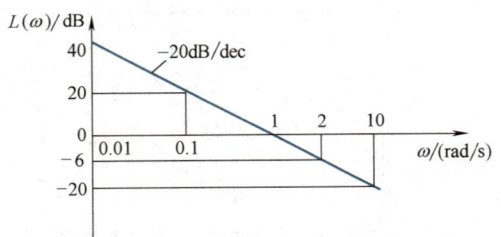

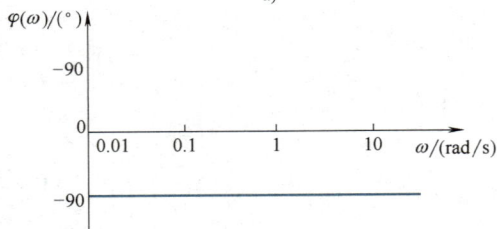

b)

图 6-17　积分环节的对数频率特性曲线

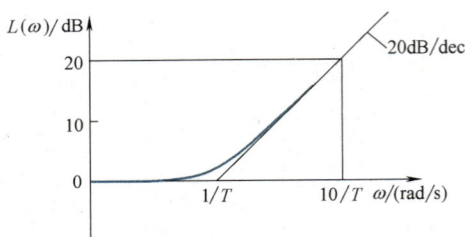

a)

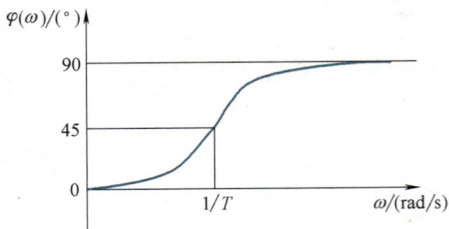

图 6-18　一阶微分环节的对数频率特性曲线

根据式（6-40）可绘出相频特性曲线，其中三个关键点位置分别是：$\omega=1/T$ 时，

$\varphi(\omega)=45°$；$\omega\to0$ 时，$\varphi(\omega)\to0°$；$\omega\to\infty$ 时，$\varphi(\omega)\to90°$。

5. 一阶惯性环节

惯性环节的频率特性为 $G(j\omega)=\dfrac{1}{jT\omega+1}$，对数频率特性为

$$L(\omega)=20\lg\frac{1}{\sqrt{T^2\omega^2+1}}=-20\lg\sqrt{T^2\omega^2+1} \tag{6-41}$$

由式（6-41）可见，对数幅频特性是一条比较复杂的曲线。为此，同样采用直线近似地代替曲线。当 $\omega\ll1/T$ 时，略去 $T\omega$，式（6-41）变成 $L(\omega)=0$dB，这是与横轴重合的直线；当 $\omega\gg1/T$ 时，略去 1，得 $L(\omega)=-20\lg T\omega=-20\lg T-20\lg\omega$，这是一条斜率为 -20dB/dec 的直线，它在 $\omega=1/T$ 处穿越 0dB 线。上述两条直线在 0dB 线上的 $\omega=1/T$ 处相交，故惯性环节的转折频率或交接频率为 $\omega=1/T$，并且惯性环节的渐近线或渐近幅频特性为这两条直线形成的折线。对数幅频特性曲线与渐近线的图形如图 6-19 所示，它们在 $\omega=1/T$ 附近的误差较大，误差值由式（6-41）和两条 $L(\omega)$ 直线计算，典型数值见表 6-6。最大误差发生在 $\omega=1/T$ 处，误差为 -3dB。绘制渐近线的关键是找到转折频率 $1/T$，低于转折频率的频段，渐近线是 0dB 线；高于转折频率的部分渐近线是斜率为 -20dB/dec 的直线。必要时可根据表 6-6 或式（6-41）对渐近线进行修正而得到精确的对数幅频特性曲线。

表 6-6 典型数值

ωT	0.1	0.25	0.4	0.5	1.0	2.0	2.5	4.0	10
误差/dB	-0.04	-0.26	-0.65	-1.0	-3.01	-1.0	-0.65	-0.26	-0.04

一阶惯性环节的对数相频特性为

$$\varphi(\omega)=-\arctan T\omega \tag{6-42}$$

根据式（6-42）可绘出相频特性曲线，其中三个关键点位置分别是：$\omega=1/T$ 时，$\varphi(\omega)=-45°$；$\omega\to0$ 时，$\varphi(\omega)\to0°$；$\omega\to\infty$ 时，$\varphi(\omega)\to-90°$。

6. 二阶微分环节

二阶微分环节的频率特性为 $G(j\omega)=\left[(1-T^2\omega^2)+j2\xi T\omega\right]$，对数频率特性为

$$L(\omega)=20\lg\sqrt{(1-T^2\omega^2)^2+(2\xi T\omega)^2} \tag{6-43}$$

$$\varphi(\omega)=\arctan\frac{2\xi T\omega}{1-T^2\omega^2} \tag{6-44}$$

比较二阶微分环节与振荡环节的对数频率特性，两者表达式的函数关系几乎相同，只是符号相反，所以二阶微分环节与振荡环节的对数幅频特性对称于横坐标轴，相频特性对称于 $0°$ 线，如图 6-20 所示。

7. 二阶振荡环节

振荡环节的频率特性为

$$G(j\omega)=\frac{\omega_n^2}{-\omega^2+\omega_n^2+j2\xi\omega_n\omega}=\frac{1}{(1-\lambda^2)+j2\xi\lambda}\quad(0<\xi<1,\ \lambda=\frac{\omega}{\omega_n})$$

其对数频率特性为

$$L(\omega)=-20\lg\sqrt{(1-\lambda^2)^2+(2\xi\lambda)^2} \tag{6-45}$$

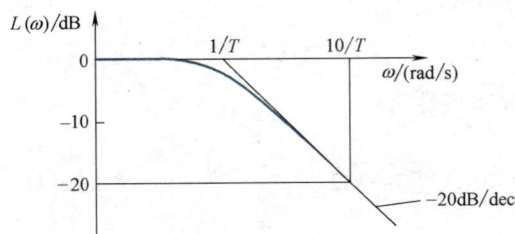

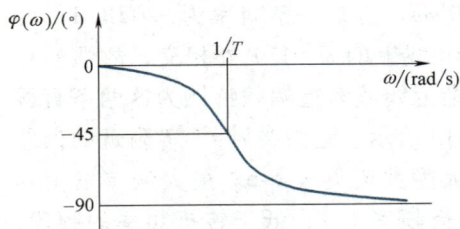

图 6-19　一阶惯性环节的对数频率特性曲线

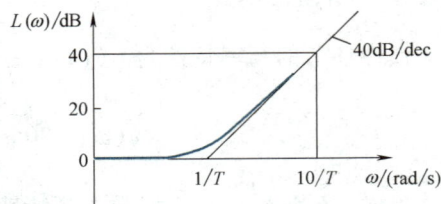

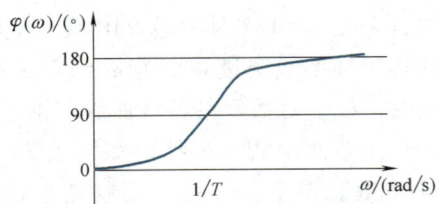

图 6-20　二阶微分环节的对数频率特性曲线

根据频率的取值可知，$L(\omega)$ 可近似表示为

$$L(\omega) = \begin{cases} -20\lg\sqrt{1+0} = 0 & \omega \ll \omega_n \\ -20\lg\sqrt{(\lambda^2)^2} = -40\lg\lambda & \omega \gg \omega_n \end{cases} \quad (6\text{-}46)$$

116

由式（6-46）可知振荡环节的两条渐近线分别为 0dB 线和斜率为-40dB/dec 的直线，两条直线相交于 $\omega = \omega_n$ 处，即 $\omega = \omega_n$ 同样称为转折频率或交接频率，一般可以用渐近线代替精确曲线，必要时进行修正。同时可知对数幅频特性的渐近线和阻尼系数 ξ 无关。精确的对数幅频特性曲线在转折频率处的值为 $-20\lg2\xi$，因此在该频率附近的渐近线的误差将随不同阻尼系数 ξ 取值产生很大的变化。振荡环节的对数频率特性曲线如图 6-21 所示，图中还给出了当 ξ 为不同值时振荡环节的精确曲线。图中可见当 ξ 比较小时，出现谐振现象。

如前所述，振荡环节的谐振频率

$$\omega_r = \omega_n\sqrt{1-2\xi^2} \quad (6\text{-}47)$$

当 $\xi \leqslant \dfrac{1}{\sqrt{2}}$ 时，存在谐振频率，对应的谐振频率峰值为

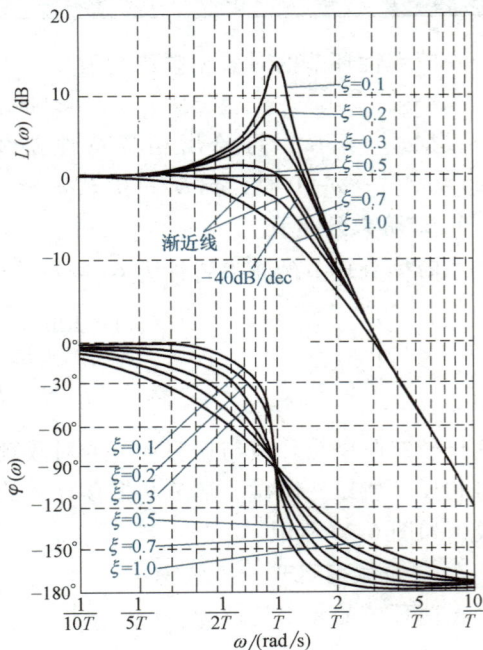

图 6-21　二阶振荡环节的对数频率特性曲线

$$M_r = A(\omega_r) = \frac{1}{2\xi\sqrt{1-\xi^2}} \quad (6\text{-}48)$$

图 6-22 所示为二阶振荡环节渐近线的误差曲线。图中横坐标是频率 ω，纵坐标是精确曲线与渐近线的误差分贝值。当 $0.3 < \xi < 0.8$ 时，渐近线与精确曲线间的误差较小，可用渐近线来近似；而当 ξ 较小时，误差较大，不过此时可通过计算谐振频率 ω_r 及谐振峰值 M_r 来加以修正。

振荡环节的相频特性为

$$\varphi(\omega) = -\arctan \frac{2\xi\lambda}{1-\lambda^2} \qquad (6-49)$$

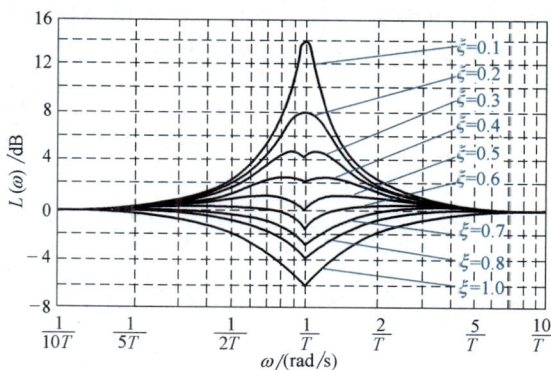

图 6-22 二阶振荡环节渐近线的误差曲线

当 $\omega = \omega_n$ 时，$\varphi(\omega) = -90°$；$\omega \to 0$ 时，$\varphi(\omega) \to 0°$；$\omega \to \infty$ 时，$\varphi(\omega) \to -180°$。相频特性的这三点值与 ξ 无关，其他频率的相角值均与 ξ 有关。

8. 延迟环节

延迟环节的频率特性为 $G(j\omega) = e^{-j\tau\omega}$，对数频率特性为

$$L(\omega) = 20\lg 1 = 0 \qquad (6-50)$$
$$\varphi(\omega) = -\tau\omega \qquad (6-51)$$

由此可知，延迟环节的对数相频特性随着 ω 的增大，相位滞后增加，对数频率特性曲线如图 6-23 所示。

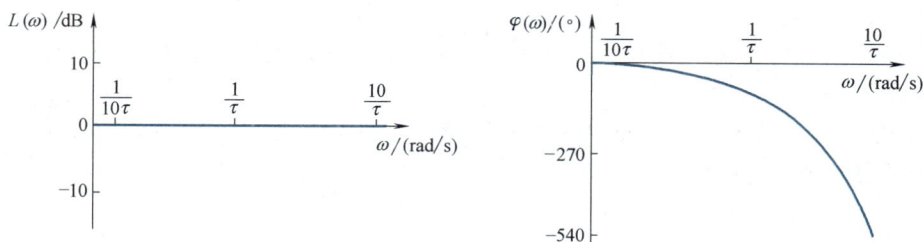

图 6-23 延迟环节的对数频率特性曲线

6.3.3 系统对数频率特性曲线的绘制

在 6.3.2 节中讨论了组成控制系统的各种典型环节的频率特性，在此基础上，本节将重点介绍控制系统频率特性曲线的绘制方法。

如果在系统分析和设计时，需要使用精确的对数频率特性，则可利用 MATLAB 软件来绘制系统的对数频率特性曲线。如果只需要近似的对数频率特性曲线，可先绘制系统的各典型环节的对数频率特性，然后将各典型环节的对数频率特性逐点叠加。下面分别讨论手工绘制对数幅频特性和对数相频特性的方法。

对于对数幅频特性而言，由于各典型环节的对数幅频特性的渐近线都是一些不同斜率的直线，因此叠加后系统的对数渐近幅频特性曲线仍由不同斜率的线段组成。在手工绘图时，首先应确定低频渐近线的斜率和位置，然后确定各个转折频率和转折后线段的斜率，由低频

到高频，依次绘出整个系统的对数幅频特性曲线的渐近线。一般步骤如下：

1）将 $G(s)$ 化成标准形式为

$$G(s) = \frac{K \prod_{i=1}^{m_1} (1 + \tau_i s) \prod_{k=1}^{m_2} (1 + 2\xi_k \tau_k s + \tau_k^2 s^2) e^{-T_d s}}{s^v \prod_{j=1}^{n_1} (1 + T_j s) \prod_{l=1}^{n_2} (1 + 2\xi_l T_l s + T_l^2 s^2)} \tag{6-52}$$

式中，T_d 为延迟环节的延迟时间。分子和分母多项式的阶次分别为

$$n = v + n_1 + 2n_2, \quad m = m_1 + 2m_2$$

2）求出频率特性 $G(j\omega)$。

3）确定各典型环节的转折频率，并按转折频率排序。

4）确定各典型环节的对数幅频特性的渐近线。

5）根据误差修正将曲线相对渐近线进行修正，得出各环节的对数幅频特性的精确曲线。

6）将各环节的对数幅频特性叠加。

7）考虑系统总的增益，将叠加后的对数幅频特性曲线上下移动 $20\lg K$，得到系统的对数幅频特性。

8）画出各典型环节的对数相频特性曲线，然后叠加得到系统总的对数相频特性。

9）当存在延时环节时，对数幅频特性不变，对数相频特性则应加上 $-\tau\omega$。

例 6-7 已知系统的传递函数为 $G(s) = \dfrac{24(0.25s + 0.5)}{(5s + 2)(0.05s + 2)}$，绘制其伯德图。

解 1）将系统的传递函数化为典型环节形式（一阶惯性、一阶微分、二阶振荡和二阶微分环节的常数项均为 1）得

$$G(s) = \frac{3(0.5s + 1)}{(2.5s + 1)(0.025s + 1)}$$

表明系统由一个比例环节（$K = 3$，即系统的总增益）、一个一阶微分环节、两个一阶惯性环节串联组成。

2）系统的频率特性为

$$G(j\omega) = \frac{3(1 + j0.5\omega)}{(1 + j2.5\omega)(1 + j0.025\omega)}$$

3）各环节的转折频率为

一阶惯性环节 $\dfrac{1}{1 + j2.5\omega}$ 的 $\omega_{T1} = \dfrac{1}{2.5} = 0.4$

一阶惯性环节 $\dfrac{1}{1 + j0.025\omega}$ 的 $\omega_{T2} = \dfrac{1}{0.025} = 40$

一阶微分环节 $1 + j0.5\omega$ 的 $\omega_{T3} = \dfrac{1}{0.5} = 2$

4）作各环节的对数幅频特性渐近线，如图 6-24 所示。

5）对渐近线用误差修正曲线修正（本例省略此步）。

6）除比例环节外，将各环节的对数幅频特性叠加得 a'。

7）将 a' 上移 9.5dB（即系统总的增益的分贝数 20lg3），得系统对数幅频特性 a。

8）作各环节的对数相频特性曲线，叠加后得系统的对数相频特性。

此外，针对系统的伯德图还可以按照下面例子中的步骤进行绘制。

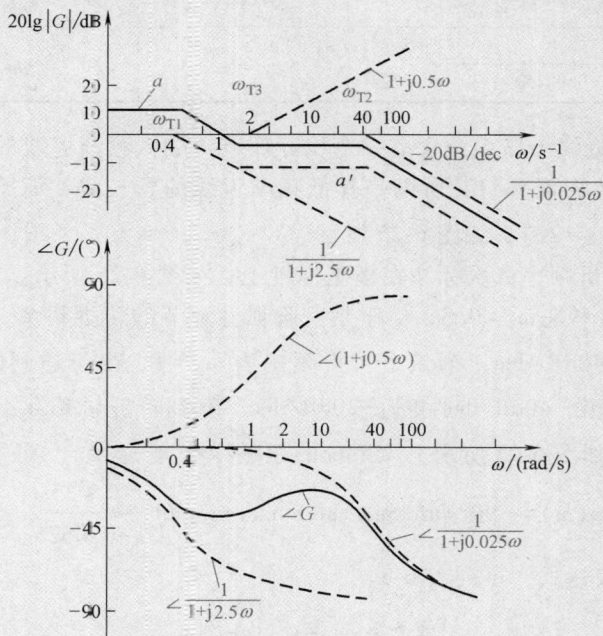

图 6-24　例 6-7 的伯德图

例 6-8 已知系统的开环传递函数为 $G(s)=\dfrac{2000(s+1)}{s(s+0.5)(s^2+14s+400)}$，试绘制其对数频率特性曲线。

解　按照上述绘制伯德图的步骤：

1）将传递函数写成典型环节形式

$$G(s)=\frac{10(s+1)}{s(2s+1)(0.0025s^2+0.035s+1)}$$

由此可知，该系统由五个典型环节构成，即

$$G_1(s)=10,\ G_2(s)=\frac{1}{s},\ G_3(s)=\frac{1}{2s+1},\ G_4(s)=s+1,\ G_5(s)=\frac{1}{\left(\frac{1}{20}\right)^2 s^2+\left(2\times0.35\times\frac{1}{20}\right)s+1}$$

2）计算 $20\lg K$。由传递函数 $G(s)$ 知，$K=10$，于是 $20\lg K=20\text{dB}$。

3）将各典型环节列于表 6-7。

表 6-7　各典型环节转折频率

序号	环节	转折频率	转折频率后斜率	累积斜率
1	K	—	—	—
2	$(j\omega)^{-1}$	—	-20	-20
3	$\dfrac{1}{1+j2\omega}$	0.5	-20	-40
4	$1+j\omega$	1	20	-20
5	$\dfrac{1}{(1-0.0025\omega^2)+j0.035\omega}$	20	-40	-60

4）确定低频渐近线。该系统含有一个积分环节，故低频渐近线的斜率为-20dB/dec，惯性环节 $G_3(s)$ 的转折频率<1，所以是其低频渐近线的延长线，而不是其低频渐近线本身过点 $[\omega=1, L(\omega)=20]$，如图 6-25 所示。

将表 6-7 中的转折频率依次标注在横坐标轴上，如图 6-25 所示。从低频渐近线开始，遇到的第一个转折频率是 $\omega_1=0.5$，由于是一阶惯性环节的转折频率，因此渐近线的斜率由-20dB/dec 变为-40dB/dec；第二个转折频率为 $\omega_2=1$，由于遇到的是一阶微分环节，因此，渐近线的斜率由-40dB/dec 变为-20dB/dec，直到转折频率 $\omega_3=20$ 时，渐近线的斜率变为-60dB/dec，如图 6-25 所示。该系统的相频特性为

$$\varphi(\omega)=-90°+\arctan\omega-\arctan2\omega-\arctan\frac{0.035\omega}{1-0.0025\omega^2}$$

按照 $\varphi(\omega)$ 的表达式，可列表 6-8。

表 6-8　ω 与 $\varphi(\omega)$ 列表

ω	0.1	0.2	0.5	1	2	5	10	20	50	100
$\varphi(\omega)/(°)$	-95.8	-100.9	-109.4	-110.4	-106.6	-106.2	-117.9	-181.4	-252.1	-262

由此得到的相频特性曲线如图 6-25 所示。

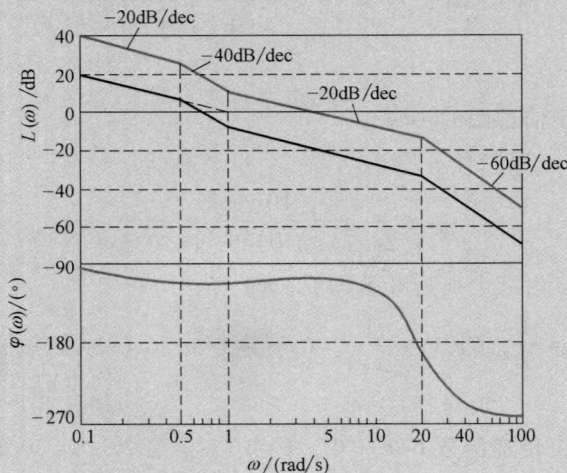

图 6-25　例 6-8 系统的对数频率特性曲线

6.4 频域性能指标

在时间响应分析中，介绍了衡量过渡过程的一些时域性能指标。本节介绍在频域分析时要用到的一些有关频率的特征量或称频域性能指标。频域性能指标是基于二阶系统幅频特性曲线给出的，如图 6-26 所示。

1. 零频值 $A(0)$

这里的 $A(\omega)$ 即系统的幅频特性 $|G(j\omega)|$。零频值 $A(0)$ 表示频率趋近于零时，系统输出幅值与输入幅值之比。在频率极低时，对单位负反馈系统而言，若输出幅值能完全准确地反映输入幅值，则 $A(0)=1$。$A(0)$ 越接近于 1，系统的稳态误差越小。

2. 复现频率 ω_M 与复现带宽 $0 \sim \omega_M$

若事先规定一个 Δ 作为反映低频响应的允

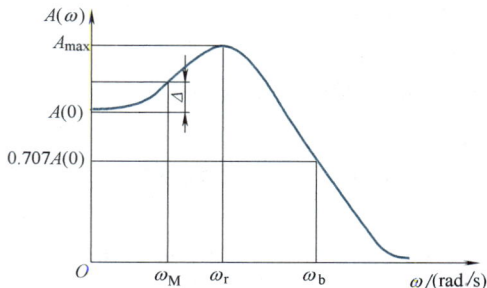

图 6-26 系统的频域性能指标

许误差，那么 ω_M 就是幅频特性值与 $A(0)$ 的差第一次达到 Δ 时的频率值，称为复现频率。当频率超过 ω_M 时，输出就不能准确地"复现"输入，所以 $0 \sim \omega_M$ 表征复现低频输入信号的带宽，称为复现带宽。复现带宽越宽，系统的快速性能越好。

3. 谐振频率 ω_r 及谐振峰值 M_r

系统出现谐振峰值的频率称为谐振频率。在 $A(0)=1$ 时，谐振峰值 M_r 与 A_{max} 在数值上相同（A_{max} 为最大幅值）。一般在二阶系统中，希望选取 $M_r<1.4$，因为这时阶跃响应的最大超调量 $M_p<25\%$，系统能有较满意的过渡过程。M_r 与系统 ξ 的关系是：ξ 越小，M_r 越大，因此若 M_r 太大，即 ξ 太小，则 M_p 过大；若 M_r 太小，即 ξ 太大，则过渡过程时间 t_s 过长。因此，若既要减弱系统的振荡性能，又不失一定的快速性，只有适当地选取 M_r 值。

4. 截止频率 ω_b 和截止带宽 $0 \sim \omega_b$

一般规定 $A(\omega)$ 由 $A(0)$ 下降到 3dB 时的频率，即 $A(\omega)$ 由 $A(0)$ 下降到 $0.707A(0)$ 时的频率称为系统的截止频率，以 ω_b 表示。因为对单位负反馈系统，$A(0)=1$ 时，有 $20\lg0.707=-3\mathrm{dB}$。截止频率的计算公式为

$$\begin{cases} \omega_b = \omega_n & (\xi>0.707) \\ \omega_b = \omega_n\sqrt{1-2\xi^2+\sqrt{4\xi^4-4\xi^2+2}} & (\xi \leqslant 0.707) \end{cases} \tag{6-53}$$

频率 $0 \sim \omega_b$ 的范围称为系统的截止带宽或简称带宽。它表示超过此频率后，输出也急剧衰减，形成系统响应的截止状态。对于随动系统来说，系统的带宽表征系统允许工作的最高频率范围，若此带宽大，则系统的动态性能好。对于低通滤波器，希望带宽要小，即只允许频率较低的输入信号通过系统，而频率稍高的输入信号均被滤掉。对系统响应的快速性而言，可以证明，带宽越大，响应的快速性越好，即过渡过程的调整时间越短。

6.5 最小相位系统

本节将阐述最小相位系统的基本概念，介绍产生非最小相位系统的一些环节。

如果一个环节的传递函数的极点和零点的实部全部小于或等于零，则称这个环节是最小相位环节。如果传递函数中具有正实部的零点或极点，或有延迟环节 $e^{-\tau s}$，则这个环节就是非最小相位环节。对于闭环系统，如果它的开环传递函数的极点和零点的实部小于或等于零，则称它是最小相位系统。如果开环传递函数中有正实部的零点或极点，或有延迟环节 $e^{-\tau s}$，则称系统是非最小相位系统。若把 $e^{-\tau s}$ 用零点和极点的形式近似表达，会发现它也具有正实部零点。

在一些幅频特性相同的环节之间存在着不同的相频特性，其中最小相位环节的相位移（相位角的绝对值或相位变化量）最小，也最容易控制。设系统（或环节）传递函数分母的阶次（s 的最高幂次数）是 n，分子的阶次是 m，串联积分环节的个数是 v，对于最小相位系统，当 $\omega \to \infty$ 时，对数幅频特性的斜率为 $-20(n-m)\,\mathrm{dB/dec}$，相位等于 $-20(n-m) \times 90°$；当 $\omega \to 0$ 时，相位等于 $-v \times 90°$。符合上述特征的系统也一定是最小相位系统。

数学上可以证明，对于最小相位系统，对数幅频特性和相频特性不是相互独立的，两者之间存在着严格确定的联系。如果已知对数幅频特性，通过公式也可以把相频特性计算出来。同样，通过公式也可以由相频特性计算出幅频特性，所以两者包含的信息内容是相同的。从建立数学模型和分析、设计系统的角度看，只要详细地画出两者中的一个就足够了。由于对数幅频特性容易画，所以对于最小相位系统，通常只绘制详细的对数幅频特性图，而对于相频特性只绘制简图，或者甚至不绘制相频特性图。

例 6-9 试判断分别具有 $G_1(s) = \dfrac{Ts+1}{T_1 s+1}$ 和 $G_2(s) = \dfrac{-Ts+1}{T_1 s+1}$ 的两个系统是否为最小相位系统（T_1、T 为正值）。

解 $G_1(s)$ 的零点为 $z = -\dfrac{1}{T}$，极点为 $p = -\dfrac{1}{T_1}$。$G_2(s)$ 的零点为 $z = \dfrac{1}{T}$，极点为 $p = -\dfrac{1}{T_1}$。

根据最小相位系统的定义，$G_1(s)$ 代表的系统是最小相位系统；而 $G_2(s)$ 代表的系统是非最小相位系统。

对于稳定系统而言，根据最小相位传递函数的定义可推知：最小相位系统的相位变化范围最小，这是因为

$$G(j\omega) = \frac{K(1+j\tau_1\omega)(1+j\tau_2\omega)\cdots(1+j\tau_m\omega)}{(1+jT_1\omega)(1+jT_2\omega)\cdots(1+jT_n\omega)}$$

对于稳定系统，T_1，T_2，$\cdots$，T_n 均为正值；τ_1，τ_2，$\cdots$，τ_m 均为正值。从而有

$$\angle G(j\omega) = \sum_{i=1}^{m} \arctan\tau_i\omega - \sum_{j=1}^{n} \arctan T_j\omega \tag{6-54}$$

对非最小相位系统，若 q 个零点在 $[s]$ 平面的右半面（即为负值），则有

$$\angle G(j\omega) = \sum_{i=q+1}^{m} \arctan\tau_i\omega - \sum_{k=1}^{q} \arctan\tau_k\omega - \sum_{j=1}^{n} \arctan T_j\omega \tag{6-55}$$

比较式（6-54）与式（6-55）可知，稳定系统中最小相位系统的相位变化范围最小。本例中，这两个系统具有同一幅频特性，它们的相频特性如图 6-27 所示，该图说明了式（6-55）的结论。这一结论可以用来判断稳定系统是否为最小相位系统。

产生非最小相位的一些环节通常有：

1）延时环节 $e^{-\tau s}$。将 $e^{-\tau s}$ 展成级数，得

$$e^{-\tau s} = 1 - \tau s + \frac{1}{2!}\tau^2 s^2 - \frac{1}{3!}\tau^3 s^3 - \cdots \quad (6\text{-}56)$$

因式（6-56）中有些项的系数为负，故可分解成因子

$$(s+a)(s-b)(s+c)\cdots$$

其中，a，b，c，$\cdots$均为正值。若延时环节串联在系统中，则 $G(s)$ 的分子有正根，表示延时环节使系统有零点位于 $[s]$ 平面右半平面，也就是使系统成为非最小相位系统。

2）$1-Ts$ 的不稳定的导前环节和 $1 - 2\xi\dfrac{1}{\omega_n}s + \dfrac{1}{\omega_n^2}s^2$ 的不稳定的二阶微分环节均有零点位于 $[s]$ 平面的右半平面。

3）不稳定的惯性环节 $\dfrac{1}{1-Ts}$ 和不稳定的振荡环节 $\dfrac{1}{1 - 2\xi\dfrac{1}{\omega_n}s + \dfrac{1}{\omega_n^2}s^2}$ 均有极点位于 $[s]$ 平面右半平面。

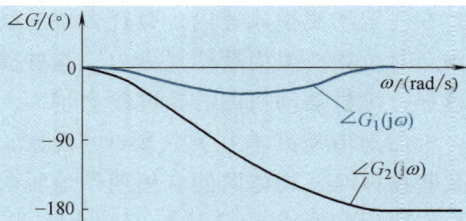

图 6-27　例 6-9 的相频特性

课外阅读　频率特性

美国华盛顿州的塔科马海峡吊桥（Tacoma Narrows Bridge）建于 1938—1940 年间，是当时仅次于金门大桥和乔治·华盛顿大桥的世界第三大悬索桥。它的设计师莱昂·莫伊塞夫是美国 20 世纪二三十年代悬索桥的领军人物，也是全钢制桥的早期推行者。

莫伊塞夫的"变形理论"广负盛名。根据这个理论，桥梁长度越大，允许的变形也越大。正因为如此，莫伊塞夫相信自己可以把悬索桥建得比以往更轻、更细、更长，这个想法在他对塔科马海峡大桥的设计方案中得到了充分体现。可令莫伊塞夫没有想到的是，大桥吊装完成后，只要有 4mile[⊖]/h 的小风吹来，大桥主跨就会有轻微的上下起伏。甚至在建造过程中，工人就已经注意到这座大桥出现的晃动现象。

1940 年 11 月 7 日，技术人员在 7：30 测得风速为 38mile/h，2h 后增强至 42mile/h，而此时的塔科马海峡吊桥，桥面波浪形起伏已达 1m 多。疯狂的扭动使得路面一侧翘起达 8.5m，倾斜达到 45°。最终，承受着大桥重量的吊索接连断裂，失去了拉力的桥面就像一条发怒的蟒蛇在空中奋力挣扎。建成通车仅四个月后，120 多米的大桥主体轰然坠入塔科马海峡，激起了一大片烟尘。

塔科马海峡吊桥倒塌后的第二天，著名物理学家冯·卡门觉得此事不妥，便用一个塔科马海峡吊桥模型进行试验。结果不出他所料，塔科马海峡吊桥倒塌事件的元凶，正是"卡门涡街"引起的桥梁共振，当卡门涡街的振动频率和吊桥自身的固有频率相同时，引起吊桥剧烈共振而崩塌。

⊖ 1mile＝1609.344m。

在一定的规模风速内，穿过大桥的气流会周期性地产生两串平行的反向旋涡，连续性的旋涡会对桥梁产生周期性浸染力，这种浸染力和大桥振动的频率接近时，就会产生共振。共振越强，大桥摆动扭曲的幅度便会越大。

卡门涡街是流体力学中重要的现象，在自然界中经常遇到。在一定条件下的定常来流绕过某些物体时，物体两侧会周期性地脱落出与旋转方向相反、排列规则的双列线涡，经过非线性作用后，形成卡门涡街。如水流过桥墩，风吹过高塔、烟囱、电线等都会形成卡门涡街。

毫无疑问的是，塔科马海峡吊桥为后来的桥梁设计与建造敲响了警钟。毕竟当时的桥梁设计界尚未认识到卡门涡街的严重危害，仍然是从传统的桥梁承重等设计角度出发开展大桥的设计。此后的十年内，桥梁空气动力学和空气弹性学出现并进一步完善。

1950 年，新建的塔科马海峡吊桥在经由严谨设计建造后通车运营，道床厚度增至 10m，并在路面上加入气孔，使空气可在路面上穿越，防止卡门涡街的产生。稳稳矗立于海峡之上的它，每日通车流量高达 6 万车次。2007 年，新的与其平行的桥通车，行车线由 2 条增至 4 条，是现今美国第五长的悬索桥。

进入 21 世纪，截至 2020 年底，中国现代桥梁总数已超过 100 万座，世界排名前十位的各类型桥梁中，中国独占半壁江山。世界第一高桥、世界第一长桥、世界最长公铁两用斜拉桥、世界最长跨海大桥……不断刷新着世界桥梁建设的纪录。中国桥梁不断开拓创新，一步一个脚印，在跨海大桥、高速铁路大桥和跨越繁忙水域桥梁技术等方面逐步实现了在世界上的领先地位。我国实现了技术上的创新引领，中国桥梁已成为中国建造的一张亮丽名片。

思考题与习题

6-1 什么是频率特性？

6-2 已知系统输入为不同频率 ω 的正弦函数 $A\sin\omega t$，其稳态输出响应为 $B\sin(\omega t+\varphi)$，求该系统的频率特性。

6-3 已知系统的单位阶跃响应为 $x_0(t)=1-1.8e^{-4t}+0.8e^{-9t}(t\geqslant 0)$，试求系统的幅频特性与相频特性。

6-4 某系统的传递函数为 $G(s)=\dfrac{5}{0.25s+1}$，求系统在输入 $x_i(t)=5\cos(4t-30°)$ 作用下的稳态响应。

6-5 试求下列系统的幅频特性、相频特性、实频特性和虚频特性。

(1) $G(s)=\dfrac{5}{30s+1}$

(2) $G(s)=\dfrac{1}{s(0.1s+1)}$

6-6 试绘出具有下列传递函数的系统的极坐标图。

(1) $G(s)=\dfrac{1}{s(0.1s+1)}$

(2) $G(s)=\dfrac{1}{(0.5s+1)(2s+1)}$

（3） $G(s) = \dfrac{1}{1+0.1s+0.01s^2}$

（4） $G(s) = \dfrac{1}{s(0.1s+1)(0.5s+1)}$

6-7 已知系统传递函数框图如图 6-28 所示，现作用于系统的输入信号 $x_i(t) = \sin 2t$，试求系统的稳态输出。系统的传递函数如下：

（1） $G(s) = \dfrac{5}{s+1}$，$H(s) = 1$

（2） $G(s) = \dfrac{5}{s}$，$H(s) = 1$

（3） $G(s) = \dfrac{5}{s+1}$，$H(s) = 2$

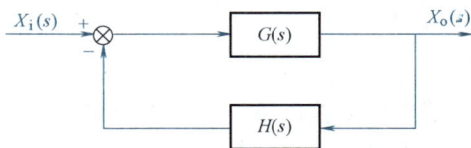

图 6-28 题 6-7 图

6-8 试绘出具有下列传递函数的系统的伯德图：

（1） $G(s) = \dfrac{2.5(s+10)}{s^2(0.2s+1)}$

（2） $G(s) = \dfrac{10(0.02s+1)(s+1)}{s(s^2+4s+100)}$

（3） $G(s) = \dfrac{650s^2}{(0.04s+1)(0.4s+1)}$

（4） $G(s) = \dfrac{20(s+5)(s+40)}{s(s+0.1)(s+20)^2}$

6-9 已知单位反馈系统的开环传递函数为

$$G_K(s) = \dfrac{10}{s(0.05s+1)(0.1s+1)}$$

试计算系统的 M_r 和 ω_r。

6-10 设单位负反馈系统的开环传递函数为

$$G(s) = \dfrac{7}{s(0.087s+1)}$$

试求闭环系统的超调量和调整时间。

6-11 已知最小相位系统的对数幅频特性曲线如图 6-29 所示，求系统的传递函数。

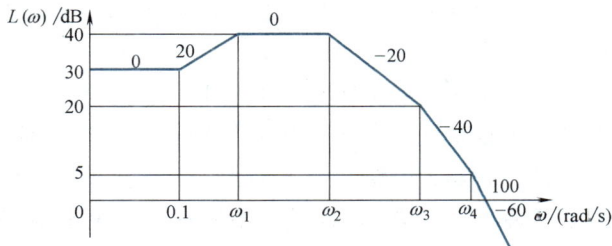

图 6-29 题 6-11 图

6-12 已知单位反馈系统的框图如图 6-30 所示，开环传递函数 $G(s) = \dfrac{1}{s+1}$，$x_i(t) = \sin(t+30°) - \cos(2t-45°)$，求系统的稳态误差。

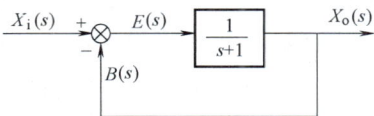

图 6-30 题 6-12 图

125

第7章

控制系统的稳定性

稳定是对控制系统最基本的要求，本章将介绍关于系统稳定的初步概念、线性定常系统稳定的条件及其判定依据。不稳定的系统通常无法在实际工程中得到应用，从分析和设计的角度来说，稳定性可以分为绝对稳定性和相对稳定性。绝对稳定性是指系统是否稳定。在明确系统是稳定的前提下，要进一步考察系统的稳定程度，稳定程度由相对稳定性来衡量。因此在设计系统时，稳定性是最重要的参考因素之一。

本章首先介绍稳定性的定义，通过分析得出线性控制系统稳定的条件。介绍两种代数稳定性判据，即劳斯稳定性判据和赫尔维茨稳定性判据。几何判据方面，在简要介绍辐角原理的基础上，详细介绍奈奎斯特稳定性判据及其具体应用。其次给出最小相位系统的相位稳定裕度和幅值稳定裕度的计算方法。

7.1 系统稳定性的基本概念及稳定条件

如果一个系统处于平衡状态，那么当它受到外界或内部一些因素的扰动时，它将离开其平衡位置。如力学系统中，位移保持不变的点称为平衡位置点。当没有外力作用时，位移保持不变的位置又称为原始平衡位置。图 7-1 所示为悬挂的单摆，原始平衡位置为 a，当受到外力扰动时，单摆偏离了原始平衡位置 a 到达位置 b 或 c。当去掉外力作用后，摆将向原始平衡位置 a 运动，由于摩擦力、空气阻力等的作用，单摆最后将回到原始平衡位置 a。此时位置 a 称为稳定平衡位置。

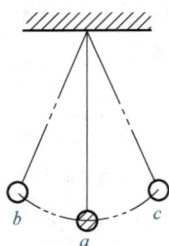

控制系统在实际工作过程中，不可避免地会受到外界的扰动，这些扰动会导致系统不稳定，从而无法正常工作。对于一个控制系统，当输入信号为零，而输出信号保持不变的点（位置）时，称为系统达到了平衡点（位置）。设线性系统存在一个平衡点，并取平衡点时系统的输出信号为零。当系统所有的输入信号为零时，在初始条件下，如果系统的输出信号随时间的推移而趋于零（即系统能够自行回到原始平衡位置），则称系统是稳定的。否则称系统是不稳定的，或者说，如果系统时间响应中的初始条件分量（零输入响应）趋于零，则系统是稳定的，否则系统是不稳定的。

图 7-1　悬挂的单摆

系统具有什么样的条件才是稳定的？首先将系统稳定性做如下定义：设线性定常系统

$$a_n x_o^{(n)}(t) + a_{n-1} x_o^{(n-1)}(t) + \cdots + a_1 x_o^{(1)}(t) + a_0 x_o(t)$$

$$= b_m x_i^{(m)}(t) + b_{m-1} x_i^{(m-1)}(t) + \cdots + b_1 x_i^{(1)}(t) + b_0 x_i(t) \quad (n \geq m) \tag{7-1}$$

在初始条件下输入信号 $x_i(t) = 0$，且保持不变，若输出信号 $x_o(t)$ 也保持不变，则有

$x_o(t)=0$，从而，可以认为 $x_o(t)=0$ 是该系统的平衡点。考虑初始条件，对式（7-1）进行拉普拉斯变换可得

$$X_o(s)=\frac{b_m s^m+b_{m-1}s^{n-1}+\cdots+b_1 s+b_0}{a_n s^n+a_{n-1}s^{n-1}+\cdots+a_1 s+a_0}X_i(s)+\frac{N_0(s)}{a_n s^n+a_{n-1}s^{n-1}+\cdots+a_1 s+a_0} \tag{7-2}$$

式中，$N_0(s)$ 是由初始条件 $x_o^{(k)}(0^+)$ 及系数 a_n 决定的 s 多项式。该系统的闭环传递函数为

$$G_B(s)=\frac{X_o(s)}{X_i(s)}=\frac{b_m s^m+b_{m-1}s^{m-1}+\cdots+b_1 s+b_0}{a_n s^n+a_{n-1}s^{n-1}+\cdots+a_1 s+a_0} \tag{7-3}$$

根据系统稳定性的定义，当系统为零输入即 $x_i(t)=0$ 时，则 $X_o(s)$ 为

$$X_o(s)=\frac{N_0(s)}{a_n s^n+a_{n-1}s^{n-1}+\cdots+a_1 s+a_0} \tag{7-4}$$

系统特征方程的根可由 $X_o(s)$ 的分母等于零求出。$X_o(s)$ 的极点就是闭环传递函数的极点。特征方程的根可以是实根，也可以是复数根。若有 q 个实根 s_i，$2r$ 个复数根 $s_j=\sigma_j+j\omega_j$，且 $q+2r=n$，根据系统微分方程解的理论可知，特征方程的解可表示为

$$x_o(t)=\sum_{i=1}^{q}A_i e^{s_i t}+\sum_{j=1}^{r}e^{\sigma_j t}(B_j \cos\omega_j t+C_j \sin\omega_j t) \tag{7-5}$$

式中，系数 A_i、B_j、C_j 是由系统的初始状态决定的。由此可知，若系统所有特征方程根 s_i、σ_j 的实部均为负值，则零输入响应最终将衰减到零，即 $\lim\limits_{t\to\infty}x_o(t)=0$，这样的系统就是稳定的；反之，若特征根中有一个或多个根具有正实部，则零输入响应随时间的推移而发散，即 $\lim\limits_{t\to\infty}x_o(t)=\infty$，这样的系统就是不稳定的。

综上所述，系统稳定的充要条件为：系统特征方程根全部具有负实部；也可以描述为：系统传递函数的极点全部位于 $[s]$ 复平面的左半部。

同时，由式（7-4）可看出，线性系统的稳定性是其本身固有的特性，该特性不随输入信号 $x_i(t)$ 变化而改变，然而非线性系统则不同，通常与外界信号有关。

系统的闭环极点中，若有极点实部为零，而其余极点全部位于 $[s]$ 平面左半部时，称系统为临界稳定状态。当系统处于临界稳定状态时，系统输出信号将出现等幅振荡；在工程中这样的系统通常不能被采用，因为这样的系统参数微小的变化就会导致系统的不稳定。

为了判断系统的稳定性，除了直接求出系统特征根外，还有许多其他判断系统稳定性的方法，用这些方法不必解出特征根就能确定系统的稳定性。

7.2　代数稳定性判据

由于线性定常系统稳定的充分必要条件是其特征根全部具有负实部，因此对于系统稳定性的判别就转化为求解系统特征方程的根。但是，当系统特征方程超过三阶时，对于手工计算来说有较大难度，为此，考虑通过特征方程的系数和特征根的关系来判断系统的特征根是否全部具有负实部，用以判断系统的稳定性。很多学者对线性系统的稳定性以及稳定性的判别方法进行了研究，劳斯和赫尔维茨两位学者分别提出并建立了求解系统稳定性的模型。两者的研究成果虽然在形式上不同，但本质上是一致的。本节将分别介绍这两种稳定性判据。

7.2.1 劳斯稳定性判据

系统的传递函数代表系统的固有特性，根据图 7-2 所示的一般闭环控制系统框图写出系统的传递函数为

$$G_B(s) = \frac{X_o(s)}{X_i(s)} = \frac{G(s)}{1+G(s)H(s)} \qquad (7\text{-}6)$$

图 7-2 闭环控制系统的一般形式

系统的特征方程 $D(s)$ 由闭环系统传递函数的分母等于零得出，即

$$D(s) = 1+G(s)H(s) = 0 \qquad (7\text{-}7)$$

将线性定常单输入-单输出系统的特征方程写成

$$D(s) = a_n s^n + a_{n-1} s^{n-1} + \cdots + a_1 s + a_0 = 0, \ a_n > 0 \qquad (7\text{-}8)$$

式中，所有的系数均为实数。这个方程的根没有正实部的必要（但并非充分）条件为：

1）方程各项系数的符号一致。

2）方程各项系数非 0。

判断特征根是否全部具有负实部的充要条件：首先列出劳斯表，即

$$
\begin{array}{c|cccc}
s^n & a_n & a_{n-2} & a_{n-4} & a_{n-6} & \cdots \\
s^{n-1} & a_{n-1} & a_{n-3} & a_{n-5} & a_{n-7} & \cdots \\
s^{n-2} & b_1 & b_2 & b_3 & b_4 & \cdots \\
s^{n-3} & c_1 & c_2 & c_3 & c_4 & \cdots \\
\cdots & \cdots & \cdots & \cdots & \cdots \\
s^2 & e_1 & e_2 \\
s^1 & f_1 \\
s^0 & g_1
\end{array}
$$

其中，前两列不存在的系数可以填"0"，元素 b_1，b_2，b_3，b_4，$\cdots$，c_1，c_2，c_3，c_4，$\cdots$，e_1，e_2，f_1，g_1 根据下列公式计算得出

$$b_1 = -\frac{1}{a_{n-1}} \begin{vmatrix} a_n & a_{n-2} \\ a_{n-1} & a_{n-3} \end{vmatrix} = -\frac{a_n a_{n-3} - a_{n-1} a_{n-2}}{a_{n-1}}$$

$$b_2 = -\frac{1}{a_{n-1}} \begin{vmatrix} a_n & a_{n-4} \\ a_{n-1} & a_{n-5} \end{vmatrix} = -\frac{a_n a_{n-5} - a_{n-1} a_{n-4}}{a_{n-1}}$$

$$b_3 = -\frac{1}{a_{n-1}} \begin{vmatrix} a_n & a_{n-6} \\ a_{n-1} & a_{n-7} \end{vmatrix} = -\frac{a_n a_{n-7} - a_{n-1} a_{n-6}}{a_{n-1}}$$

$$\cdots$$

在计算 b_i 时所用二阶行列式是由劳斯表右侧前两行组成的二行阵的第 1 列与第 $i+1$ 列构成的，系数 b_i 的计算一直进行到其余值为零时为止。

$$c_1 = -\frac{1}{b_1} \begin{vmatrix} a_{n-1} & a_{n-3} \\ b_1 & b_2 \end{vmatrix} = -\frac{a_{n-1} b_2 - b_1 a_{n-3}}{b_1}$$

$$c_2 = -\frac{1}{b_1}\begin{vmatrix} a_{n-1} & a_{n-5} \\ b_1 & b_3 \end{vmatrix} = -\frac{a_{n-1}b_3 - b_1 a_{n-5}}{b_1}$$

$$c_3 = -\frac{1}{b_1}\begin{vmatrix} a_{n-1} & a_{n-7} \\ b_1 & b_4 \end{vmatrix} = -\frac{a_{n-1}b_4 - b_1 a_{n-7}}{b_1}$$

...

显然，计算 c_i 时所用的二阶行列式是由劳斯表右侧第 2、3 行组成的二行阵的第 1 列与第 $i+1$ 列构成的，同样，系数 c_i 的计算一直进行到其余值为零时为止。

劳斯稳定性判据指明，系统的特征方程所具有正实部根的个数与劳斯表第 1 列元素中符号变化次数相等。因此，依据这个判据可以得出线性系统稳定的充分必要条件为：由系统特征方程系数组成的劳斯表第 1 列元素没有符号变化。若劳斯阵列第 1 列元素的符号有变化，其变化的次数等于该特征方程的根在 $[s]$ 平面右半部的个数，则线性系统不稳定。

下面通过一个简单的例子来说明如何应用劳斯稳定性判据。

例 7-1 系统的特征方程为

$$2s^4 + s^3 + 5s^2 + 6s + 13 = 0$$

用劳斯稳定性判据判断系统是否稳定。

解 因为方程各项系数非零且符号一致，满足方程的根在复平面左半部的必要条件，但仍然需要检验它是否满足充要条件。计算其劳斯表中各个参数分别为

$$n = 4, a_4 = 2, a_3 = 1, a_2 = 5, a_1 = 6, a_0 = 13$$

劳斯表为

s^4	a_4	a_2	a_0
s^3	a_3	a_1	0
s^2	b_1	b_2	0
s^1	c_1	c_2	0
s^0	d_1	0	0

$$b_1 = -\frac{1}{a_3}\begin{vmatrix} a_4 & a_2 \\ a_3 & a_1 \end{vmatrix} = -\frac{2\times6 - 1\times5}{1} = -7$$

$$b_2 = -\frac{1}{a_3}\begin{vmatrix} a_4 & a_0 \\ a_3 & 0 \end{vmatrix} = -\frac{2\times0 - 1\times13}{1} = 13$$

$$c_1 = -\frac{1}{b}\begin{vmatrix} a_3 & a_1 \\ b_1 & b_2 \end{vmatrix} = -\frac{1\times13 - (-7)\times6}{-7} = 7.86$$

$$c_2 = -\frac{1}{b}\begin{vmatrix} a_3 & 0 \\ b_1 & 0 \end{vmatrix} = 0$$

$$d_1 = -\frac{1}{c_1}\begin{vmatrix} b_1 & b_2 \\ c_1 & c_2 \end{vmatrix} = -\frac{(-7)\times0 - 11\times7.57}{7.57} = 11$$

129

劳斯表为

$$
\begin{array}{c|ccc}
s^4 & 2 & 5 & 13 \\
s^3 & 1 & 6 & 0 \\
s^2 & -7 & 13 & 0 \\
s^1 & 7.86 & 0 & 0 \\
s^0 & 13 & 0 & 0
\end{array}
$$

由于劳斯表中第一列元素出现两次符号改变，因此可以判定特征方程有两个根在复平面的右半部，因而系统不稳定。

在应用劳斯稳定性判据进行稳定性判断时，有时会遇到以下两种特殊情况，导致无法得到完整的劳斯表，因此需要对相应元素用数学方法进行处理，处理的原则是不影响劳斯稳定性的判别结果。

1. 劳斯表某一行的第一列元素为零，其他项元素均为非零

在该种情形中，某一行第一项元素为零，则后续行的各项元素为无穷，这样就无法继续计算劳斯表。为了克服这一困难，将等于零的那一行第一项元素替换为任意小的正数 ε，就可以继续计算劳斯表后续行元素。如果 ε 与其相邻行的第一列元素符号相反，则记作一次符号变化；如果劳斯表第一列元素符号有变化，其变化次数就等于该系统在 $[s]$ 平面右半部特征根的个数，表明该系统不稳定。

例 7-2　已知线性系统的特征方程为

$$s^4 + 2s^3 + s^2 + 2s + 5 = 0$$

用劳斯稳定性判据判断系统稳定性。

解　各项系数非零且同号，因此可以进一步用劳斯稳定性判据。计算劳斯表为

$$
\begin{array}{c|ccc}
s^4 & 1 & 1 & 5 \\
s^3 & 2 & 2 & 0 \\
s^2 & 0 & 5 &
\end{array}
$$

因为 s^2 行的第 1 项元素为 0，则 s^1 行的各项元素将为无穷。要克服这一困难，可以将 s^2 中的 0 元素替换为一个小的正数 ε，则 $(2\varepsilon-10)/\varepsilon$ 为负数，然后继续计算劳斯表。从 s^2 行开始，各行元素依次为

$$
\begin{array}{c|cc}
s^2 & \varepsilon & 5 \\
s^1 & (2\varepsilon-10)/\varepsilon & 0 \\
s^0 & 5 & 0
\end{array}
$$

因为劳斯表第一列元素中有两次符号改变，则特征方程在 $[s]$ 平面右半部有两个根，计算特征方程的根，得到：$s_{1,2} = -1.58 \pm j0.67$ 和 $s_{3,4} = 0.58 \pm j1.17$，显然后一对复根在 $[s]$ 平面右半部，这也证明了用劳斯稳定性判据所得稳定性结论的正确性。

2. 劳斯表某一行元素全为零

这种特殊情形是指在劳斯表正常结束前某一行元素全部为0，这意味着往往存在下列一种或多种情形：

1）大小相等、符号相反的一对实根。

2）共轭虚根。

3）对称于虚轴的复共轭根。

出现这些情况通常说明系统是临界稳定或不稳定的。此时计算劳斯表时，可以用辅助方程的方法来解决整行0元素的情形，辅助方程可以用劳斯表中整行0元素的上一行各项元素系数取代全0行元素。辅助方程的根也是原方程的根。当劳斯表中出现整行0元素时，可以采用下列步骤：

第一步，采用0元素行的上一行元素作为系数建立辅助方程 $A(s)=0$。

第二步，计算辅助方程对 s 的导数，即 $\mathrm{d}A(s)/\mathrm{d}s=0$。

第三步，用 $\mathrm{d}A(s)/\mathrm{d}s=0$ 各项系数来代替0元素行。

第四步，用替换后新得到的元素行继续计算劳斯表。

第五步，根据劳斯表中第一列各元素的符号改变情况判断系统的稳定性。

例 7-3　已知线性控制系统的特征方程为

$$s^5+4s^4+8s^3+8s^2+7s+4=0$$

判断系统的稳定性。

解　计算劳斯表为

$$
\begin{array}{c|ccc}
s^5 & 1 & 8 & 7 \\
s^4 & 4 & 8 & 4 \\
s^3 & 6 & 6 & 0 \\
s^2 & 4 & 4 & \\
s^1 & 0 & 0 & \\
\end{array}
$$

因为 s^1 行所有元素为0，根据 s^2 行元素得到辅助方程

$$A(s)=4s^2+4=0$$

$A(s)$ 对 s 的导数为

$$\frac{\mathrm{d}A(s)}{\mathrm{d}s}=8s+0$$

用系数8和0替换原表中 s^1 行中的0元素的劳斯表为

$$
\begin{array}{c|ccc}
s^5 & 1 & 8 & 7 \\
s^4 & 4 & 8 & 4 \\
s^3 & 6 & 6 & 0 \\
s^2 & 4 & 4 & \\
s^1 & 8 & 0 & \\
s^0 & 4 & & \\
\end{array}
$$

由劳斯表可得，第一列元素符号没有改变，说明特征方程没有根在 $[s]$ 平面右半部。求解辅助方程，得到两个根 $s=\pm\mathrm{j}$，它们也是特征方程的两个根。因此方程有两个根在 $\mathrm{j}\omega$ 轴上，系统是临界稳定的。正是这些虚根使得最初的劳斯表在 s^1 行出现整行 0 元素。

因为 s 的奇次幂对应的行的元素均为 0，这使得辅助方程只有 s 的偶次幂项，因此辅助方程的根可能都在虚轴 $\mathrm{j}\omega$ 轴上。在设计中，可以利用 0 元素行的条件来求得系统稳定性的临界值。

例 7-4 如图 7-3 所示，已知一个控制系统前向通道环节为比例–积分控制器，k_p、k_i 分别为比例系数、积分系数，试采用劳斯稳定性判据求 k_p、k_i 的值，使系统稳定。

解 根据系统的框图，可得到闭环传递函数为

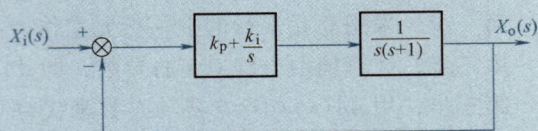

图 7-3 控制系统框图

$$G(s)=\frac{k_\mathrm{p}s+k_\mathrm{i}}{s^3+s^2+k_\mathrm{p}s+k_\mathrm{i}}$$

因而得到闭环特征方程为

$$D(s)=s^3+s^2+k_\mathrm{p}s+k_\mathrm{i}$$

计算特征方程的劳斯表如下：

$$
\begin{array}{c|cc}
s^3 & 1 & k_\mathrm{p} \\
s^2 & 1 & k_\mathrm{i} \\
s^1 & k_\mathrm{p}-k_\mathrm{i} & 0 \\
s^0 & k_\mathrm{i} &
\end{array}
$$

如果系统要稳定，劳斯表中的第一列元素必须同号。因此得到下列两个不等式条件：

$$k_\mathrm{i}>0,\ k_\mathrm{p}>k_\mathrm{i}$$

当系统稳定时，比例系数、积分系数满足此条件才能够保证系统稳定。

7.2.2 赫尔维茨稳定性判据

设线性系统的特征方程为

$$D(s)=a_ns^n+a_{n-1}s^{n-1}+\cdots+a_1s+a_0=0,\ a_n>0 \tag{7-9}$$

系统稳定的必要条件是：系统特征方程的各项系数全部为正值，即 $a_i>0$ （$i=0,\ 1,\ 2,\ \cdots,\ n$）。

根据赫尔维茨稳定性判据，线性系统稳定的充分必要条件应是：由系统特征方程各项系数所构成的赫尔维茨矩阵

$$
\begin{pmatrix}
a_{n-1} & a_{n-3} & a_{n-5} & \cdots & 0 \\
a_n & a_{n-2} & a_{n-4} & \cdots & 0 \\
0 & a_{n-1} & a_{n-3} & \cdots & 0 \\
0 & a_n & a_{n-2} & \cdots & 0 \\
0 & 0 & \cdots & 0 & 0 \\
\vdots & \vdots & & \vdots & \vdots \\
0 & \cdots & \cdots & a_1 & 0 \\
0 & \cdots & \cdots & a_2 & a_0
\end{pmatrix}
$$

的各阶主子式的值全部为正。即

$$\Delta_1 = a_{n-1} > 0, \quad \Delta_2 = \begin{vmatrix} a_{n-1} & a_{n-3} \\ a_n & a_{n-2} \end{vmatrix} > 0, \quad \Delta_3 = \begin{vmatrix} a_{n-1} & a_{n-3} & a_{n-5} \\ a_n & a_{n-2} & a_{n-4} \\ 0 & a_{n-1} & a_{n-3} \end{vmatrix} > 0, \cdots$$

$$\Delta_n = \begin{vmatrix} a_{n-1} & a_{n-3} & a_{n-5} & \cdots & 0 \\ a_n & a_{n-2} & a_{n-4} & \cdots & 0 \\ 0 & a_{n-1} & a_{n-3} & \cdots & 0 \\ 0 & a_n & a_{n-2} & \cdots & 0 \\ 0 & 0 & \cdots & 0 & 0 \\ \vdots & \vdots & & \vdots & \vdots \\ 0 & \cdots & \cdots & a_1 & 0 \\ 0 & \cdots & \cdots & a_2 & a_0 \end{vmatrix} > 0$$

赫尔维茨矩阵为 $n \times n$ 矩阵，排列规则为：首先在主对角线上从 a_{n-1} 开始，按下角标依次减少的顺序写进特征方程的系数，一直写到 a_0 为止。然后由主对角线上系数出发，写出每一列的各元素：每列由上向下，系数 a 的下角标依次递增；由下向上，系数 a 的下角标依次递减。当写到特征方程中不存在系数下角标时，以零替代。

下面举例说明应用此判据判断系统稳定性的过程。

例 7-5 系统的特征方程为

$$2s^4 + s^3 + 5s^2 + 6s + 13 = 0$$

试用赫尔维茨稳定性判据判别系统的稳定性。

解 由特征方程可知各项系数为

$$a_4 = 2, \quad a_3 = 1, \quad a_2 = 5, \quad a_1 = 6, \quad a_0 = 13$$

系数均为正值，满足判据的必要条件 $a_i > 0$。再检查第二个条件，赫尔维茨行列式为四阶

$$\Delta_4 = \begin{vmatrix} a_3 & a_1 & 0 & 0 \\ a_4 & a_2 & a_0 & 0 \\ 0 & a_3 & a_1 & 0 \\ 0 & a_4 & a_2 & a_0 \end{vmatrix}$$

$$\Delta_2 = \begin{vmatrix} a_3 & a_1 \\ a_4 & a_2 \end{vmatrix} = a_3 a_2 - a_1 a_4 = 1 \times 5 - 6 \times 2 < 0$$

由于 $\Delta_2 < 0$，不满足赫尔维茨矩阵全部主子式均为正的条件，故系统不稳定。其他主子式可不再计算。

例 7-6 单位负反馈系统的开环传递函数为

$$G(s) = \frac{K}{s(0.1s+1)(0.25s+1)}$$

试求使系统稳定的 K 值范围。

解 系统闭环的特征方程为

$$1+G(s)=1+\frac{K}{s(0.1s+1)(0.25s+1)}=0$$

即

$$0.025s^3+0.35s^2+s+K=0$$

特征方程各项系数为

$$a_3=0.025,\quad a_2=0.35,\quad a_1=1,\quad a_0=K$$

根据赫尔维茨稳定性判据的条件：

1）$a_i>0$，则要求 $K>0$。

2）只需满足 $\Delta_2>0$。

由

$$\Delta_3=\begin{vmatrix} a_2 & a_0 & 0 \\ a_3 & a_1 & 0 \\ 0 & a_2 & a_0 \end{vmatrix}$$

知

$$\Delta_2=\begin{vmatrix} a_2 & a_0 \\ a_3 & a_1 \end{vmatrix}=a_1a_2-a_3a_0=0.35\times1-0.025K>0$$

可得 $K<14$，所以保证系统稳定的 K 值范围是 $0<K<14$。

上述说明，此判据不仅可以判断系统是否稳定，还可以根据稳定性的要求确定系统参数的允许范围。应注意的是，系统的特征方程指的是闭环系统的闭环传递函数分母为零的方程。

7.3 几何稳定性判据

上述介绍的劳斯稳定性判据和赫尔维茨稳定性判据都是建立在已知闭环系统的特征方程的基础上的，而有些实际系统的特征方程是无法列写的，同时通过赫尔维茨矩阵或劳斯表仅可以推断出系统是否稳定却无法判断系统稳定的程度。奈奎斯特于 1932 年提出了一种稳定性判别方法，这种稳定性判据的提出是以特征方程 $1+G(s)H(s)=0$ 的根全部具有负实部为基础的，用闭环系统的开环传递函数 $G(s)H(s)$ 的频域曲线（即奈奎斯特图）不但可以判断系统的稳定性，而且还能够指出系统稳定的程度。因此，奈奎斯特稳定性判据在线性控制理论中具有重要地位。

7.3.1 辐角原理

奈奎斯特稳定性判据需要用到复变函数中的辐角原理。对于复变函数，若在 $[s]$ 平面上任意选择一条封闭曲线 L_s，只要曲线 L_s 不经过 $F(s)$ 的极点和零点，则在像平面 $[F(s)]$ 上的像也为一条封闭曲线，记为 L_F。若 L_F 绕原点按顺时针方向转 N 周，则

$$N = Z - P \tag{7-10}$$

式中，Z 和 P 分别为包含在 L_s 内的 $F(s)$ 的零点和极点的个数。

上面的表述就是辐角原理，应用复变函数的理论可以给出辐角原理的严格证明，有兴趣的读者可参见有关复变函数的教材。下面仅对其进行简要的说明。

根据复数的性质可知，两个复数乘积的辐角等于它们各自的辐角相加之和。$F(s)$ 的辐角为

$$\angle F(s) = \sum_{j=1}^{n} \angle (s - z_j) - \sum_{i=1}^{n} \angle (s - p_i) \tag{7-11}$$

设 $F(s)$ 的零点、极点分布如图 7-4a 所示。

为了说明简洁，首先假设封闭曲线 L_s 内只含有一个零点 z_j。动点 s 按顺时针方向沿封闭曲线 L_s 转一周，s 点在其像平面 $F(s)$ 上的轨迹 L_F 的辐角变化 $\Delta \angle F(s)$ 可以表示为

$$\Delta \angle F(s) = \Delta \sum_{j=1}^{m} \angle (s - z_j) - \Delta \sum_{i=1}^{n} \angle (s - p_i) \tag{7-12}$$

复数 $(s-z_j)$、$(s-p_i)$ 在 $[s]$ 平面上的分量分别由 z_j、p_i 指向 s。若动点 s 按顺时针方向沿 L_s 转一周，由图 7-4a 可见，只有向量 $s-z_j$ 的辐角变化是 -2π，即 $\Delta \angle (s-z_j) = -2\pi$，其余向量的辐角变化全是零。由式（7-12）可知 $\Delta \angle F(s) = -2\pi$，这说明向量 $F(s)$ 的轨迹 L_F 按顺时针方向绕 $[F(s)]$ 平面原点转了一周，如图 7-4b 所示。

同样可推知，如果在 $[s]$ 平面上的封闭曲线 L_s 内含有 $F(s)$ 的一个极点，则当动点 s 按顺时针方向沿 L_s 转一周时，向量 $F(s)$ 端点的轨迹 L_F 按逆时针方向绕 $[F(s)]$ 平面原点转一周。

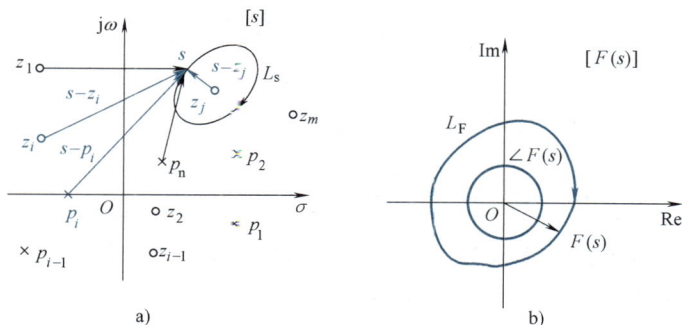

图 7-4 辐角原理说明图

把以上结论推广到一般情况，如果在 $[s]$ 平面上的封闭曲线 L_s 内含有 $F(s)$ 的 P 个极点和 Z 个零点，则当动点 s 按顺时针方向沿 L_s 转一周时，向量 $F(s)$ 端点的轨迹 L_F 按顺时针方向绕 $[F(s)]$ 平面原点转的周数为 $N = Z - P$，即为式（7-11）表示的辐角原理。

7.3.2 奈奎斯特稳定性判据

1. 奈奎斯特路径

在 $[s]$ 平面上，以虚轴由 $-\infty$ 到 $+\infty$ 的直线为左边界，作一个顺时针方向包围右半面的封闭曲线 L_s，此曲线为以 $+\infty$ 为半径从虚轴的正向顺时针方向转 π 角到虚轴的负向的半径为无穷大的半圆（图 7-5），称此封闭曲线为 $[s]$ 平面上的奈奎斯特图。

2. 用系统闭环传递函数表示的奈奎斯特稳定性判据

当已知系统有 Z 个零点时，系统的传递函数可以表示为

$$G_B(s) = \frac{(s-z_1)(s-z_2)\cdots(s-z_z)}{a_n s^n + a_{n-1} s^{n-1} + \cdots + a_1 s + a_0} \qquad (7\text{-}13)$$

绘制出的 L_s 路径可由 $G_B(s)$ 映像的曲线绕原点按顺时针方向转的周数 N 来判断系统的稳定性，当 $N=Z$ 时，系统是稳定的；当 $N<Z$ 时，系统是不稳定的（注意：不可能出现 $N>Z$）。

3. 用闭环系统的开环传递函数表示的奈奎斯特稳定性判据

在通常情况下，并不能容易地得到系统传递函数为式 (7-13) 的形式，而只能得到闭环系统的开环传递函数的形式为

$$G_K(s) = G(s)H(s) = \frac{b_m s^m + b_{m-1} s^{m-1} + \cdots + b_1 s + b_0}{(s-p_1)(s-p_2)\cdots(s-p_n)} \qquad (7\text{-}14)$$

图 7-5 奈奎斯特图

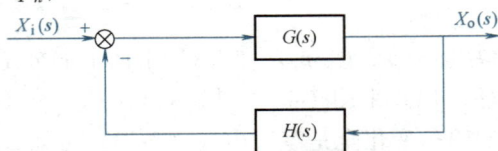

如图 7-6 所示的闭环控制系统，其传递函数为 $G_B(s)$，即

$$G_B(s) = \frac{G(s)}{1+G(s)H(s)} = \frac{G(s)}{D(s)}$$

系统的特征方程由闭环系统传递函数的分母等于零得出，即系统的特征方程为

$$D(s) = 1 + G(s)H(s) = 0$$

图 7-6 闭环控制系统

设

$$G(s)H(s) = \frac{B(s)}{A(s)}$$

$$D(s) = \frac{A(s)+B(s)}{A(s)} = 0$$

$$G_B(s) = \frac{G(s)}{1+G(s)H(s)} = \frac{G(s)}{D(s)} = \frac{A(s)G(s)}{A(s)+B(s)}$$

可见，闭环系统的开环传递函数 $G(s)H(s)$ 的极点就是 $G_B(s)$ 的零点，而 $D(s)$ 的零点就是闭环系统的极点。所以系统稳定的充要条件是：$D(s)$ 函数在 L_s 内有 P 个极点时，其像曲线绕 $[D(s)]$ 像平面原点逆时针方向转 P 圈。

注意到，$D(s) = 1 + G(s)H(s)$，从而可以将对 $[D(s)]$ 平面上 L_s 包围复平面 $[D(s)]$ 原点转的周数变换为对 $[G(s)H(s)]$ 平面的映射曲线 Γ_L 包围点 $(-1, j0)$ 转的周数，如图 7-7 所示。因此，奈奎斯特稳定性判据可以表述如下。

当开环传递函数 $G_K(s)$ 在 $[s]$ 平面的右半面内没有极点时，闭环系统的稳定性的充要条件是：$[G(s)H(s)]$ 平面上的映射围线 Γ_L 不包围点 $(-1, j0)$。

如果 $G(s)H(s)$ 在复平面 $[s]$ 的右半面有极点，则奈奎斯特稳定性判据可表述如下。

闭环控制系统稳定性的充分必要条件为：当 ω 由 $-\infty$ 向 $+\infty$ 变化时，开环频率特性 $G(s)H(s)$ 的奈奎斯特周线的映射围线 Γ_L 沿逆时针方向包围点 $(-1, j0)$ 的周数等于 $G(s)H(s)$ 在 $[s]$ 平面的右半面内极点的个数。某些情况下，当 ω 由 $-\infty$ 向 $+\infty$ 变化时，开环频率特性 $G(s)H(s)$ 极坐标图包围点 $(-1, j0)$ 的周数，是 ω 由 0 向 ∞ 变化时极坐标图

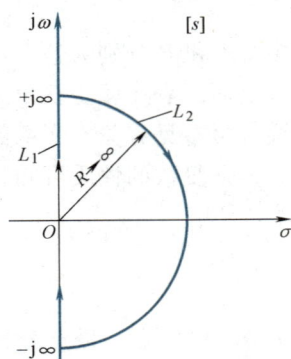

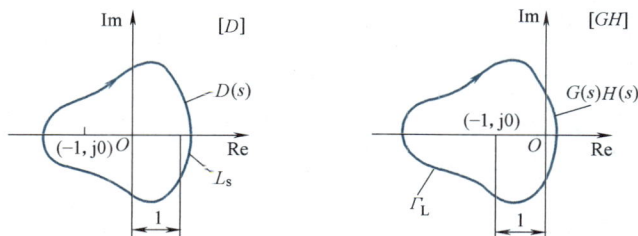

图 7-7 $[D(s)]$ 平面和 $[GH]$ 平面的奈奎斯特图关系

包围点 $(-1, j0)$ 周数的两倍。因此采用奈奎斯特稳定性判据时，只要画出 ω 由 0 向 ∞ 变化时的极坐标图就够了，这时奈奎斯特稳定性判据又可叙述如下：闭环系统稳定的充要条件是，当 ω 由 0 向 ∞ 变化时，开环奈奎斯特图应当按逆时针方向包围点 $(-1, j0)p/2$ 周，p 是开环传递函数正实部极点的个数。

例 7-7 三个闭环系统的开环传递函数为 $G_K(s) = \dfrac{K}{1+T_1s}$，$G_K(s) = \dfrac{K}{(1+T_1s)(1+T_2s)}$，$G_K(s) = $

$\dfrac{K}{(1+T_1s)(1+T_2s)(1+T_3s)}$，系统时间常数 T_1，T_2，T_3 均 >0，系统的奈奎斯特图分别如图 7-8 所示，根据奈奎斯特稳定性判据判定闭环系统的稳定性。

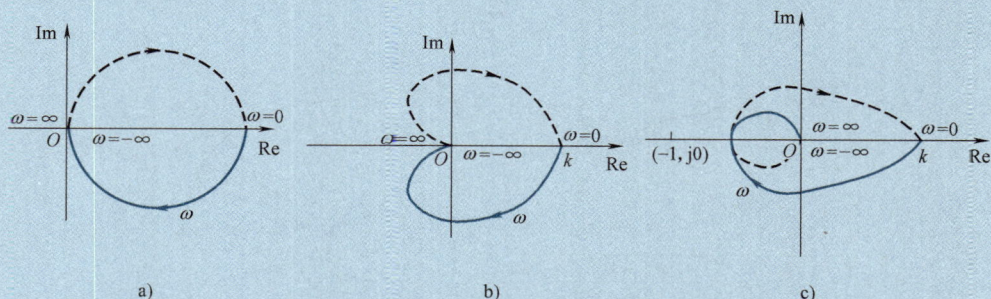

图 7-8 系统开环奈奎斯特图 （一）

a) $G_K(s) = \dfrac{K}{1+T_1s}$ b) $G_K(s) = \dfrac{K}{(1+T_1s)(1+T_2s)}$ c) $G_K(s) = \dfrac{K}{(1+T_1s)(1+T_2s)(1+T_3s)}$

解 由已知条件可知，系统时间常数均 >0，故开环系统在 s 平面的右半面内没有极点，$P=0$，因此这三个系统均是开环稳定的。当 ω 由 0 变到 ∞ 时，系统的开环奈奎斯特曲线不包围点 $(-1, j0)$，根据奈奎斯特稳定性判据，无论 K 取何正值，系统都是稳定的，因此可判定相应的三个闭环系统也是稳定的。

例 7-8 系统的开环传递函数分别为 $G_K(s) = \dfrac{K}{s(1+T_1s)}$、$G_K(s) = \dfrac{K}{s(1+T_1s)(1+T_2s)}$，系统时间常数 T_1、T_2 均 >0，所对应的系统的奈奎斯特图分别如图 7-9 所示，根据奈奎斯特稳定性判据判定闭环系统的稳定性。

137

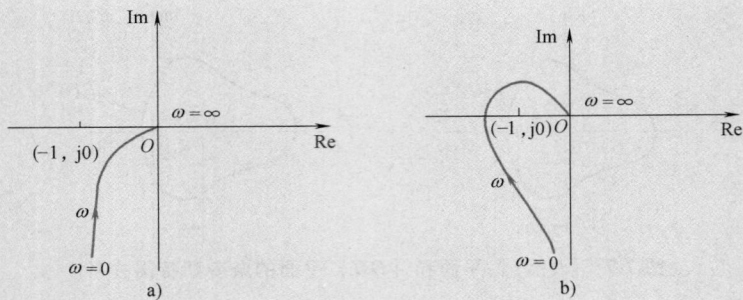

图 7-9　系统开环奈奎斯特图（二）

a) $G_K(s) = \dfrac{K}{s(1+T_1 s)}$　　b) $G_K(s) = \dfrac{K}{s(1+T_1 s)(1+T_2 s)}$

　　此例与例 7-7 相比，开环传递函数增加了积分环节，这样的开环传递函数会导致奈奎斯特曲线不封闭，也就不能说明开环传递函数的奈奎斯特曲线是否包围点（−1，j0），如图 7-9 所示。为此，在开环传递函数的奈奎斯特曲线上需要画出辅助曲线来判定闭环系统的稳定性。所采用的方法是：以原点为圆心，以无穷大为半径作圆，从奈奎斯特曲线的起始端（$\omega = 0$）沿逆时针方向转过 $\nu \times 90°$（ν 是开环传递函数中含有积分环节的个数），并与实轴相交，该交点即为奈奎斯特曲线的新起点，使曲线封闭，再进行稳定性判断。

　　解　根据开环频率特性的对称性，补充 ω 由 $-\infty$ 变到 0 的奈奎斯特曲线，如图 7-10 所示。

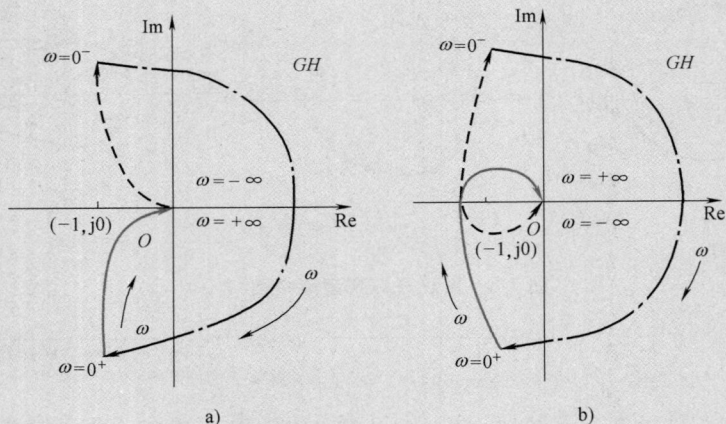

图 7-10　系统开环奈奎斯特图（三）

a) $G_K(s) = \dfrac{K}{s(1+T_1 s)}$　　b) $G_K(s) = \dfrac{K}{s(1+T_1 s)(1+T_2 s)}$

　　由已知条件可知，系统时间常数均>0，故开环系统在复平面 $[s]$ 的右半面内没有极点，$P = 0$，根据图 7-10 可知，当 ω 由 $-\infty$ 变化到 0，再由 0 变化到 $+\infty$ 时，图 7-10a 所示的开环奈奎斯特曲线不包围（−1，j0）点，根据奈奎斯特稳定性判据可判定闭环系统稳定，即该系统的开环和闭环均稳定；图 7-10b 所示的开环奈奎斯特曲线包围（−1，j0）点，根据奈奎斯特稳定性判据可判定闭环系统不稳定，即该系统的开环稳定，闭环不稳定。

图 7-10b 所示曲线还存在这样一种情况，就是比例环节 K 影响开环奈奎斯特曲线的走势。当 K 取较小值和较大值时的开环奈奎斯特曲线分别如图 7-11a、b 所示。

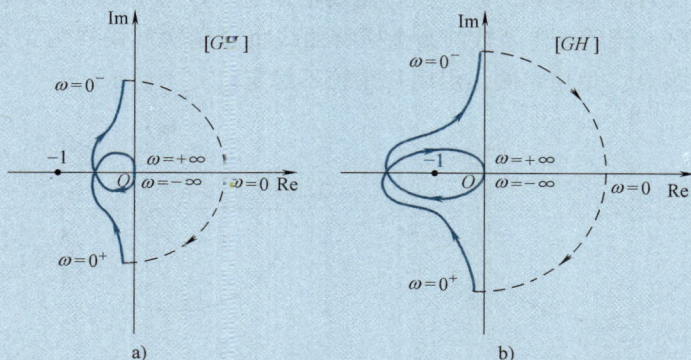

图 7-11 K 不同取值时奈奎斯特图
a) K 值较小 b) K 值较大

由已知条件得，开环传递函数无正实部极点。当 ω 由 $0 \to \infty$ 变化时，图 7-11a 中开环极坐标图在点 $(-1, j0)$ 左侧没有穿越负实轴，而图 7-11b 中开环极坐标图在点 $(-1, j0)$ 左侧对负实轴有一次负穿越。所以图 7-11a 所示系统闭环稳定，而图 7-11b 所示系统闭环不稳定。

关于奈奎斯特稳定性判据的几点说明如下。

1）奈奎斯特稳定性判据的证明虽然较复杂，但应用简单。由于一般系统的开环传递函数多为最小相位传递函数，$P = 0$，故只要看开环奈奎斯特曲线是否包围点 $(-1, j0)$，若不包围，系统就稳定。当开环传递函数为非最小相位传递函数 $P \neq 0$ 时，先求出其 P，再看开环奈奎斯特轨迹包围点 $(-1, j0)$ 的圈数，若是逆时针方向包围点 $(-1, j0)$ P 圈，则系统稳定。

2）当 $P = 0$，即 $G_K(s)$ 在 $[s]$ 平面的右半平面无极点时，称为开环稳定；当 $P \neq 0$，即开环传递函数在 $[s]$ 平面的右半面有极点时，称为开环不稳定。开环不稳定，闭环仍可能稳定；开环稳定，闭环也可能不稳定。开环不稳定而其闭环却能稳定的系统，在实用上有时是不太可靠的。

对于复杂的开环极坐标图，还可以采用奈奎斯特图中正、负穿越的概念，如图 7-12 所示。如果开环极坐标图按逆时针方向（从上向下）穿过负实轴，则称为正穿越，正穿越时相位增加；反之，按顺时针方向（从下向上）穿过负实轴，则称为负穿越，负穿越时相位减小。

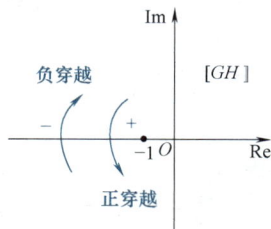

图 7-12 正、负穿越

因此，奈奎斯特稳定性判据又可以叙述如下：闭环系统稳定的充要条件是：当 ω 由 0 向 ∞ 变化时，开环频率特性极坐标图在点 $(-1, j0)$ 左侧正、负穿越负实轴次数之差应为 $P/2$，P 是开环传递函数具有正实部极点的个数。$G(s)H(s)$ 起始于负实轴或终止于负实轴时，穿越次数定义为 1/2 次。若开环极坐标图在点 $(-1, j0)$ 左侧负穿越负实轴次数大于正穿越的次数，则闭环系统一定不稳定。

如图 7-13a 所示系统中，开环传递函数在复平面的右半面有一个极点，即 $P=1$，因而开环是不稳定的；而开环传递函数的奈奎斯特曲线正穿越次数为 $1/2$，闭环系统是稳定的。如图 7-13b 所示系统中，开环传递函数的奈奎斯特曲线负穿越次数同样为 $1/2$，虽然开环在复平面的右半面没有极点，是稳定的，但闭环系统不稳定。

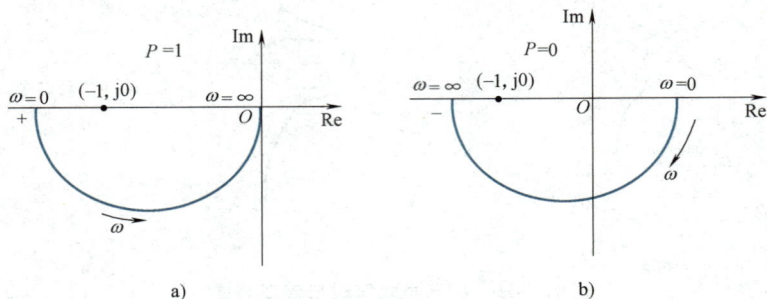

图 7-13 奈奎斯特曲线穿越次数为 $1/2$ 的情况

a）$P=1$　b）$P=0$

例 7-9 已知系统开环传递函数有 2 个正实部极点，开环极坐标图如图 7-14 所示，试分析闭环系统是否稳定。

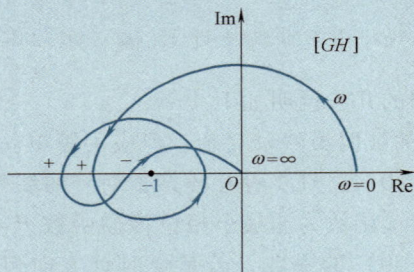

图 7-14 开环极坐标图

解 $P=2$，ω 由 0 向 ∞ 变化，奈奎斯特曲线在点（-1，j0）左侧正负穿越负实轴次数之差是 $2-1=1=P/2$，所以闭环系统稳定。

闭环系统的稳定性与系统典型传递环节的参数有关，参数的变化往往会导致系统由稳定转向了不稳定。

例 7-10 系统开环传递函数为 $G(s)H(s)=\dfrac{K(\tau s+1)}{s^2(Ts+1)}$，当 $T<\tau$ 和 $T>\tau$ 时开环奈奎斯特图分别如图 7-15a、b 所示，判定闭环系统的稳定性。

解 系统开环稳定。当 ω 由 $0\rightarrow\infty$ 变化时，如图 7-15a 所示奈奎斯特曲线在点（-1，j0）左侧没有穿越负实轴，而图 7-15b 所示开环奈奎斯特曲线在点（-1，j0）左侧无穷远处负穿越实轴一次，故图 7-15a 所示的系统闭环稳定，而图 7-15b 所示的系统闭环不稳定。

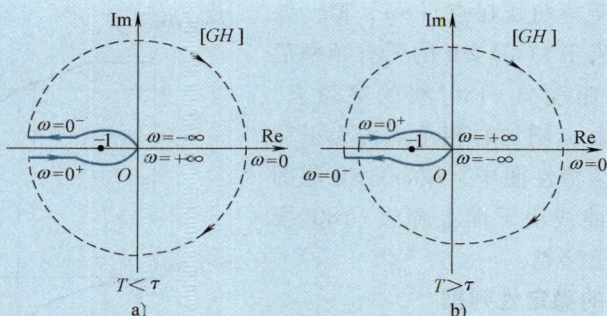

图 7-15　开环奈奎斯特图

a) $T < \tau$　b) $T > \tau$

7.3.3　根据开环伯德图判定闭环系统的稳定性

通常要想得到系统的精确极坐标图是比较困难的，而系统的对数坐标图相对容易画出。因此，希望能够利用系统开环伯德图来判别闭环系统的稳定性。由此带来了一个关键的问题：极坐标图中点 $(-1, j0)$ 左侧正、负穿越负实轴是如何和对数坐标图相对应的？它们之间有什么样的内在关系？

1. 伯德图与奈奎斯特图的关系

采用系统的奈奎斯特图作为其稳定性判据可知，若一个控制系统的开环是稳定的，则闭环系统稳定的充分必要条件是开环奈奎斯特特性 $G(j\omega)$ 不包围点 $(-1, j0)$。如图 7-15 所示，特性曲线 1 对应的闭环系统是稳定的，而特性曲线 2 对应的闭环系统是不稳定的。

系统开环频率特性的奈奎斯特图和伯德图之间存在着一定的对应关系。如果开环频率特性 $G(j\omega)$ 与单位圆相交点的频率为 ω_c 而与负实轴相交点的频率为 ω_g，则当幅值 $A(\omega) \geq 1$ 时（在单位圆上或在单位圆外）就相当于

$$20\lg A(\omega) \geq 0 \qquad (7\text{-}15)$$

当幅值 $A(\omega) < 1$ 时（在单位圆内）就相当于

$$20\lg A(\omega) < 0 \qquad (7\text{-}16)$$

所以，对应于图 7-16 中的特性曲线 1（闭环系统是稳定的），在 ω_c 点处

图 7-16　表示稳定性的奈奎斯特图

$$L(\omega_c) = 20\lg A(\omega_c) = 0 \qquad (7\text{-}17)$$

$$\varphi(\omega_c) > -\pi \qquad (7\text{-}18)$$

而在 ω_g 点处

$$L(\omega_g) = 20\lg A(\omega_g) < 0 \qquad (7\text{-}19)$$

$$\varphi(\omega_g) = -\pi \qquad (7\text{-}20)$$

由此可知：奈奎斯特图上 $G_K(s)$ 上与单位圆与伯德图对数幅频特性的 0dB 线相对应，单位圆与负实轴的交点与伯德图对数相频特性的 $-\pi$ 轴对应，如图 7-17 所示。

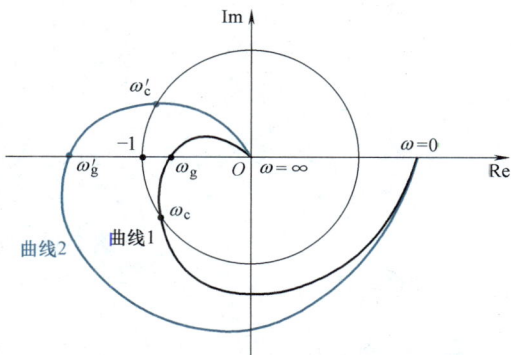

141

因此，开环奈奎斯特曲线在点（-1，j0）处与左实轴的穿越就相当于 $L(\omega) \geq 0$ 的所有频率范围内的对数相频特性曲线与 -180° 线的穿越点。由穿越的定义可知，由 ω 增加时相角增大为正穿越，所以，在对数相频特性图中，$L(\omega) \geq 0$ 范围内开环对数相频特性曲线由下而上穿过 -180° 线时为正穿越，反之为负穿越。

2. 对数频率特性的稳定性判据

如果系统开环是稳定的（即 $P=0$，通常是最小相位系统），则在 $L(\omega) \geq 0$ 的所有频率值 ω 下，相角 $\varphi(\omega)$ 不超过 -π 线或正、负穿越之差为零，那么闭环系统是稳定的。

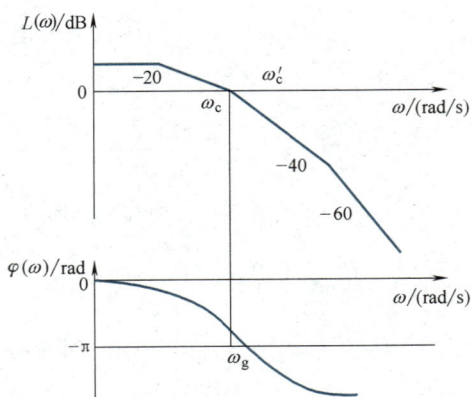

图 7-17 与图 7-16 中的曲线 1 对应的伯德图

如果系统在开环状态下的特征方程式有 P 个根在复平面的右边（即为非最小相位系统），它在闭环状态下稳定的充分必要条件是：在所有 $L(\omega) \geq 0$ 的频率范围内，相频特性曲线 $\varphi(\omega)$ 在 -π 线上的正、负穿越之差为 $P/2$。

例 7-11 已知系统开环特征方程的右根数 P，以及开环伯德图如图 7-18a~c 所示，试判断闭环系统的稳定性。

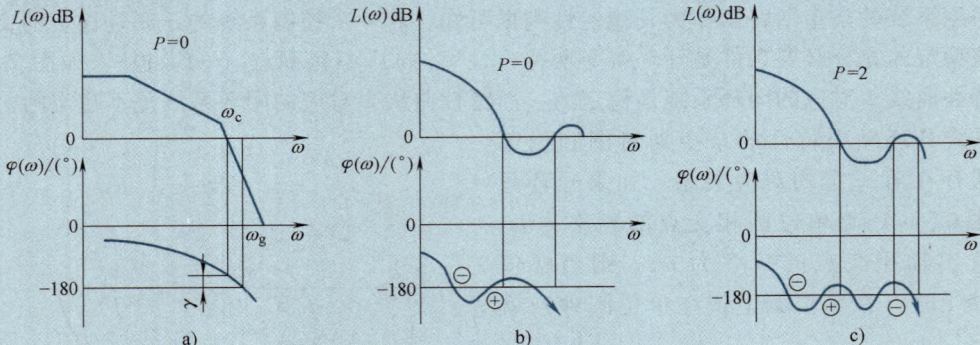

图 7-18 例 7-11 的伯德图

a) $P=0$ b) $P=0$ c) $P=2$

解 从图 7-18a 知 $P=0$，幅频特性 >0dB 时，相频特性曲线没有穿越 -180° 线，所以这个系统在闭环状态下是稳定的。

对于图 7-18b，幅频特性 >0dB 的各频段内，相频特性曲线对 -180° 线的正、负穿越之差为 $1-1=0=P/2$（其中 $P=0$），所以这个系统在闭环状态下是稳定的。

在图 7-18c 中，在幅频特性 >0dB 的各频段内，相频特性曲线对 -180° 线的正、负穿越之差为 $1-2=-1 \neq P/2$（其中 $P=2$），所以这个系统在闭环状态下是不稳定的。

7.4 系统的相对稳定性

用奈奎斯特稳定性判据只能判断系统是否稳定，但不能知道稳定的程度。由图 7-11 可知，即使是同样结构的系统，由于比例环节的取值不同，系统就可由稳定状态变成不稳定的。因此，希望实际的控制系统不仅是一个稳定的系统，而且要求它具有足够的稳定程度或稳定裕度。如果一个系统的稳定裕度大，那么即使系统受到一定的干扰，系统也完全可以工作在稳定的状态。

由于最小相位系统开环传递函数在 $[s]$ 平面右半面无极点，如果闭环系统是稳定的，则其开环传递函数的奈奎斯特轨迹不包围 $[L(s)]$ 平面上的点 $(-1, j0)$，并且奈奎斯特轨迹离点 $(-1, j0)$ 越远，系统的稳定性越高，或者说系统的稳定裕度越大。通常，用相位稳定裕度和幅值稳定裕度描述奈奎斯特轨迹离点 $(-1, j0)$ 的远近，进而描述系统稳定的程度。

1. 相位稳定裕度 γ

在 $[L(s)]$ 平面上，系统开环传递函数 $L(s)$ 的奈奎斯特轨迹与复平面上以原点为中心的单位圆相交的频率称为幅值穿越频率，用 ω_c 表示。定义交点的矢量与负实轴的夹角为相位稳定裕度，即

$$\gamma = \varphi(\omega_c) - (-180°) \tag{7-21}$$

显然，γ 在第二象限为负，在第三象限为正，分别如图 7-19a、b 所示。$\gamma > 0$ 时，系统稳定；$\gamma < 0$ 时，系统不稳定。由图 7-19a 可见，γ 越大，奈奎斯特轨迹离点 $(-1, j0)$ 越远，系统的稳定裕度越大。γ 越小，奈奎斯特轨迹离点 $(-1, j0)$ 越近，系统的稳定裕度越小。

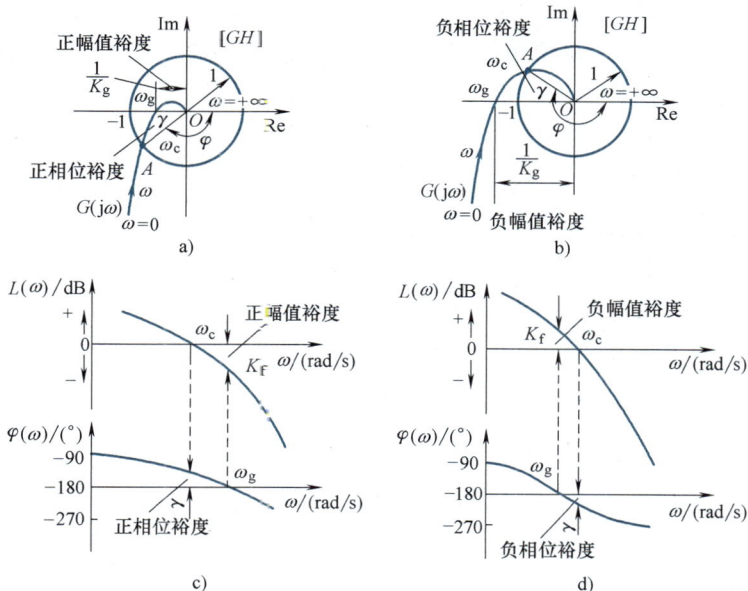

图 7-19 稳定裕度

a）稳定系统 b）不稳定系统 c）稳定系统 d）不稳定系统

注意到，$[L(s)]$ 平面上的单位圆对应伯德图上的 0dB 线，所以系统开环传递函数 $L(s)$ 的奈奎斯特图与单位圆的交点对应其幅频曲线与 0dB 线的交点。在伯德图上幅值穿越频率 ω_c 常称为剪切频率。在相频特性图上，相位稳定裕度 γ 是相频特性在 $\omega = \omega_c$ 时与 $-180°$ 的相位差，如图 7-19c 和 d 所示。

2. 幅值稳定裕度 K_g

在 $[L(s)]$ 平面上，$L(s)$ 的奈奎斯特图与负实轴相交的频率称为相位穿越频率，用 ω_g 表示。交点处幅值的倒数称为幅值稳定裕度，用 K_g 表示，即

$$K_g = \frac{1}{|G(j\omega_g)H(j\omega_g)|} \tag{7-22}$$

如图 7-19a 和 b 所示。

$[L(s)]$ 平面上的负实轴对应伯德图上的 $-180°$ 线，所以系统开环传递函数 $L(s)$ 的奈奎斯特图与负实轴的交点对应其相频特性曲线与 $-180°$ 线的交点。在伯德图上，幅值稳定裕度以分贝表示时，记为 K_f，如图 7-19c 和 d 所示。用公式表示为

$$K_f = 20\lg K_g = 20\lg \frac{1}{|G(j\omega_g)H(j\omega_g)|} = -20\lg|G(j\omega_g)H(j\omega_g)| \tag{7-23}$$

对于最小相位开环系统，若相位稳定裕度 $\gamma>0$，且幅值稳定裕度 $K_f>0$，则对应的闭环系统稳定；否则，不一定稳定。在工程实践中，对于开环最小相位系统，应选取：$30°<\gamma<60°$，$6\text{dB}<K_f<20\text{dB}$。

例 7-12 已知单位负反馈系统的闭环传递函数为

$$G_B(s) = \frac{K}{0.1s^3+0.7s^2+s+K}$$

求使此闭环系统稳定时 K 的取值范围。当 $K=4$ 时，求闭环系统的相位稳定裕度 γ 和幅值稳定裕度 K_f。

解 此闭环系统的特征方程为

$$0.1s^3+0.7s^2+s+K=0$$

按赫尔维茨稳定性判据判断 K 的取值范围。

此特征方程的系数为

$$a_3=0.1,\quad a_2=0.7,\quad a_1=1,\quad a_0=K$$

因为要求 $a_i>0$，所以 $K>0$。

由于其二阶主子式 >0，得

$$\Delta_2 = \begin{vmatrix} a_2 & a_0 \\ a_3 & a_1 \end{vmatrix} = \begin{vmatrix} 0.7 & K \\ 0.1 & 1 \end{vmatrix} = 0.7-0.1K>0$$

所以 $0<K<7$。

当 $K=4$ 时，其闭环传递函数为

$$G_B(s) = \frac{4}{0.1s^3+0.7s^2+s+4}$$

开环传递函数为

$$G_K = \frac{G_B(s)}{1-G_B(s)} = \frac{4}{0.1s^3+0.7s^2+s}$$

开环频率特性为

144

$$G_K(j\omega) = \frac{4}{0.1(j\omega)^3 + 0.7(j\omega)^2 + j\omega}$$

$$= \frac{4}{\omega\sqrt{(0.7\omega)^2 + (0.1\omega^2 - 1)^2}}\exp\left(-90° - \arctan\frac{0.7\omega}{1 - 0.1\omega^2}\right)$$

1）求幅值穿越频率 ω_c 和相位稳定裕度 γ。令 $|G_K(j\omega_c)| = 1$，即

$$\frac{4}{\omega_c\sqrt{(0.7\omega_c)^2 + (0.1\omega_c^2 - 1)^2}} = 1$$

解此方程，得

$$\omega_c^2 = 5.5, \quad \omega_c = 2.345$$

由系统开环频率特性的表达式可知

$$\varphi(\omega_c) = -90° + \arctan\left(\frac{0.7\omega_c}{1 - 0.1\omega_c^2}\right) = -90° - 15.33°$$

显然

$$\gamma = 180° + \varphi(\omega_c) = 74.66°$$

2）求相位穿越频率 ω_g 和幅值稳定裕度 K_f。根据相位穿越频率 ω_g 的定义，有

$$1 - 0.1\omega_g^2 = 0, \quad \omega_g^2 = 10, \quad \omega_g = 3.162$$

根据幅值稳定裕度的定义，有

$$K_f = 20\lg K_g = 20\lg\frac{1}{|G_K(j\omega_g)|} = 20\lg 1.75\text{dB} = 4.86\text{dB}$$

由此可见，当 $K = 4$ 时，系统是稳定的。

145

值得注意的是，在求系统稳定裕度时，应根据系统开环频率特性 $G_K(j\omega)$ 确定幅值穿越频率 ω_c 和相位穿越频率 ω_g。

3. 关于相位裕度和幅值裕度的几点说明

1）控制系统的相位裕度和幅值裕度是极坐标图对点 $(-1, j0)$ 靠近程度的度量。因此，可以用这两个裕度量作为设计准则。为了确定系统的相对稳定性，两个量必须同时给出。

2）对于最小相位系统，只有当相位裕度和幅值裕度都是正值时，系统才是稳定的。负的稳定裕度表示系统是不稳定的。

3）为了得到满意的性能，相位裕度应当为 $30° \sim 60°$，而幅值裕度应当 $>6\text{dB}$，当对最小相位系统按此数值设计时，即使开环增益和元件的时间常数在一定范围内发生变化，也能保证系统的稳定性。

课外阅读　谢绪恺稳定性判据

谢绪恺，1925 年生人，教授，博导。四川汉州（今广汉）人。1981 年加入中国共产

党。1947年毕业于中央大学电机系无线电专业，被安排到上海民航局工作两年。1952年到东北大学（当时为东北工学院）工作，历任电气工程系讲师，数学系副教授、教授，是当年东北大学控制理论"第一人"，并编著有控制科学早期教材之一《现代控制理论基础》。1957年参加全国首届力学学术会议，报告中的一项成果被命名为"谢绪恺判据"，成为国际上自动化学界首次以中国人名字命名的成果。

1949年5月，谢绪恺到了广州，恰好是国民党大溃退，本来应当去台湾的他无意间看到了共产党的《新华日报》，了解到国民党的昏庸与腐败，于是毅然决然地留了下来。应聘到了东北后，谢绪恺曾任大连工学院电信系讲师，1952年高等学校院系调整，他又到了东北大学。

据谢绪恺介绍，在自动控制科学领域，控制系统的稳定性研究是一个绕不开的课题。稳定性是控制系统最重要的特性，控制系统在实际运行过程中总是不可避免地受到一些外在和内在因素的干扰，如运行环境的变动、控制系统参数的改变等。因而，自动控制理论的一个基本任务就是研究控制系统的稳定性问题，并且找出措施来保证控制系统的稳定运行。经过大胆假设和缜密论证，谢绪恺打破常规，给出了线性控制系统稳定性的新代数判据。那时，他刚刚32岁。

所谓"谢绪恺判据"，用谢绪恺自己的话说就是"稳定性是系统能够工作的首要条件，就好像人走路不稳就要摔跤，我就是要尝试用一个代数判据来描述系统的稳定性，分别给出稳定性的充分条件和必要条件，这样的判据较之经典判据计算量要小得多，因而使用起来更方便，工程的实用价值更大"。

1957年早春，中国第一届力学学术会议在北京召开。谢绪恺主动提交论文，并破天荒被邀请参加。开会当日，钱学森、周培源、钱伟长等众多力学界大师悉数到会，盛况空前。提起这次半个多世纪前的会议，谢绪恺仍然记忆犹新："我所在的小组共5人，一位哈军工的老教授讲完后，我第二个发言，步入会场时不觉眼前一亮，钱学森先生在第三排正中赫然就座，其后一排偏右的是著名数学家秦元勋先生，我内心非常激动，在汇报自己在线性系统稳定性方面的一些探索时，渐渐进入角色。"

当时，令年轻的谢绪恺惊喜的是，钱学森先生高度肯定了他另辟蹊径的创新思路，还点拨他说："可以将你判据中的常数改为随机变量，这项工作尚无人开始研究，肯定能出成果。"不久后，秦元勋先生在北京主持了一个微分方程讨论班，并邀请谢绪恺参加，继续深造。其间，秦元勋先生高兴地告诉谢绪恺："我已向华罗庚先生汇报了你的成果，华老一听，马上拍桌子说：'成果太漂亮了'！"前辈的期许令谢绪恺备受鼓舞，激励着他在学术的道路上策马扬鞭。

1959年，复旦大学数学系主编的教材《一般力学》中，将谢绪恺在力学学术会议上所报告的成果命名为"谢绪恺判据"。10余年后，沈阳计算技术研究所研究员聂义勇改进了判据中的充分条件，于是有了"谢绪恺-聂义勇判据"。清华大学教授吴麒、王诗宓主编的教材《自动控制原理》将"谢绪恺-聂义勇判据"与世界公认的两大判据——"劳斯判据"和"赫尔维茨判据"并列，将原有的两大判据变成三大判据，从而在稳定性方面开始出现以中国人命名的研究成果。

谢旭恺判据

系统特征方程：$a_n s^n + a_{n-1} s^{n-1} + \cdots + a_1 s + a_0 = 0$

系统稳定的必要条件：$a_i a_{i+1} > a_{i-1} a_{i+2}$　（$i=1,2,\cdots,n-2$）

系统稳定的充分条件：$\dfrac{1}{3} a_i a_{i+1} > a_{i-1} a_{i+2}$　（$i=1,2,\cdots,n-2$）

聂义勇推广了必要条件，提出了另一个充分条件，定义了判定系数

$$a_j = \frac{a_{i-1} a_{i+2}}{c_i a_{i+1}} \quad (i=1,2,\cdots,n-2)$$

1973 年聂义勇证明了 $a_j < 0.4655$，即系统稳定的充分条件为

$$0.4655 a_i a_{i+1} > a_{i-1} a_{i+2} \quad (i=1,2,\cdots,n-2,n \geq 5)$$

上面判据的优点是形式简单、便于记忆。只要满足上式，系统一定是稳定的，但它不是系统稳定的充分必要条件。

思考题与习题

7-1　系统稳定性的定义是什么？

7-2　一个系统稳定的充要条件是什么？

7-3　相位裕度和幅值裕度是如何定义的？在极坐标和对数坐标上如何表示？

7-4　试举例说明生活中的稳定系统和不稳定系统。

7-5　对于图 7-20 所示系统，判断：

（1）当开环增益 K 由 20 下降到何值时，系统临界稳定。

（2）当 $K=20$，其中一个惯性环节时间常数 T 由 0.1s 下降到何值时，系统临界稳定。

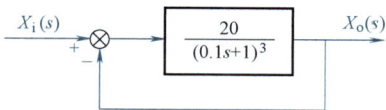

图 7-20　题 7-5 图

7-6　根据劳斯稳定性判据判定如下系统的稳定性：

（1）$D(s) = s^4 + 2s^3 + 10s^2 + 24s + 80 = 0$

（2）$D(s) = s^5 + 2s^4 + 2s^3 + 4s^2 + 11s + 10 = 0$

7-7　系统的特征方程如下，根据劳斯稳定性判据确定使系统稳定的 K 值。

（1）$D(s) = s^4 + 20Ks^3 + 5s^2 + (10+K)s + 1 = 0$

（2）$D(s) = s^3 + (0.8+K)s^2 + 4Ks + 26 = 0$

（3）$D(s) = s^4 + Ks^3 + s^2 + s + 1 = 0$

7-8　设单位反馈系统的开环传递函数为 $G_K(s) = \dfrac{K}{s(s+1)(s+2)}$，试确定系统稳定时开环放大系数（开环增益）$K$ 值的范围。

7-9　系统的传递函数框图如图 7-21 所示，K 和 α 取何值时，系统将维持角频率 $\omega = 2s^{-1}$ 的持续振荡？

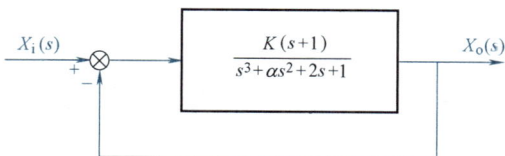

7-10　试判别具有下列传递函数的系统是否稳定：

图 7-21　题 7-9 图

147

（1）$G(s) = \dfrac{10(s+1)}{s(s-1)(s+5)}$ $\qquad$ $H(s) = 1$

（2）$G(s) = \dfrac{10}{s(s-1)(2s+3)}$ $\qquad$ $H(s) = 1$

其中，$G(s)$ 为系统的向前通道传递函数，$H(s)$ 为系统的反馈通道传递函数。

7-11 系统传递函数框图如图 7-22 所示，已知 $T_1 = 0.1$，$T_2 = 0.25$，试求：

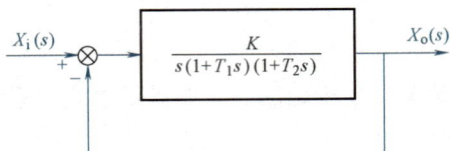

图 7-22 题 7-11 图

（1）系统稳定时 K 值的取值范围。

（2）若要求系统的特征根均位于 $s = -1$ 垂线的左侧，K 值的取值范围。

7-12 判别如图 7-23 所示系统的稳定性。

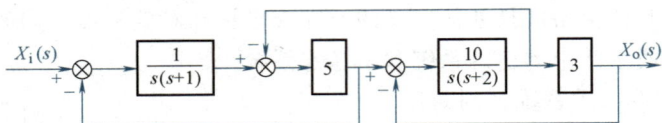

图 7-23 题 7-12 图

7-13 设系统的开环传递函数为

$$G_K(s) = \frac{K}{s(s+1)(0.2s+1)}$$

求 $K = 10$ 及 $K = 100$ 时的相位裕度 γ 和幅值裕度 K_g。

7-14 试用对数频率特性求取系统 $G(s) = \dfrac{2}{s(1+0.1s)(1+0.5s)}$ 的相位裕度 γ 和幅值裕度 K_g，并判断闭环系统的稳定性。

第8章

控制系统的根轨迹分析

控制系统的基本特性主要由特征根决定。1948年美国科学家伊万斯（Evans）提出了当参数变化时，闭环系统特征方程在 [s] 平面上的变化轨迹即为根轨迹。根轨迹法就是当系统中的某个参数变化时，利用已知条件（如开环零、极点）绘制闭环系统特征根轨迹的图解法。根轨迹法简便、直观以及物理概念清晰，是分析和设计反馈控制系统的有效工具，在工程实践中获得了广泛应用。本章阐述了根轨迹的基本概念与性质，重点讨论了绘制根轨迹的基本法则和闭环极点的确定方法，最后介绍了增加开环零极点对根轨迹的影响。

8.1 根轨迹概述

8.1.1 根轨迹

根轨迹是指当系统某个参数（如开环增益 K）从零变到无穷大时，特征根在 [s] 平面上移动的轨迹，称为根轨迹。下面以图8-1所示系统为例，介绍根轨迹的概念。

图8-1所示系统的开环传递函数为 $G(s)H(s) = \dfrac{K}{s(s+1)}$，由此可得到闭环传递函数为 $G_B(s) = \dfrac{K}{s^2+s+K}$，则系统特征方程为：$s^2+s+K=0$。特征方程的根，即闭环传递函数的极点为：$s_1 = -0.5 + 0.5\sqrt{1-4K}$，$s_2 = -0.5 - 0.5\sqrt{1-4K}$，$s_1$ 和 s_2 随着开环增益 K 的改变而改变。

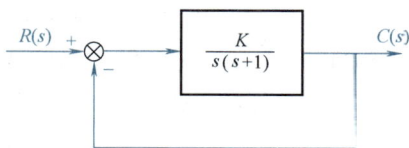

图 8-1 二阶系统框图

下面寻找开环增益 K 从 0 到无穷变化时特征根在 [s] 平面上的移动轨迹。

当 $K=0$ 时，$s_1=0$，$s_2=-1$；当 $K=\dfrac{1}{4}$ 时，$s_1=-0.5$，$s_2=-0.5$；当 $K=\dfrac{1}{2}$ 时，$s_1=-0.5+$ j0.5，$s_2=-0.5-$j0.5；当 $K=\infty$ 时，$s_1=-0.5+$j∞，$s_2=-0.5-$j∞。

将以上结果标注在图8-2所示的 [s] 平面上，并用平滑曲线将其连接起来，便得到特征根 s_1、s_2 在 [s] 平面上的移动轨迹。可以看出，根轨迹全面地描述了开环增益参数 K 对特征根分布的影响。

根轨迹与系统性能之间有密切的联系。利用根轨迹不仅能够分析闭环系统的动态性能以及参数变化对系统动态性能的影响，而且还可以根据对系统动态性

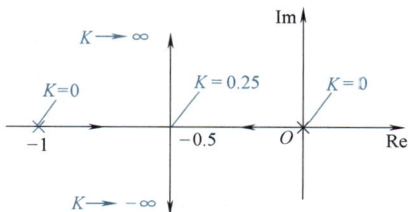

图 8-2 二阶系统的根轨迹

能的要求确定可变参数和调整开环零、极点位置以及改变它们的个数。这就是说，利用根轨迹可以解决线性系统的分析和综合问题，这种方法称为根轨迹法。由于它是一种图解求根的方法，比较直观，避免了求解高阶系统特征根的麻烦，所以，根轨迹法在工程实践中获得了广泛的应用。

采用根轨迹法分析和设计系统，必须绘制出根轨迹。用数学解析法去逐个求出特征方程的根再绘制根轨迹，十分困难且没有意义。重要的是找到一些规律，以便根据开环传递函数与闭环传递函数的关系以及开环传递函数零点和极点的分布，迅速绘出闭环系统的根轨迹。这种作图方法的基础就是根轨迹方程。

8.1.2 根轨迹方程

既然根轨迹是特征根随参数 K 变化的轨迹，那么描述其变化关系的特征方程就是根轨迹方程。

控制系统的一般结构如图 8-3 所示，系统的闭环传递函数为

$$G_B(s) = \frac{X_o(s)}{X_i(s)} = \frac{G(s)}{1+G(s)H(s)} \quad (8-1)$$

式中，$G(s)H(s)$ 为系统的开环传递函数，得系统的特征方程为

$$1+G(s)H(s) = 0$$

或

$$G(s)H(s) = -1 \quad (8-2)$$

图 8-3 控制系统的一般结构

满足上面方程的 s 值必然是根轨迹上的点，根轨迹上的点也必然满足上面的方程，式（8-2）称为根轨迹方程（实质是系统的特征方程）。

由于 s 是复数，$G(s)H(s)$ 必然也是复数，所以式（8-2）可以改写成

$$|G(s)H(s)|e^{j\angle G(s)H(s)} = 1e^{\pm j(2k+1)\pi} \quad (k=0,1,2,\cdots)$$

由该方程可以得到根轨迹的幅值条件

$$|G(s)H(s)| = 1 \quad (8-3)$$

相角条件

$$\angle G(s)H(s) = \pm(2k+1)\pi \quad (k=0,1,2,\cdots) \quad (8-4)$$

绘制根轨迹时，需将开环传递函数化为用零、极点表示的标准形式，即

$$G_K(s) = K\frac{\prod_{j=1}^{m}(s-z_j)}{\prod_{i=1}^{n}(s-p_i)} \quad (n>m) \quad (8-5)$$

式中，z_j 为系统开环零点（$j=1,\cdots,m$）；p_i 为系统的开环极点（$i=1,\cdots,n$）；K 为系统根轨迹增益，或称开环增益。

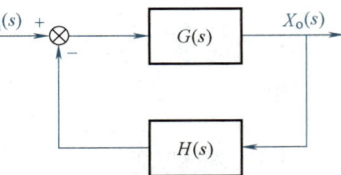

8.2 根轨迹的绘制方法

对负反馈闭环控制系统，当以系统根轨迹增益 K 为参变量时，按以下各规则绘制根轨迹。这些规则是根据根轨迹方程的幅值条件和相角条件导出的。读者掌握了这些规则，就可以轻松绘制根轨迹图形。

8.2.1 根轨迹的作图规则

讨论以下根轨迹绘制的基本规则时必须满足两个条件：①系统为负反馈系统；②所绘制的根轨迹特指开环增益 K 从 $0 \rightarrow \infty$ 变化时系统的根轨迹（其他参数变化，经适当变换才可使用如下基本规则）。有了根轨迹的基本规则，可根据已知的开环传递函数的零、极点，直接绘制系统的根轨迹。

1. 根轨迹的条数

n 阶系统有 n 条根轨迹。n 阶系统的特征方程有 n 个特征根，当开环增益 K 从 $0 \rightarrow \infty$ 变化时，n 个特征根随着变化，在 $[s]$ 平面上出现 n 条根轨迹。

2. 根轨迹对称于实轴

闭环极点若为实数，则位于 $[s]$ 平面实轴上；若为复数，则共轭出现，所以 $[s]$ 平面上的根轨迹必然对称于实轴。

3. 根轨迹的起点和终点

根轨迹起始于开环极点（在根轨迹中，开环极点一般用"×"来表示），终止于开环零点（零点一般用"○"来表示）。如果开环零点数 m 小于开环极点数 n，则有 $(n-m)$ 条根轨迹终止于无穷远处。

4. 实轴上的根轨迹

实轴上的某一区域，若该区域右侧的开环零点和极点个数之和（包含右端点）为奇数，则该区域必有根轨迹。通过此法则，可以很快确定在 $[s]$ 平面的实轴上哪些区段有根轨迹。

> **例 8-1** 系统的开环传递函数分别为
>
> $$G(s) = \frac{K}{s}, \quad G(s) = \frac{K}{s+p}, \quad G(s) = \frac{K(s+z)}{s+p}(|z|>|p|)$$
>
> 则实轴上的根轨迹如图 8-4 所示。

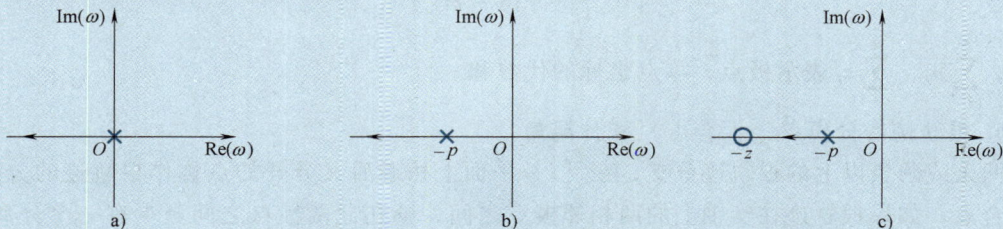

图 8-4 实轴上的根轨迹

a) $G(s) = \dfrac{K}{s}$ b) $G(s) = \dfrac{K}{s+p}$ c) $G(s) = \dfrac{K(s+z)}{s+p}(|z|>|p|)$

例 8-2　系统的开环传递函数为

$$G(s) = \frac{K(s+1)(s+2)}{s(s+3)(s+4)}$$

试绘制出系统的根轨迹。

解　1）因为是 3 阶系统，所以有 3 条根轨迹。

2）根轨迹对称于实轴。

3）系统开环极点为：$p_1 = 0$，$p_2 = -3$，$p_3 = -4$；开环零点为：$z_1 = -1$，$z_2 = -2$。3 条根轨迹分别起于 p_1、p_2、p_3，终于 z_1、z_2 及无穷远。

4）由规则 4 知，实轴上区间 $[-1, 0]$、$[-3, -2]$、$(-\infty, -4]$ 存在根轨迹，如图 8-5 所示。

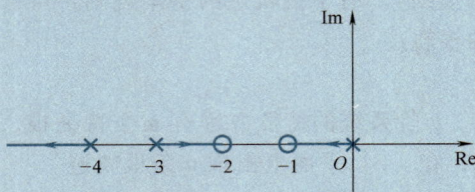

图 8-5　实轴上的根轨迹

5. 根轨迹的渐近线

根轨迹的渐近线的方位。如果系统开环零点数 m 小于开环极点数 n，则趋于无穷远的根轨迹应有 $(n-m)$ 条。这些趋于无穷远的根轨迹的方位，由渐近线的两个参数，即渐近线的倾角和渐近线与实轴的交点来确定。

（1）渐近线的倾角　渐近线与实轴正方向的夹角（用 ϕ 表示）为

$$\phi = \frac{(2k+1)\pi}{n-m} \tag{8-6}$$

式中，k 依次取 0，±1，±2，…一直到获得 $(n-m)$ 个倾角为止。

（2）渐近线与实轴的交点（用 σ_{a} 表示）

$$\sigma_{\mathrm{a}} = \frac{\displaystyle\sum_{i=1}^{n} p_i - \sum_{j=1}^{m} z_j}{n-m} \tag{8-7}$$

式中，$\displaystyle\sum_{i=1}^{n} p_i$、$\displaystyle\sum_{j=1}^{m} z_j$ 表示极点、零点坐标的代数和。

6. 根轨迹的分离点（汇合点）和分离角

两条或两条以上的根轨迹分支，在 $[s]$ 平面上相遇后又分开的点称作根轨迹的分离点或汇合点。如果根轨迹在实轴上的两相邻极点之间，则在此两极点之间至少有一个分离点；如果根轨迹在两相邻零点（一个零点可以在无穷远处）之间，则在此两零点之间至少有一个汇合点。分离点和汇合点对应闭环传递函数二重以上的极点。分离点和汇合点可按照下式计算：

$$\sum_{j=1}^{m} \frac{1}{d-z_j} = \sum_{i=1}^{n} \frac{1}{d-p_i} \qquad (8-8)$$

式中，d 为分离点或汇合点的坐标；z_j 为各开环零点的坐标；p_i 为各开环极点的坐标。

应当指出，如果开环系统无零点，则在分离点方程（8-8）中，应取

$$\sum_{i=1}^{n} \frac{1}{d-p_i} = 0$$

分离角定义为根轨迹进入分离点的切线方向与离开分离点的切线方向之间的夹角，此处不加证明地给出分离角公式，即

$$\alpha_d = (2k-1)\pi/l \quad (k=0,1,\cdots,l-1) \qquad (8-9)$$

式中，l 为进入该分离点的根轨迹的条数，即特征方程重根的数目。显然，当 $l=2$ 时，分离角必为直角。

下面介绍另一种求分离点的方法。将系统根轨迹方程（8-2）变换成

$$K = -\frac{\prod_{i=1}^{n}(s-p_i)}{\prod_{j=1}^{m}(s-z_j)} \qquad (8-10)$$

则分离点是满足方程

$$\frac{dK}{ds} = 0 \qquad (8-11)$$

的解。

应当指出，上述两种求解分离点的方法都是非充分性的，也就是说，满足方程（8-8）和方程（8-11）的根不一定都是分离点，只有代入特征方程后求出对应的 K，满足 $K>0$ 的那些根才是真正的分离点。

例 8-3 某单位负反馈系统的开环传递函数为

$$G_K(s) = \frac{2K}{s(s+1)(s+2)}$$

试确定该系统的根轨迹分支数、起点和终点，实轴上的根轨迹以及根轨迹的渐近线与实轴的夹角、交点。

解 1）根据规则 1 知，有 3 条根轨迹。

2）根据规则 2 知，根轨迹对称于实轴。

3）系统开环极点为 $p_1=0$，$p_2=-1$，$p_3=-2$，没有开环零点；$n=3$，$m=0$，$n-m=3$，应有 3 条渐近线，3 条根轨迹分别起于 p_1、p_2、p_3，终于无穷。

4）渐近线的方位。

$$\phi = \frac{(2k+1)\pi}{n-m} = \frac{(2k+1)\pi}{3}$$

取 $k=0$，±1，得到

$$\phi_1 = 60°, \quad \phi_2 = -60°, \quad \phi_3 = 180°$$

153

$$\sigma_a = \frac{\sum\limits_{i=1}^{n} p_i - \sum\limits_{j=1}^{m} z_j}{n-m} = \frac{0 + (-1) + (-2)}{3} = -1$$

实轴上的根轨迹及 3 条渐近线将平面分成 3 等份。

5）根轨迹的分离点。根据式（8-11），有

$$2K = -s(s+1)(s+2) = -(s^3 + 3s^2 + 2s)$$

即

$$\frac{\mathrm{d}K}{\mathrm{d}s} = -\frac{1}{2}(3s^2 + 6s + 2) = 0$$

解得 $s_1 = -0.422$，$s_2 = -1.577$。根据规则 4，s_2 应该舍去。

6）区间 $[-1, 0]$，$(-\infty, -2)$ 为实轴上的根轨迹。

系统的根轨迹如图 8-6 所示。

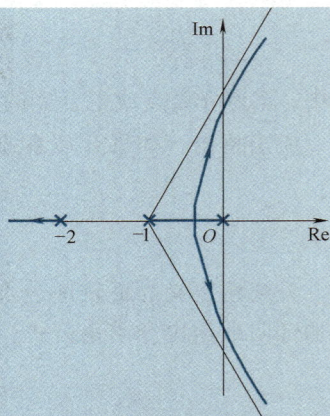

图 8-6　例 8-3 根轨迹

7. 具有复数极点的起始角与终止角

根轨迹的起始角是指根轨迹在起始点处的切线与水平正方向的夹角，用 θ_{p_k} 表示；而根轨迹终止角是指终止于某开环零点的根轨迹在终点处的切线与水平正方向的夹角，用 θ_{z_k} 表示。

在图 8-7 所示的根轨迹上，靠近起点 p_1 取一点 s_1，根轨迹相方程有

$$\angle(s_1 - z_1) - \angle(s_1 - p_1) - \angle(s_1 - p_2) - \angle(s_1 - p_3) = \pm(2k+1)\pi$$

当 s_1 无限靠近 p_1 时，则各开环零点、极点引向 s_1 的向量，就变成各开环零点、极点引向 p_1 的向量，这时 $\angle(s_1 - p_1)$ 即为起始角 θ_{p_1}，故

$$\theta_{p_1} = \pm(2k+1)\pi + \angle(p_1 - z_1) - \angle(p_1 - p_2) - \angle(p_1 - p_3) \quad (8\text{-}12)$$

图 8-7　根轨迹的起始角

将上面的分析加以推广，可得计算某开环极点 θ_{p_k} 处起始角的公式，即

$$\theta_{p_k} = \pm(2k+1)\pi + \sum_{j=1}^{m} \angle(p_k - z_j) - \sum_{\substack{i=1 \\ \neq k}}^{n} \angle(p_k - p_i) \quad (8\text{-}13)$$

式中，$\sum\limits_{j=1}^{m} \angle(p_k - z_j)$ 为极点 p_k 与零点 z_j 连线与正实轴的夹角之和；$\sum\limits_{\substack{i=1 \\ \neq k}}^{n} \angle(p_k - p_i)$ 为极点 p_k 与其他极点连线与正实轴的夹角之和。

同理可计算得某开环零点 θ_{z_k} 处终止角的公式，即

$$\theta_{z_k} = \pm(2k+1)\pi + \sum_{i=1}^{n} \angle(z_k - p_i) - \sum_{\substack{j=1 \\ \neq k}}^{m} \angle(z_k - z_j) \quad (8\text{-}14)$$

式中，$\sum\limits_{i=1}^{n} \angle(z_k - p_i)$ 为零点 z_k 与极点 p_i 连线与正实轴的夹角之和；$\sum\limits_{\substack{j=1 \\ \neq k}}^{m} \angle(z_k - z_j)$ 为零点 z_k 与其他零点连线与正实轴的夹角之和。

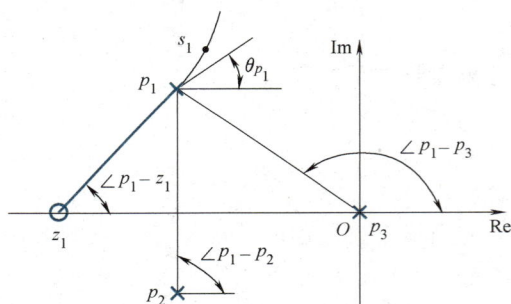

例 8-4　某系统的开环传递函数为 $G_K(s) = \dfrac{K(s+12)}{s^2(s+20)}$，绘制系统的根轨迹。

解　1）3 阶系统有 3 条根轨迹。

2）根轨迹对称于实轴。

3）系统开环极点为 $p_1 = 0$，$p_2 = 0$，$p_3 = -20$，开环零点为 $z_1 = -12$；其中 1 条根轨迹终止于点 $(-12, 0)$，另外两条终止于无穷远处。

4）确定实轴上的根轨迹在 $[-20, -12]$ 段。

5）确定渐近线：$n = 3$，$m = 1$，所以有 2 条渐近线。

渐近线的倾角：根据式（8-6）取 $k = -1$，0，得到

$\phi = \pm\dfrac{\pi}{2}$。

渐近线与实轴的交点：根据式（8-7），得 $\sigma_a = -4$。

6）确定分离点：根据式（8-10），得 $K = $

$-\dfrac{s^2(s+20)}{s+12}$。由 $\dfrac{dK}{ds} = 0$，得到

$$s_1 = 0, \qquad s_{2,3} = -14 \pm j2\sqrt{11} \text{（舍去）}$$

根轨迹如图 8-8 所示。

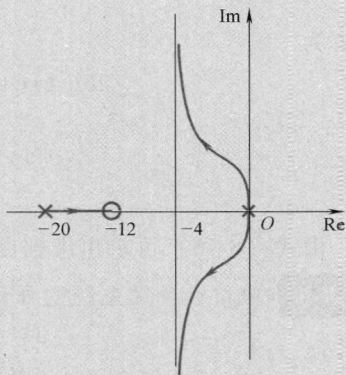

图 8-8　根轨迹（一）

例 8-5　某系统的开环传递函数为 $G_K(s) = \dfrac{K(s+1)}{s(s+2)(s+3)}$，绘制系统的根轨迹。

解　1）3 阶系统有 3 条根轨迹。

2）根轨迹对称于实轴。

3）系统开环极点为 $p_1 = 0$，$p_2 = -2$，$p_3 = -3$，开环零点为 $z_1 = -1$；其中 1 条根轨迹终止于点 $(-1, j0)$，另外两条终止于无穷远处。

4）确定实轴上的根轨迹在 $[-1, 0]$ 段。

5）确定渐近线线。$n = 3$，$m = 1$，所以有 2 条渐近线。

渐近线的倾角：根据式（8-6），取 $k = -1$，0，得到 $\phi = \pm\dfrac{\pi}{2}$。

渐近线与实轴的交点：根据式（8-7），$\sigma_a = -2$。

6）确定分离点。根据式（8-8），有

$$\frac{1}{d} + \frac{1}{d+2} + \frac{1}{d+3} = \frac{1}{d+1}$$

得到 $d = -2.47$。

系统根轨迹如图 8-9 所示。

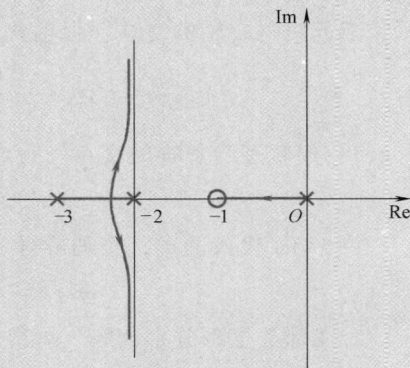

图 8-9　根轨迹（二）

8. 根轨迹与虚轴的交点

若根轨迹与虚轴相交，交点处闭环极点位于虚轴上，即特征方程有一对纯虚根，系统处于临界稳定状态。

计算交点坐标 ω 及相应的开环增益 K 的方法：在闭环特征方程中令 $s=\mathrm{j}\omega$，整理成实部和虚部的形式后使实部和虚部分别为零解得。

将 $s=\mathrm{j}\omega$ 代入闭环特征方程（8-2）中得

$$1+G(\mathrm{j}\omega)H(\mathrm{j}\omega)=0$$

分解为

$$\mathrm{Re}\big[1+G(\mathrm{j}\omega)H(\mathrm{j}\omega)\big]+\mathrm{jIm}\big[1+G(\mathrm{j}\omega)H(\mathrm{j}\omega)\big]=0 \tag{8-15}$$

令

$$\mathrm{Re}\big[1+G(\mathrm{j}\omega)H(\mathrm{j}\omega)\big]=0$$
$$\mathrm{Im}\big[1+G(\mathrm{j}\omega)H(\mathrm{j}\omega)\big]=0 \tag{8-16}$$

由式（8-16）可求出虚轴交点 ω 值和对应的临界增益 K 值。

例 8-6 单位负反馈系统的开环传递函数为

$$G(s)H(s)=\frac{K(0.5s+1)}{s(s/3+1)(s^2/2+s+1)}$$

试绘制系统的根轨迹。

解 由系统的开环传递函数得

$$G(s)H(s)=\frac{3K(s+2)}{s(s+3)(s^2+2s+2)}=\frac{K_\mathrm{g}(s+2)}{s(s+3)(s^2+2s+2)}$$

1）系统有 4 条根轨迹。

2）根轨迹对称于实轴。

3）系统开环零点为 $z_1=-2$，开环极点为 $p_1=0$，$p_2=-3$，$p_{3,4}=-1\pm\mathrm{j}$；其中 1 条根轨迹分支终止于有限零点 $(-2,\ \mathrm{j}0)$，另外 3 条根轨迹分支终点为无穷远处。

4）确定实轴上的根轨迹在 $(-\infty,\ -3]$ 段及 $[-2,\ 0]$ 段。

5）确定渐进线。$n=4$，$m=1$，所以有 3 条渐进线。

渐近线的倾角：根据式（8-6），取 $k=0$，± 1，得到 $\phi=\pm\dfrac{\pi}{3}$，π。

渐近线与实轴的交点：根据式（8-7），有

$$\sigma_\mathrm{a}=\frac{-3+(-1+\mathrm{j})+(-1-\mathrm{j})-(-2)}{4-1}=-1$$

6）根轨迹与虚轴的交点。写成系统的闭环特征方程为

$$s^4+5s^3+8s^2+(6+K_\mathrm{g})s+2K_\mathrm{g}=0$$

将 $s=\mathrm{j}\omega$ 代入上式，整理可得

$$\omega^4-8\omega^2+2K_\mathrm{g}+\mathrm{j}\big[-5\omega^3+(6+K_\mathrm{g})\omega\big]=0$$

令实部、虚部分别为零，可得

$$\begin{cases} \omega^4-8\omega^2+2K_\mathrm{g}=0 \\ -5\omega^3+(6+K_\mathrm{g})\omega=0 \end{cases}$$

联立求解可得（化简即可消除 K_g）

$$\begin{cases} K_g = 0 \\ \omega = 0 \end{cases} \quad 或 \quad \begin{cases} K_g \approx 7 \\ \omega \approx \pm 1.61 \end{cases}$$

7）起始角计算。

根据图 8-10，将相应点连线，得

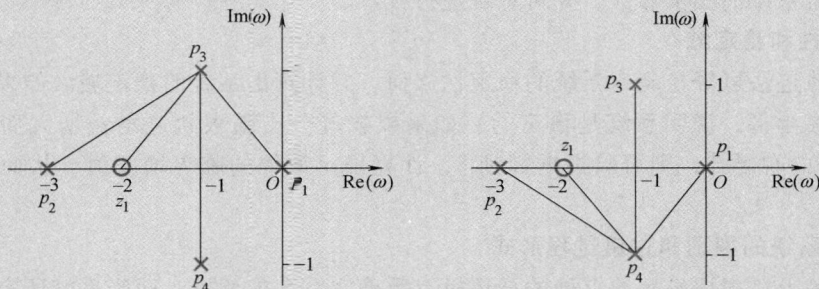

图 8-10 分离角

$$\theta_{p_3} = 180° + (45°) - (135° + 90° + 26.6°) = -26.6°$$

$$\theta_{p_4} = 180° + (-45°) - (-135° - 90° - 26.6°) = 26.6°$$

画出概略根轨迹如图 8-11 所示。

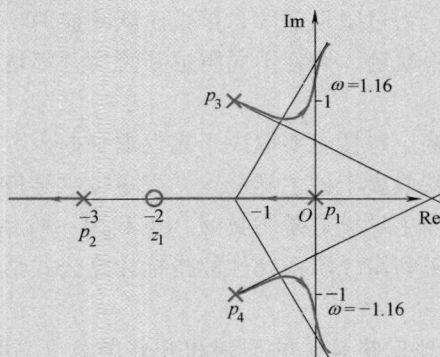

图 8-11 例 8-6 根轨迹

8.2.2 绘制根轨迹的一般步骤

1）根据给定的开环传递函数，求出开环零、极点，并将它们标在复平面上，极点用"×"表示，零点用"○"表示。

2）确定实轴上的根轨迹。

3）确定根轨迹的渐近线。

4）确定根轨迹的分离点（汇合点）。

5）确定根轨迹的分离角和汇合角。

6）确定根轨迹与虚轴的交点。

7）绘出根轨迹的概略形状。

8）必要时，对根轨迹进行修正，以画出系统精确的根轨迹。

8.3　利用根轨迹法进行系统性能分析

根轨迹携带有系统动态性能和稳态性能的相关信息。绘制系统的根轨迹，对其进行分析，容易确定系统的相关参数，并对系统进行校正。

1. 稳定性和稳定域

通过根轨迹法可轻松确定系统的稳定性如何，并计算出系统的稳定域。如果根轨迹位于 $[s]$ 平面的左半部，说明系统是稳定的。如果根轨迹分支随根轨迹增益增大而穿过虚轴进入 $[s]$ 平面的右半部，则可以根据规则8，计算确定系统的临界增益值，从而确定系统的稳定域。

2. 确定系统的型别和过渡过程形式

从根轨迹上可根据坐标原点处的开环极点数确定系统的型别。而当系统所有极点均位于实轴上且无闭环零点时，系统阶跃响应为非周期单调过程，否则呈振荡趋势。

3. 对低阶系统瞬态响应的分析以及对高阶系统瞬态响应的估计

以二阶系统为例，如果系统的极点为一对共轭复数，为欠阻尼系统，其单位阶跃响应瞬态分量幅值随时间以衰减振荡方式变化，衰减系数等于闭环极点到虚轴的距离，振荡频率等于闭环极点到实轴的距离；当系统极点为一对负实数重极点时，为临界阻尼系统；当系统极点为一对不相等的负实数时，为过阻尼系统，单位阶跃响应两项瞬态分量幅值都以单调衰减方式变化。因此，可根据其根轨迹，确定不同阻尼系统的开环增益的取值范围，并确定瞬态响应参数的变化情况。

对于高阶系统，其瞬态响应特性主要取决于靠近虚轴的少数几个闭环极点。当系统存在闭环主导极点时，瞬态响应就取决于该主导极点。可通过主导极点将高阶系统近似简化成低阶系统进行性能指标估算：当主导极点是实数时，可利用一阶系统性能指标计算公式估算；当主导极点是共轭复数时，可利用二阶系统性能指标计算公式估算。

4. 分析系统稳态特性

由于根轨迹可非常直观地反映系统的型别和开环增益 K，而决定系统稳态性能的因素正是系统的型别和开环增益 K 的大小，所以很容易根据系统根轨迹分析系统的稳态性能如何。

课外阅读　广义根轨迹

1948 年，伊万斯在"控制系统的图解分析"一文中提出了根轨迹法。当开环增益或其他参数改变时，其全部数值对应的闭环极点均可在根轨迹图上简便地确定。因为系统的稳定性由系统闭环极点唯一确定，而系统的稳态性能和动态性能又与闭环零、极点在 $[s]$ 平面上的位置密切相关，所以根轨迹图不仅可以直接给出闭环系统时间响应的全部信息，而且可以指明开环零、极点应该怎样变化才能满足给定的闭环系统的性能指标要求。

根轨迹是开环系统某一参数从零变到无穷时，闭环系统特征方程式的根在 $[s]$ 平面上变化的轨迹。根轨迹是分析和设计线性定常控制系统的图解方法，使用十分简便。

广义根轨迹是指除开环增益为变化参数的根轨迹以外，其他情形下的根轨迹的统称。绘制广义根轨迹的作图规则与常规根轨迹的绘制方法完全相同，关键是求出等效变换的开环传递函数。等效变换使等效系统与原系统具有相同的闭环极点，但闭环零点一般不同，等效变换可以将非开环增益的参数变换为与开环增益根轨迹同等的地位。下面介绍等效变换的方法。

（1）求系统的开环传递函数

$$G_K(s) = G(s)H(s) = F(K_t, s)$$

其中 K_t 是非开环增益的待分析参数。

（2）求系统的特征方程并分解

$$D(s) = 1 + G_K(s) = 1 + F(K_t, s) = F_1(s) + F_2(K_t, s) = 0$$

其中 F_1 是不含待分析参数的函数，F_2 是含待分析参数的函数。

（3）求等效的特征方程　用不含待分析参数的函数 F_1 除等效的特征方程的两端，得

$$D'(s) = 1 + \frac{F_2(K_t, s)}{F_1(s)} = 0$$

（4）求等效的开环传递函数

$$G'_K(s) = \frac{F_2(K_t, s)}{F_1(s)}$$

（5）绘制广义根轨迹　按照常规根轨迹绘制方法绘制广义根轨迹。

例 8-7　已知系统的开环传递函数为 $G_K(s) = \dfrac{0.25(s+a)}{s^2(s+1)}$，当参数 a 从零变化到 ∞ 时，

制系统的根轨迹。

解　1）求系统的特征方程并分解。

$$D(s) = 1 + G_K(s) = 1 + \frac{0.25(s+a)}{s^2(s+1)} = 0$$

化简得

$$D(s) = s^3 + s^2 + 0.25s + 0.25a = 0$$

2）求等效的特征方程。用 $s^3 + s^2 + 0.25s$ 除特征方程 $D'(s)$ 的两端，得

$$D'(s) = 1 + \frac{0.25a}{s^3 + s^2 + 0.25s} = 0$$

3）求等效的开环传递函数

$$G'_K(s) = \frac{0.25a}{s^3 + s^2 + 0.25s} = \frac{a}{s(2s+1)^2}$$

4）绘制广义根轨迹。按照常规根轨迹的绘制方法绘制广义根轨迹，如图8-12所示。

159

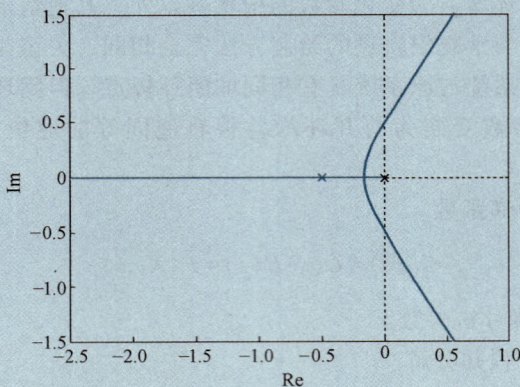

图 8-12 例 8-7 的广义根轨迹图

思考题与习题

8-1 在 [s] 平面内标出下列开环传递函数的零、极点。

(1) $G(s)H(s) = \dfrac{K(s+5)}{s(s+2)(s+3)}$

(2) $G(s)H(s) = \dfrac{K(s^2+2s+1)}{s(2s+1)(s^2+s+3)}$

8-2 已知负反馈系统的开环零、极点如图 8-13 所示，试绘制相应的根轨迹。

8-3 已知负反馈控制系统的开环传递函数，试绘制各系统的根轨迹。

(1) $G(s)H(s) = \dfrac{K}{s(s+2)(s+4)}$

(2) $G(s)H(s) = \dfrac{K}{(s+2)^2(s+4)}$

(3) $G(s)H(s) = \dfrac{K}{(s+2)^3}$

8-4 系统的开环传递函数为 $G(s)H(s) = \dfrac{K}{(s+1)(s+2)(s+4)}$，试证明 $s_1 = -1+j\sqrt{3}$ 点在系统的根轨迹上，并求出相应的 K 值。

8-5 考虑某个单位负反馈系统，其开环传递函数为 $G(s) = \dfrac{K(s+1)}{s^2+4s+5}$，试求：

(1) 离开复极点的根轨迹的分离角。

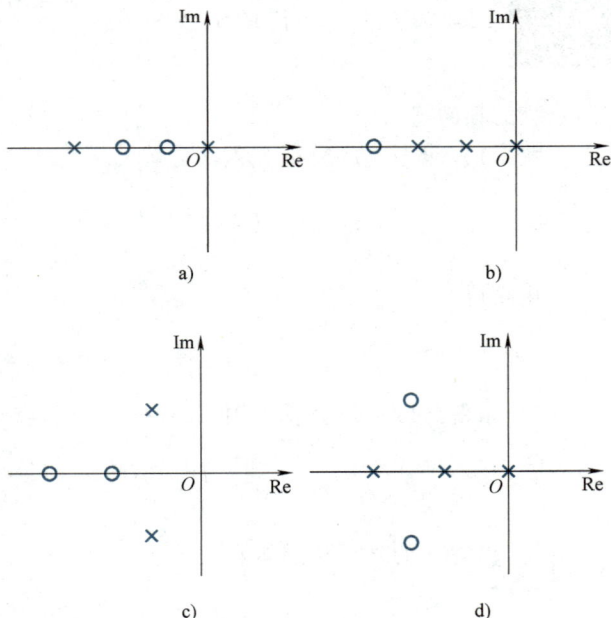

图 8-13 题 8-2 图

160

（2）进入实轴的根轨迹与实轴的交点。

8-6　设单位负反馈系统的开环传递函数为 $G(s) = \dfrac{K(s+1)}{s^2(s+9)}$，试画出闭环系统的根轨迹。当 3 个特征值均为实数且彼此相等时，求对应的增益 K 的值和闭环特征根。

8-7　某单位负反馈系统的开环传递函数为 $G(s) = \dfrac{K(s+2)}{s(s+1)}$。

（1）求根轨迹实轴上的分离点和汇合点。

（2）当复根的实部为 -2 时，求出系统的增益 K 和闭环特征根。

（3）画出根轨迹。

8-8　有一个开环传递函数为 $G(s)H(s) = \dfrac{K(s+1)}{s^2(0.5s+1)}$ 的负反馈系统，试绘制系统的根轨迹。

8-9　已知负反馈系统的开环传递函数为 $G(s)H(s) = \dfrac{K(s+a)}{s(s+1)(s+2)}$，试讨论零点 $z = -a$ 对系统根轨迹的影响（分别取 $a = 0.5$，1.5，3）。

第9章

控制系统的综合与校正

前面几章主要介绍控制系统的建模与性能分析，已经为控制系统的设计提供了必要的理论基础。本章主要讨论经典控制理论中系统设计的方法，即按控制系统需要的性能指标，寻求能够满足这些性能指标的校正方法。

9.1 概　　述

控制系统设计的一般步骤是：了解工作任务和要求，拟订系统的性能指标，确定方案，校正系统，实验并改进等。了解工作任务和要求，就是要明确系统输入与干扰信号的类型、工作周期、环境等；拟订系统的性能指标，包括静态和动态性能指标；确定方案，包括执行元件、测量元件的选用，采用开环还是闭环控制等；校正系统，就是根据系统已有性能，看是否满足设计要求，如不满足，需拟订校正装置并确定其参数；实验并改进是根据测量结果对校正装置进行参数确认，使系统满足设计要求。

9.1.1　校正的概念

在系统中增加新的环节，以改善系统性能的方法称为校正，增加的新环节称为校正环节。因在系统中增加了新的环节，造成系统的传递函数改变，系统的零、极点将重新分布。可见增加校正的实质就是将系统的零、极点进行重新配置，并使系统的性能得到改善。

系统校正不像系统分析具有唯一性和确定性，即能够满足系统性能指标要求的系统不是唯一的。在工程实际中，既要考虑系统良好的控制性能，又要考虑系统的工艺性、经济性、实用性和寿命、体积、质量等因素，应从几种方案中选取最合适的方案。

校正是控制系统设计的基本技术，控制系统的设计一般都需要通过校正这一步骤才能最终完成，从这个意义上讲，控制系统的设计本质上是寻找合适的校正环节。

9.1.2　校正的分类

按照校正环节在系统中的连接方式，校正可分为串联校正、并联校正。校正环节串联在系统的前向通道中，称为串联校正，包括增益校正、相位超前校正、相位滞后校正、相位滞后超前校正、PID 校正。并联校正包括反馈校正和顺馈校正。

按照校正环节是否有源可分为有源和无源校正。有源校正是由电阻、电容与运算放大器构成的网络，由于运算放大器是有源的，由它构成的校正环节称为有源校正。常采用的控制器包括比例控制器（P）、比例积分控制器（PI）、比例微分控制器（PD）、比例积分微分控

制器（PID）。串联校正的构成可以是无源校正，也可以是有源校正。

9.1.3 系统的性能指标

对整个控制系统的要求一般用性能指标表示，这些性能指标包括稳定性、响应快速性和控制精度三大方面。控制系统的性能指标一般分为两类，即时域性能指标和频域性能指标。时域性能指标包括瞬态性能指标和稳态性能指标。

1. 时域性能指标

（1）瞬态性能指标

1）上升时间 t_r。

2）峰值时间 t_p。

3）最大超调量 M_p。

4）调整时间 t_s。

5）振荡次数 N。

（2）稳态性能指标　稳态性能指标是指系统过渡过程结束后，系统的实际输出量与希望输出量之间的偏差，即系统稳态偏差，它表明了系统准确性的好坏。

2. 频域性能指标

1）相位裕度 γ 和幅值穿越频率 ω_c。

2）幅值裕度 K_g 或 $K_f(dB)$ 和相位穿越频率 ω_g。

3）谐振频率 ω_r 和谐振峰值 M_r。

4）截止频率 ω_b 和带宽。

在伯德幅频特性曲线上，幅值由零下降到 $-3dB$ 时所对应的频率称为截止频率 ω_b。即

$$20\lg \left| \frac{X_o}{X_i} \right| = -3dB \tag{9-1}$$

$$|X_c| = \frac{1}{\sqrt{2}} |X_i| = 0.707 |X_i| \tag{9-2}$$

$0 \sim \omega_b$ 称为系统的带宽，它表示当频率超过截止频率 ω_b 后，系统的输出幅值就急剧下降、衰减，无法跟踪输入，形成系统响应的截止状态。系统的带宽越大，该系统响应输入信号的快速性越好。

9.2　控制系统的串联校正

串联校正就是将校正环节串联在系统的前向通道上，如图 9-1 所示，$G_c(s)$ 即为校正环节的传递函数。因加入校正环节改变了系统的闭环传递函数和开环传递函数，所以系统的时域和频域特性也随之改变，达到改善系统性能的目的。

本节将介绍如何利用串联校正方法满足系统对稳定性、快速性和准确性方面的要求。

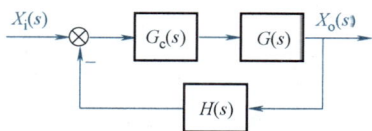

图 9-1　串联校正框图

9.2.1 增益校正

在几种串联校正中，增益校正的实现比较简单，如在液压伺服系统中，通过提高供油压力，就可以实现增益调整。增益校正就是在系统的前向通道上，串入一比例环节，即图 9-1 中 $G_c(s)$ 的传递函数为 $G_c(s)=K$，其伯德图和奈奎斯特图如图 9-2 所示。

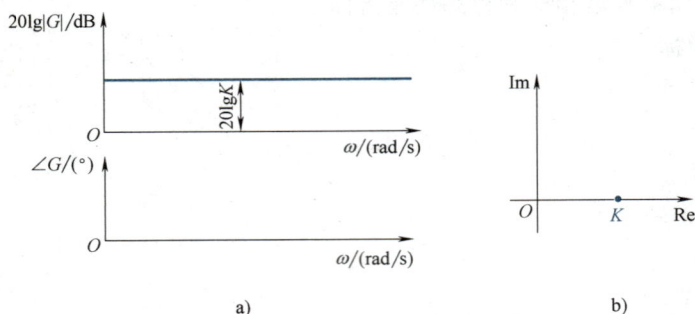

a)   b)

图 9-2 增益校正环节伯德图和奈奎斯特图
a）伯德图   b）奈奎斯特图

例 9-1 已知单位反馈系统的开环传递函数为 $G_K(s)=\dfrac{250}{s(1+0.1s)}$，要求仅改变增益，使系统的相位裕度 $\gamma \geqslant 50°$。

解 1）分析原系统，求系统幅值穿越频率 ω_c 和相位裕度 γ，伯德图如图 9-3 中的虚线所示。

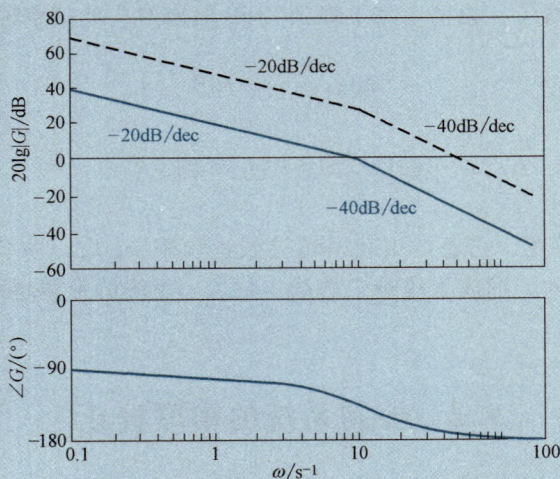

图 9-3 系统伯德图

根据 $|G_K(j\omega)|\big|_{\omega_c}=1$，得

$$\frac{250}{\omega_c\sqrt{1+0.01\omega_c^2}}=1$$

则 $\omega_{\text{c}} = 50\text{s}^{-1}$

$$\gamma = 180° + \angle G_{\text{K}} \big|_{\omega_{\text{c}}} = 180° + (-90° - \arctan 0.1\omega_{\text{c}}) = 11° < 50°$$

2）分析新系统。因仅改变增益，从系统的伯德图中可以看出，必须降低系统增益，使系统的幅值穿越频率减小，才能满足系统对相位裕度的需求。设新系统的幅值穿越频率为 ω_{c}'，则

$$\gamma = 180° + \angle G_{\text{K}} \big|_{\omega_{\text{c}}'} = 180° + [-90° - \arctan(0.1 \times \omega_{\text{c}}')] = 50°$$

得 $\omega_{\text{c}}' = 8.4\text{s}^{-1}$

求系统的新增益。根据 $|G_{\text{K}}'(\text{j}\omega)|_{\omega_{\text{c}}'} = 1$，得

$$\frac{K}{\omega_{\text{c}}' \sqrt{1 + 0.01\omega_{\text{c}}'^2}} = 1$$

其中 $\omega_{\text{c}}' = 8.4\text{s}^{-1}$，故得

$$K = 10.9$$

校正后系统的伯德图如图 9-3 中实线所示。

3）验算新系统的相位裕度。

$$\gamma = 180° + \angle G_{\text{K}}' |_{\omega_{\text{c}}'} = 180° + (-90° - \arctan 0.1\omega_{\text{c}}') = 50°$$

可见，减小增益，可以提高系统的稳定性，但系统的快速性和准确性会受到影响；加大增益，在使系统稳态误差减小的同时，却使系统的稳定性下降。仅调整增益，难以同时满足系统对动态和稳态性能的要求。当这样调整不能满足系统的性能要求时，需要采取其他的校正方法。增益调整通常作为校正环节的一个部分。

9.2.2 相位超前校正

相位超前校正环节可以通过图 9-4 所示的装置实现。

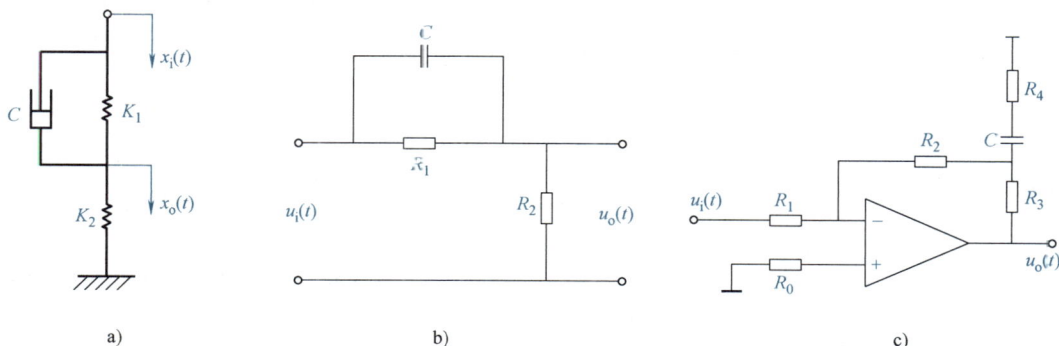

图 9-4 相位超前校正装置

a）机械网络　b）无源网络　c）有源网络

根据图 9-4b 可以得到相位超前校正环节的微分方程和传递函数：

$$i_{\text{C}} + i_{R_1} = i_{R_2} \tag{9-3}$$

$$C(\dot{u}_i - \dot{u}_o) + \frac{1}{R_1}(u_i - u_o) = \frac{u_o}{R_2} \tag{9-4}$$

将微分方程进行拉普拉斯变换得

$$\left(Cs + \frac{1}{R_1}\right)[U_i(s) - U_o(s)] = \frac{1}{R_2}U_o(s)$$

相位超前校正环节的传递函数为

$$G_c(s) = \frac{U_o(s)}{U_i(s)} = \frac{Cs + \dfrac{1}{R_1}}{Cs + \dfrac{1}{R_1} + \dfrac{1}{R_2}} = \frac{1 + R_1 Cs}{\dfrac{R_1 + R_2}{R_2}\left(1 + \dfrac{R_2}{R_1 + R_2}R_1 Cs\right)}$$

令 $\alpha = \dfrac{R_2}{R_1 + R_2} < 1$，$T = R_1 C$，则

$$G_c(s) = \frac{U_o(s)}{U_i(s)} = \alpha \frac{1 + Ts}{1 + \alpha Ts} \tag{9-5}$$

可见，此环节是由比例环节、一阶微分环节和惯性环节串联组成的。

相位超前校正环节的频率特性为

$$G_c(j\omega) = \alpha \frac{1 + j\omega T}{1 + j\alpha\omega T}$$

幅频特性

$$|G_c(j\omega)| = \alpha \sqrt{\frac{1 + (\omega T)^2}{1 + (\alpha\omega T)^2}}$$

相频特性

$$\angle G_c(j\omega) = \arctan\omega T - \arctan\alpha\omega T > 0$$

相位超前校正环节的伯德图如图 9-5 所示。

由频率特性可知，该环节在低频时，相当于比例环节；中频段时相当于比例微分环节；高频段时，该环节不起作用。

从图 9-5 可以看出，校正环节的相位角在 ω_m 处出现极值 φ_m，所以有

$$\frac{\partial \angle G_c(j\omega)}{\partial \omega} = 0$$

即

$$\frac{T}{1 + T^2\omega_m^2} - \frac{\alpha T}{1 + \alpha^2 T^2 \omega_m^2} = 0$$

图 9-5　相位超前校正环节的伯德图

$$\omega_m = \frac{1}{\sqrt{\alpha} T} \tag{9-6}$$

$$\lg\omega_m = \frac{1}{2}\left(\lg\frac{1}{\alpha T} + \lg\frac{1}{T}\right)$$

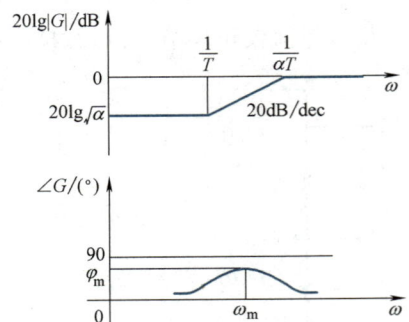

出现相位角极值的角频率在伯德图上是两个转角频率 $1/T$ 和 $1/(\alpha T)$ 的中点，该角度为

$$\sin\varphi_m = \frac{\dfrac{1-\alpha}{2}}{\dfrac{1+\alpha}{2}} = \frac{1-\alpha}{1+\alpha} \tag{9-7}$$

从以上分析可知：

1）幅值 $|G_c(j\omega)|$ 随频率 ω 的减小而减小，即低频信号被衰减，高频信号无衰减通过，所以相位超前校正环节相当于高通滤波器。

2）因 $\alpha<1$，相位 $\angle G_c(j\omega)>0$，即输出相位角超前输入相位角，可使系统的相位裕度增大，提高系统的稳定性。

3）超前校正环节的伯德图在两个转角频率 $1/T$ 和 $1/(\alpha T)$ 之间有一段斜率为 20dB/dec，可使系统的幅值穿越频率增大，频宽增大，提高系统的响应速度。

4）超前校正环节有一个 α 倍的增益衰减，为了不影响系统的稳态精度，必须将系统放大器的放大倍数提高 $1/\alpha$ 倍，这样系统的增益和类型并未改变，稳态精度提高较少。

例 9-2 已知单位反馈系统的开环传递函数为 $G_K(s) = \dfrac{K}{s(1+0.5s)}$，要求单位恒速输入时，稳态误差为 $e_{ss}=0.05$，系统的相位裕度 $\gamma \geqslant 50°$，幅值裕度 $K_g \geqslant 10\text{dB}$。

解 1）根据系统对稳态误差的要求，确定开环放大系数 K。

$$e_{ss} = \lim_{s \to 0} s \frac{1}{1+G_K(s)} \frac{1}{s^2} = \frac{1}{K} = 0.05$$

故 $K=20$ 即可满足系统对稳态误差的要求。

系统的开环传递函数为

$$G_K(s) = \frac{20}{s(1+0.5s)}$$

2）分析原系统，求系统幅值穿越频率 ω_c 和相位裕度 γ。系统伯德图如图 9-6 所示。根据 $|G_K(j\omega)|_{\omega_c} = 1$，得

$$\frac{20}{\omega_c\sqrt{1+0.25\omega_c^2}} = 1$$

则

$$\omega_c = 6.2\text{s}^{-1}$$

$$\gamma = 180° + \angle G_K|_{\omega_c} = 180° + (-90° - \arctan 0.5\omega_c)$$
$$= 17° < 50°$$

3）分析校正环节，求参数 α 和 T。原系统相位裕度 $\gamma = 17° < 50°$，比要求的少 $50° - 17° = 33°$，这部分应由校正环节弥补，且角度可以放大 $5° \sim 20°$ 以保证满足系统对稳定性的要求，则

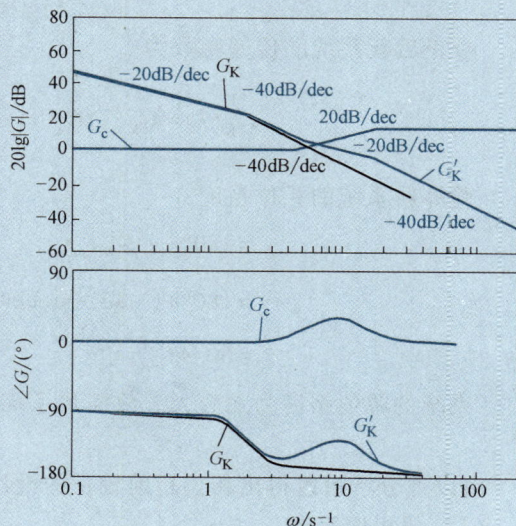

图 9-6 校正前后系统伯德图

$$\varphi_m = 50° - 17° + 5° = 38°$$

$$\sin\varphi_m = \frac{1-\alpha}{1+\alpha} = \sin 38°$$

所以 $\alpha = 0.24$。

若使 φ_m 全部构成 γ，校正环节的 ω_m 一定是新系统的幅值穿越频率 ω_c'，即必须保证

$$\frac{1}{\alpha}|G_K(j\omega)|_{\omega_m}|G_c(j\omega)|_{\omega_m} = 1$$

因 $\omega_m = \frac{1}{\sqrt{\alpha}T}$，所以

$$\frac{1}{\alpha}|G_c(j\omega)|_{\omega_m} = \sqrt{\frac{1+\omega_m^2 T^2}{1+\alpha^2\omega_m^2 T^2}} = \sqrt{\frac{1+\frac{1}{\alpha}}{1+\alpha}} = \sqrt{\frac{1}{\alpha}} = \sqrt{\frac{1}{0.24}} = 2$$

则

$$|G_K(j\omega)|_{\omega_m} = \frac{20}{\omega_m\sqrt{1+0.25\omega_m^2}} = \frac{1}{2}$$

得

$$\omega_m = \omega_c' = 9s^{-1}$$

根据 $\omega_m = \frac{1}{\sqrt{\alpha}T}$，得

$$T = \frac{1}{\omega_m\sqrt{\alpha}} = 0.23$$

4）分析新系统，求校正后系统的开环传递函数。因为 $\alpha = 0.24$，$T = 0.23$，所以

$$\omega_1 = \frac{1}{T} = 4.4s^{-1}, \quad \omega_2 = \frac{1}{\alpha T} = 18.2s^{-1}$$

校正环节的传递函数为

$$G_c(s) = \alpha\frac{1+Ts}{1+\alpha Ts} = 0.24 \times \frac{1+0.23s}{1+0.055s}$$

校正后新系统的传递函数为

$$G_K'(s) = G_K(s)G_c(s)\frac{1}{\alpha} = \frac{20}{s(1+0.5s)}\frac{1+0.23s}{1+0.055s}$$

验算新系统的相位裕度

$$\gamma = 180° + \angle G_K'|_{\omega_c'}$$

$$= 180° + (-90° - \arctan 0.5\omega_c' + \arctan 0.23\omega_c' - \arctan 0.055\omega_c')$$

$$= 50.4°$$

系统的幅值裕度为无穷大，故满足系统对性能的全部要求。

由以上分析可以得出相位超前校正的设计步骤。

（1）分析原系统

1）根据系统对稳态误差的要求，确定开环放大系数 K。

2）求原系统幅值穿越频率 ω_c 和相位裕度 γ。

3）画出系统伯德图。

（2）分析校正环节

1）根据系统要求的相位裕度 $[\gamma]$ 确定 φ_m，$\varphi_m = [\gamma] - \gamma + (5° \sim 20°)$，并由 $\sin\varphi_m = \dfrac{1-\alpha}{1+\alpha}$，求出 α。

2）根据 $\dfrac{1}{\alpha} \mid G_K(j\omega) \mid_{\omega_m} \mid G_c(j\omega) \mid_{\omega_m} = 1$，求产生 φ_m 处的角频率 ω_m，即新系统幅值穿越频率 ω_c'。

3）根据 $\omega_m = \dfrac{1}{\sqrt{\alpha}T}$，求 T。

（3）分析新系统，求出新系统的传递函数 $G_K'(s)$ 根据求出的 α 和 T，求出新系统的传递函数 $G_K'(s)$，并画出新系统的伯德图。校核相位裕度等系统性能指标，如不满足要求，可重新确定 φ_m，从步骤（2）进行计算，直到满足系统要求为止。

注意：为了不影响系统的稳态精度，必须将系统的放大系数提高 $1/\alpha$ 倍。

9.2.3 相位滞后校正

相位滞后校正环节可以通过图9-7所示的装置实现。

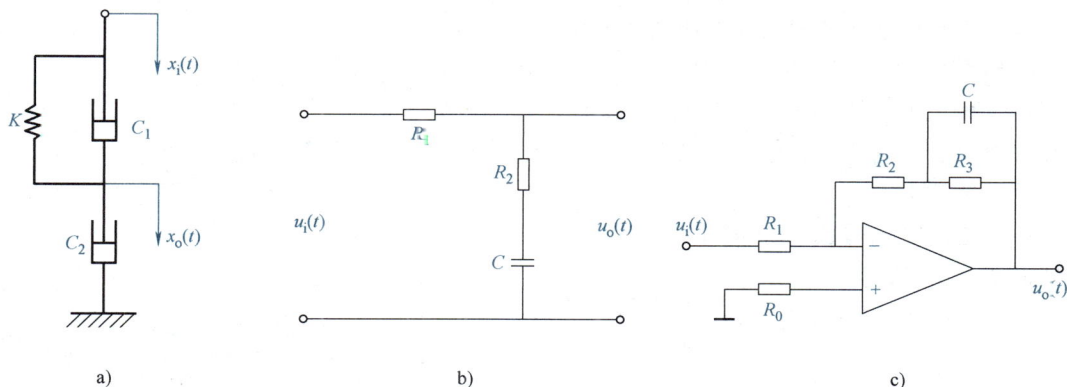

图 9-7 相位滞后校正装置

a）机械网络 b）无源网络 c）有源网络

根据图9-7b可以得到相位滞后校正环节的传递函数，即

$$u_c + u_{R_2} = u_o \tag{9-8}$$

$$i_c = i_{R_1} = i_{R_2} = \frac{u_i - u_o}{R_1}$$

$$u_o = \frac{1}{C} \int \frac{u_i - u_o}{R_1} dt + \frac{R_2}{R_1}(u_i - u_o) \tag{9-9}$$

将微分方程进行拉普拉斯变换得

$$U_o(s) = \frac{1}{R_1 Cs}[U_i(s) - U_o(s)] + \frac{R_2}{R_1}[U_i(s) - U_o(s)]$$

相位滞后校正环节的传递函数为

$$G_c(s) = \frac{U_o(s)}{U_i(s)} = \frac{\dfrac{R_2}{R_1} + \dfrac{1}{R_1 Cs}}{1 + \dfrac{R_2}{R_1} + \dfrac{1}{R_1 Cs}} = \frac{1 + R_2 Cs}{1 + \dfrac{R_1 + R_2}{R_2} R_2 Cs}$$

令 $\beta = \dfrac{R_1 + R_2}{R_2} > 1$，$T = R_2 C$，则

$$G_c(s) = \frac{U_o(s)}{U_i(s)} = \frac{1 + Ts}{1 + \beta Ts} \tag{9-10}$$

可见，此环节是由一阶微分环节和惯性环节串联组成的。

相位滞后校正环节的频率特性为

$$G_c(j\omega) = \frac{1 + j\omega T}{1 + j\beta\omega T}$$

幅频特性

$$|G_c(j\omega)| = \sqrt{\frac{1 + (\omega T)^2}{1 + (\beta\omega T)^2}}$$

相频特性

$$\angle G_c(j\omega) = \arctan\omega T - \arctan\beta\omega T < 0$$

相位滞后校正环节的伯德图如图 9-8 所示。

由频率特性可知，在低频时，该环节不起作用；中频段时相当于惯性环节，相位有一定的滞后；高频段时，相当于比例环节，幅值产生较大的衰减，但相位滞后作用较小。

从伯德图可以看出，校正环节的相位角在 ω_m 处出现极值 φ_m，所以有

$$\frac{\partial \angle G_c(j\omega)}{\partial \omega} = 0$$

即

$$\frac{T}{1 + T^2\omega_m^2} - \frac{\beta T}{1 + \beta^2 T^2 \omega_m^2} = 0$$

$$\omega_m = \frac{1}{\sqrt{\beta}\, T} \tag{9-11}$$

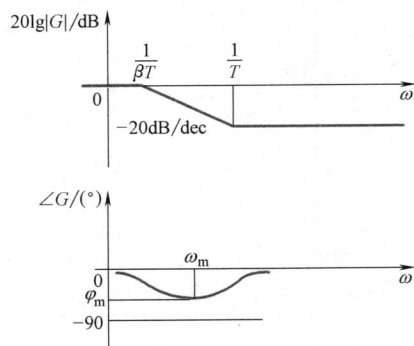

图 9-8 相位滞后校正环节的伯德图

$$\lg\omega_m = \frac{1}{2}\left(\lg\frac{1}{\beta T} + \lg\frac{1}{T}\right)$$

出现相位角极值的角频率在伯德图上是两个转角频率 $1/T$ 和 $1/(\beta T)$ 的中点，在奈奎斯特图上是与半圆相切的切线。该角度大小为

$$\sin\varphi_m = \frac{\beta - 1}{\beta + 1} \tag{9-12}$$

从以上分析可知：

1) 幅值 $|G_c(j\omega)|$ 随频率 ω 的增大而减小，即高频信号被衰减，低频信号无衰减通

过，所以相位滞后校正环节相当于低通滤波器。

2）因 $\beta>1$，相位 $\angle G_c(j\omega)<0$，即输出相位角滞后输入相位角，如果利用这一点校正系统，将使系统的相位裕度减小，降低系统的稳定性。因而相位滞后校正并不是利用相位滞后的特点，而是利用角频率大于 $1/T$ 后的高频段幅值迅速衰减的特点，使校正后系统的幅值穿越频率迅速下降，从而提高系统的稳定性。

3）滞后校正是在动态响应下降的基础上，提高系统的稳定性。

例 9-3 已知单位反馈系统的开环传递函数为 $G_K(s)=\dfrac{0.02K}{s(1+0.5s)}$，要求单位恒速输入时，稳态误差 $e_{ss}=0.05$，系统的相位裕度 $\gamma\geqslant50°$，幅值裕度 $K_g\geqslant10\text{dB}$。

解 1）根据系统对稳态误差的要求，确定开环放大系数 K。

$$e_{ss}=\lim_{s\to0}s\frac{1}{1+G_K(s)}\frac{1}{s^2}=\frac{1}{0.02K}=0.05$$

故 $K=1000$ 即可满足系统对稳态误差的要求。

系统的开环传递函数为

$$G_K(s)=\frac{20}{s(1+0.5s)}$$

2）分析原系统，求系统幅值穿越频率 ω_c 和相位裕度 γ。系统伯德图如图 9-9 所示。根据 $|G_K(s)|_{\omega_c}=1$，得

$$\frac{20}{\omega_c\sqrt{1+0.25\omega_c^2}}=1$$

则

$$\omega_c=6.2\text{s}^{-1}$$

$$\gamma=180°+\angle G_K|_{\omega_c}=180°+(-90°-\arctan0.5\omega_c)=17°<50°$$

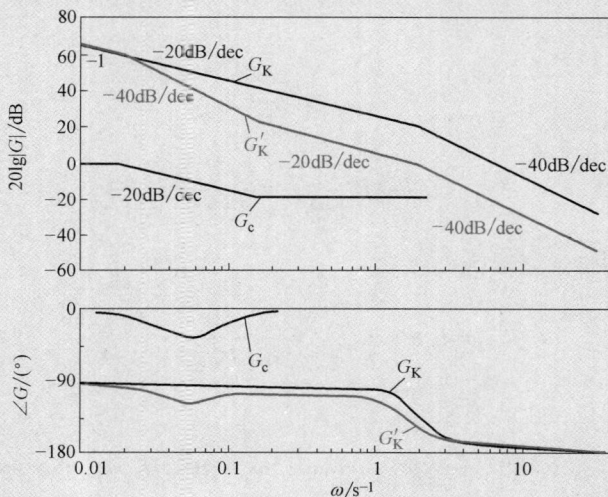

图 9-9　系统伯德图

3）分析新系统，求新系统的幅值穿越频率 ω'_c。相位滞后校正并不是利用相位滞后的特点，而是利用角频率大于 $1/T$ 后的高频段幅值迅速衰减的特点，使校正后系统的幅值穿越频率迅速下降，从而提高系统的稳定性。故应使 $\omega_1 = \dfrac{1}{T}$ 和 $\omega_2 = \dfrac{1}{\beta T}$ 远离新系统的 ω'_c，仅靠系统自身的幅值穿越频率下降，达到相位裕度增大的要求。

$$\gamma = 180° + \angle G_K \big|_{\omega'_c} = 180° + (-90° - \arctan 0.5\omega'_c) = 50° + 5°$$

$$\arctan(0.5 \times \omega'_c) = 35°$$

得

$$\omega'_c = 1.4 s^{-1}$$

4）分析校正环节，求参数 T 和 β。为减小滞后校正环节的滞后相位对新系统的相位裕度影响，应使 $\omega_1 = \dfrac{1}{T} > \omega_2$ 而远小于 ω'_c，一般取 $\omega_1 = \dfrac{1}{T} = \left(\dfrac{1}{5} \sim \dfrac{1}{10} \right) \omega'_c$。本例取 $\omega_1 = \dfrac{1}{T} = \dfrac{1}{10} \omega'_c = \dfrac{1}{10} \times 1.4 = 0.14$，则 $T = 7.1 s$。

要保证 $\omega'_c = 1.4 s^{-1}$，必须满足

$$|G_K(j\omega)|_{\omega'_c} |G_c(j\omega)|_{\omega'_c} = 1$$

$$|G_K(j\omega)|_{\omega'_c} = \frac{20}{\omega'_c \sqrt{1 + 0.25\omega'^2_c}} = 11.7$$

因 $\omega_1 = \dfrac{1}{T} = \dfrac{1}{10}\omega'_c$，所以 $T\omega'_c = 10$，故

$$|G_c(j\omega)|_{\omega'_c} = \sqrt{\frac{1 + \omega'^2_c T^2}{1 + \beta^2 \omega'^2_c T^2}} = \sqrt{\frac{1 + 100}{1 + 100\beta^2}} \approx \frac{1}{\beta}$$

得 $\beta = 11.7$。

5）求校正后系统的开环传递函数。因为 $\beta = 11.7$，$T = 7.1$，所以 $\omega_1 = \dfrac{1}{T} = 0.14$，$\omega_2 = \dfrac{1}{\beta T} = 0.012$。

校正环节的传递函数为

$$G_c(s) = \frac{1 + Ts}{1 + \beta Ts} = \frac{1 + 7.1s}{1 + 83s}$$

校正后新系统的传递函数为

$$G'_K(s) = G_K(s) G_c(s) = \frac{20}{s(1 + 0.5s)} \frac{1 + 7.1s}{1 + 83s}$$

验算新系统的相位裕度，有

$$\gamma = 180° + \angle G'_K \big|_{\omega'_c} = 180° + (-90° - \arctan 0.5\omega'_c + \arctan 7.1\omega'_c - \arctan 83\omega'_c) = 50.1°$$

系统的幅值裕度为无穷大，故满足系统对性能的全部要求。

由以上分析可以得出相位滞后校正的设计步骤。

（1）分析原系统

1）根据系统对稳态误差的要求，确定开环放大系数 K。

2）求原系统幅值穿越频率 ω_c 和相位裕度 γ。

3）画出系统伯德图。

（2）分析新系统，求出校正后新系统的幅值穿越频率 ω_c' 利用 $\gamma = 180° + \angle G_K \mid_{\omega_c'}$ 求出校正前原系统相位裕度为 $\gamma = [\gamma] + (5° \sim 15°)$ 处的频率 ω_c'，其中 $[\gamma]$ 为系统要求的相位裕度，即为校正后新系统的幅值穿越频率 ω_c'。

（3）分析校正环节，求出参数 T 和 β

1）根据 $\omega_1 = \dfrac{1}{T} = \left(\dfrac{1}{10} \sim \dfrac{1}{5}\right)\omega_c'$，确定 T。

2）根据 $|G_K(j\omega)|_{\omega_c'} |G_c(j\omega)|_{\omega_c'} = 1$，得 $\beta \approx |G_c(j\omega)|_{\omega_c'}$。

（4）求出新系统的传递函数 $G_K'(s)$ 根据求出的 β 和 T，求出新系统的传递函数 $G_K'(s)$，并画出新系统的伯德图。校核相位裕度等系统性能指标，如不满足要求，可重新确定 ω_1，从步骤（3）进行计算，直到满足系统要求为止。

9.2.4 相位滞后-超前校正

相位滞后-超前校正环节可以通过图 9-10 所示的装置实现。

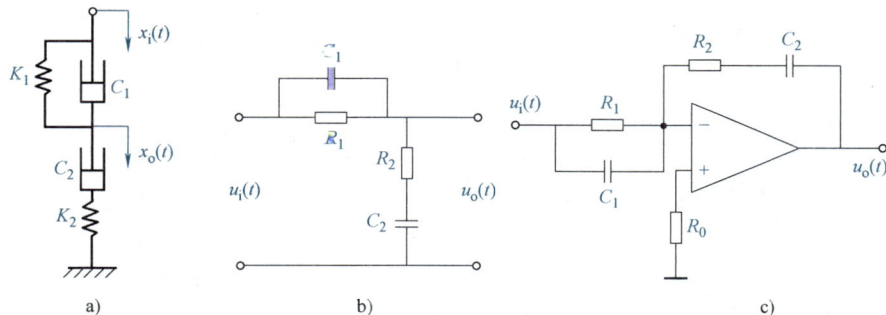

图 9-10 相位滞后-超前校正装置

a）机械网络 b）无源网络 c）有源网络

根据图 9-10b 可以得到相位滞后-超前校正环节的传递函数，即

$$u_o = u_{C_2} + u_{R_2} \tag{9-13}$$

且
$$u_{R_2} = iR_2, \quad u_{C_2} = \frac{1}{C_2}\int i\,\mathrm{d}t$$

$$i = i_{R_1} + i_{C_1}, \quad i_{R_1} = \frac{u_i - u_o}{R_1}, \quad i_{C_1} = C_1\left(\frac{\mathrm{d}u_i}{\mathrm{d}t} - \frac{\mathrm{d}u_o}{\mathrm{d}t}\right)$$

$$i = i_{R_1} + i_{C_1} = \frac{u_i - u_o}{R_1} + C_1\left(\frac{\mathrm{d}u_i}{\mathrm{d}t} - \frac{\mathrm{d}u_o}{\mathrm{d}t}\right)$$

$$u_o = iR_2 + \frac{1}{C_2}\int i\,\mathrm{d}t = \left[\frac{u_i - u_o}{R_1} + C_1\left(\frac{\mathrm{d}u_i}{\mathrm{d}t} - \frac{\mathrm{d}u_o}{\mathrm{d}t}\right)\right]R_2 + \frac{1}{C_2}\int\left[\frac{u_i - u_o}{R_1} + C_1\left(\frac{\mathrm{d}u_i}{\mathrm{d}t} - \frac{\mathrm{d}u_o}{\mathrm{d}t}\right)\right]\mathrm{d}t$$

173

整理得

$$u_o + \frac{R_2}{R_1}u_o + R_2C_1\frac{du_o}{dt} + \frac{1}{R_1C_2}\int u_o dt + \frac{C_1}{C_2}u_o = \frac{R_2}{R_1}u_i + R_2C_1\frac{du_i}{dt} + \frac{1}{R_1C_2}\int u_i dt + \frac{C_1}{C_2}u_i$$

$$(9\text{-}14)$$

将微分方程进行拉普拉斯变换得

$$U_o(s)\left[1+\frac{R_2}{R_1}+R_2C_1s+\frac{1}{R_1C_2s}+\frac{C_1}{C_2}\right] = U_i(s)\left[\frac{R_2}{R_1}+R_2C_1s+\frac{1}{R_1C_2s}+\frac{C_1}{C_2}\right]$$

相位滞后-超前校正环节的传递函数为

$$G_c(s) = \frac{U_o(s)}{U_i(s)} = \frac{R_1R_2C_1C_2s^2+R_1C_1s+R_2C_2s+1}{R_1R_2C_1C_2s^2+R_1C_1s+R_2C_2s+R_1C_2s+1}$$

令 $T_1=R_1C_1$，$T_2=R_2C_2$，$R_1C_1s+R_2C_2s+R_1C_2s=\alpha T_1+\beta T_2$，且 $\alpha\beta=1$，$T_2>T_1$，$\alpha<1$，$\beta>1$，则

$$G_c(s) = \frac{U_o(s)}{U_i(s)} = \frac{1+T_1s}{1+\alpha T_1s}\frac{1+T_2s}{1+\beta T_2s} \qquad (9\text{-}15)$$

可见，式（9-15）即为相位滞后-超前校正环节的传递函数，其中 $\frac{1+T_1s}{1+\alpha T_1s}$ 就是前面讲的相位超前校正环节，$\frac{1+T_2s}{1+\beta T_2s}$ 是相位滞后校正环节。

相位滞后-超前校正环节的频率特性为

$$G_c(j\omega) = \frac{1+j\omega T_1}{j\alpha\omega T_1}\frac{1+j\omega T_2}{1+j\beta\omega T_2}$$

幅频特性

$$|G_c(j\omega)| = \sqrt{\frac{1+(\omega T_1)^2}{1+(\alpha\omega T_1)^2}}\sqrt{\frac{1+(\omega T_2)^2}{1+(\beta\omega T_2)^2}}$$

相频特性

$$\angle G_c(j\omega) = \arctan\omega T_1+\arctan\omega T_2-$$
$$\arctan\alpha\omega T_1-\arctan\beta\omega T_2$$

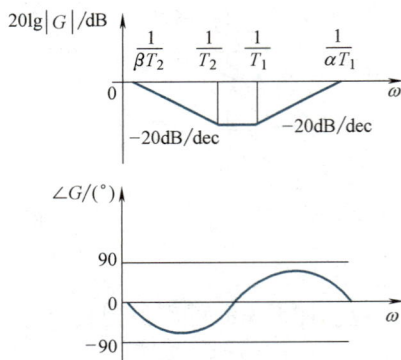

图 9-11　相位滞后-超前校正环节的伯德图

相位滞后-超前校正环节的伯德图如图 9-11 所示。

由频率特性可知，曲线的低频部分为负斜率、负相位，起滞后校正作用；高频部分为正斜率、正相位，起超前校正作用。

例 9-4　已知单位反馈系统的开环传递函数为 $G_K(s) = \dfrac{K}{s(1+s)(1+0.5s)}$，要求单位恒速输入时，稳态误差 $e_{ss}=0.1$，系统的相位裕度 $\gamma\geqslant 50°$。

解 1）根据系统对稳态误差的要求，确定开环放大系数 K。

$$e_{ss} = \lim_{s \to 0} s \frac{1}{1+G_K(s)} \frac{1}{s^2} = \frac{1}{K} = 0.1$$

故 $K=10$ 即可满足系统对稳态误差的要求。

系统的开环传递函数为

$$G_K(s) = \frac{10}{s(1+s)(1+0.5s)}$$

2）分析原系统，求系统幅值穿越频率 ω_c 和相位裕度 γ。系统伯德图如图 9-12 所示。根据 $|G_K(j\omega)|_{\omega_c} = 1$，得

$$\frac{10}{\omega_c \sqrt{1+\omega_c^2} \sqrt{1+0.25\omega_c^2}} = 1$$

则

$$\omega_c = 2.43 \text{s}^{-1}$$

$$\gamma = 180° + \angle G_K \big|_{\omega_c} = 180° + (-90° - \arctan\omega_c - \arctan0.5\omega_c) = -28° < 50°$$

显然系统不稳定，需进行校正。

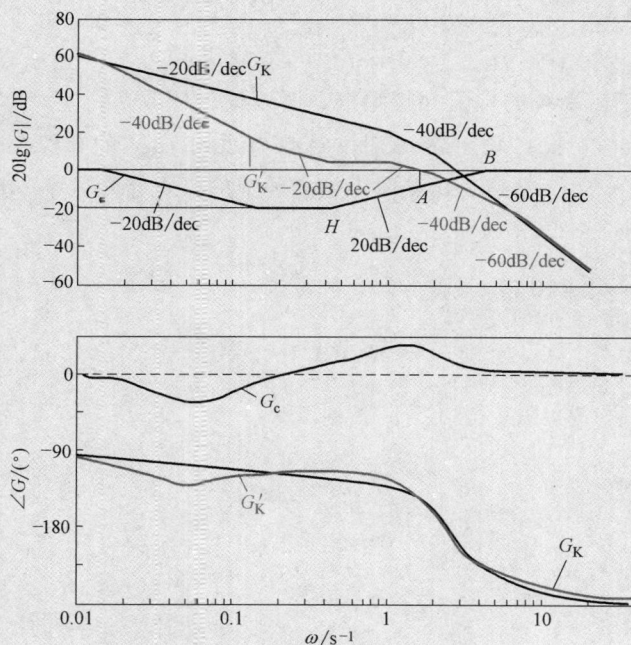

图 9-12 例 9-4 系统伯德图

3）分析新系统，求新系统的幅值穿越频率 ω_c'。系统若单纯采用超前校正，低频段衰减过大；若附加增益，则幅值穿越频率右移，仍有可能在相位穿越频率右边，系统仍可能不稳定。因此可以在超前校正的基础上再采用滞后校正，使低频段有所衰减，使系统稳定。

一般将校正后系统的幅值穿越频率 ω'_c 选在原系统的相位穿越频率 ω_g 处，此频率处原系统的相位角 $\angle G_K \big|_{\omega'_c} = -180°$，若使新系统的 $\gamma \geqslant 50°$，只需用相位超前校正环节来满足即可。

$$\angle G_K \big|_{\omega'_c} = -90° - \arctan\omega'_c - \arctan 0.5\omega'_c = -180°$$

得
$$\omega_g = \omega'_c = 1.42 \text{s}^{-1}$$

4）分析校正环节，求相位滞后校正环节参数 T_2、β 和相位超前校正环节参数 T_1、α。为减小滞后校正环节的滞后相位对新系统的相位裕度影响，应使 $\omega_1 \ll \omega'_c$，其中 $\omega_1 = \dfrac{1}{T_2} > \omega_2 = \dfrac{1}{\beta T_2}$，一般取 $\omega_1 = \dfrac{1}{T_2} = \left(\dfrac{1}{10} \sim \dfrac{1}{5}\right)\omega'_c$。本例取 $\omega_1 = \dfrac{1}{T_2} = \dfrac{1}{10}\omega'_c = \dfrac{1}{10} \times 1.42 = 0.142$，则

$$T_2 = \frac{1}{\omega_1} = \frac{1}{0.142}\text{s} = 7.04\text{s}$$

绘制校正后系统伯德图。为使控制系统具有足够的相位裕度（$\gamma = 40° \sim 60°$），系统伯德图穿越0dB线的斜率一般应为 -20dB/dec。因原系统在 $\omega'_c = 1.42\text{rad/s}$ 处的幅值为

$$20\lg|G_K|_{\omega'_c} = 20\lg \frac{10}{\omega'_c\sqrt{1+\omega'^2_c}\sqrt{1+0.25\omega'^2_c}} = 9.6\text{dB}$$

而 ω'_c 这一点恰是校正后系统的幅值穿越频率，所以校正环节在点 $\omega'_c = 1.42\text{rad/s}$ 处应产生 -9.6dB 的增益。故过点 $A(1.42, -9.6)$ 作斜率为 20dB/dec 的直线，与横轴交于 B 点，和 -20dB/dec 水平线相交于 H 点，B 点即为超前环节的极点转角频率，H 点即为超前环节的零点转角频率。则

由 $20\left(\lg\dfrac{1}{\alpha T_1} - \lg\dfrac{1}{T_1}\right) = 20$ 得

$$\alpha = 0.1$$

由 $20\left(\lg\dfrac{1}{\alpha T_1} - \lg 1.42\right) = 9.6$ 得

$$T_1 = 2.33$$

由 $\alpha\beta = 1$，得

$$\beta = 10$$

故校正环节传递函数为

$$G_c(s) = \frac{1+T_1 s}{1+\alpha T_1 s} \cdot \frac{1+T_2 s}{1+\beta T_2 s} = \frac{1+2.33s}{1+0.233s} \cdot \frac{1+7.04s}{1+70.4s}$$

5）校核校正后系统的性能指标。校正后新系统的传递函数为

$$G'_K(s) = G_K(s)G_c(s) = \frac{10}{s(1+s)(1+0.5s)} \cdot \frac{1+2.33s}{1+0.233s} \cdot \frac{1+7.04s}{1+70.4s}$$

新系统的幅值穿越频率为

$$\frac{10}{\omega'_c\sqrt{1+\omega'^2_c}\ \sqrt{1+0.25\omega'^2_c}}\sqrt{\frac{1+(7.04\omega'_c)^2}{1+(70.4\omega'_c)^2}}\sqrt{\frac{1+(2.33\omega'_c)^2}{1+(0.233\omega'_c)^2}}=1$$

得

$$\omega'_c=1.42\text{s}^{-1}$$

验算新系统的相位裕度，有

$$\gamma=180°+\angle G'_K\big|_{\omega'_c}=180°-90°-\arctan\omega'_c-\arctan0.5\omega'_c+\arctan7.04\omega'_c-$$

$$\arctan70.4\omega'_c+\arctan2.33\omega'_c-\arctan0.233\omega'_c=50.1°$$

故满足系统对性能的全部要求。

例 9-5 已知单位反馈系统的开环传递函数为 $G_K(s)=\dfrac{K}{s(1+0.5s)(1+0.167s)}$，要求 $K\geqslant180$，系统的相位裕度 $\gamma\geqslant45°$，幅值穿越频率 $3\text{rad/s}<\omega_c<5\text{rad/s}$。

解 1）根据系统要求，确定开环放大系数 K。

$$K=180$$

系统的开环传递函数为

$$G_K(s)=\frac{180}{s(1+0.5s)(1+0.167s)}$$

2）分析原系统，求系统幅值穿越频率 ω_c 和相位裕度 γ。系统伯德图如图 9-13 所示。

根据

$$|G_K(\text{j}\omega)|\big|_{\omega_c}=1$$

得

$$\frac{180}{\omega_c\sqrt{1+0.25\omega^2_c}\ \sqrt{1+(0.167\omega_c)^2}}=1$$

用试凑法解方程得

$$\omega_c=12.9\text{s}^{-1}$$

或通过伯德图得

$$20\lg2+40\lg\frac{6}{2}+60\lg\frac{\omega_c}{6}=20\lg180$$

$$\omega_c=12.9\text{s}^{-1}$$

$$\gamma=180°+\angle G_K\big|_{\omega_c}=180°+(-90°-\arctan0.5\omega_c-\arctan0.167\omega_c)=-56.3°<45°$$

3）分析新系统，求新系统的幅值穿越频率 ω'_c。由上述分析知：系统是不稳定系统，若用一个相位超前校正环节校正系统，是不可能将相同的相位裕度从 $-56.3°$ 提高到 $45°$ 的；若用一个相位滞后校正环节校正系统，为保证足够的相位裕度，必须使 $\omega_c<2\text{s}^{-1}$，不仅不满足 $3\text{rad/s}<\omega_c<5\text{rad/s}$，而且在开环增益较大的情况下，导致相位滞后校正环节的时间常数过大而难以实现。所以应采用相位滞后-超前校正环节校正系统。

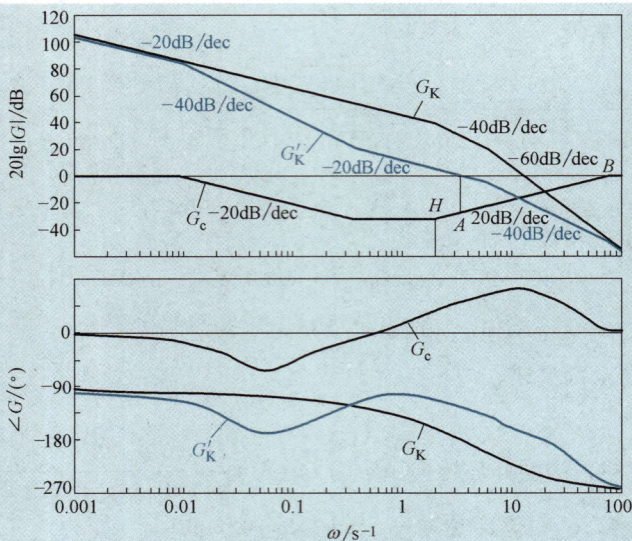

图 9-13　例 9-5 系统伯德图

　　一般将校正后系统的幅值穿越频率 ω_c' 选在原系统的相位穿越频率 ω_g 处，此频率处原系统的相位角 $\angle G_K \big|_{\omega_c'} = -180°$，若使新系统的 $\gamma \geq 45°$，只需用相位超前校正环节来满足即可。

　　求原系统的相位穿越频率 ω_g：可以在伯德图上得到 ω_g，也可以通过下面的计算得到 ω_g，即

$$G_K(j\omega) = \frac{180}{j\omega(1+0.5j\omega)(1+0.167j\omega)} \cdot \frac{j(1-0.5j\omega)(1-0.167j\omega)}{j(1-0.5j\omega)(1-0.167j\omega)} = \frac{180[0.667\omega + j(1-0.0835\omega^2)]}{-\omega(1+0.25\omega^2)(1+0.027889\omega^2)}$$

令虚部为零，则

$$1-0.0835\omega_g^2 = 0$$

得

$$\omega_g = 3.46\text{rad/s}$$

即校正后系统的幅值穿越频率 $\omega_c' = 3.46\text{rad/s}$。

　　4）分析校正环节，求相位滞后校正环节参数 T_2、β 和相位超前校正环节参数 T_1、α。

　　为减小滞后校正环节的滞后相位对新系统的相位裕度影响，应使 $\omega_1 = \dfrac{1}{T_2} > \omega_2 = \dfrac{1}{\beta T_2}$，且远小于 ω_c'，一般取 $\omega_1 = \dfrac{1}{T_2} = \left(\dfrac{1}{10} \sim \dfrac{1}{5}\right)\omega_c'$。本例取 $\omega_1 = \dfrac{1}{T_2} = \dfrac{1}{10}\omega_c' = \dfrac{1}{10} \times 3.46 = 0.346$，则

$$T_2 = 2.89\text{s}$$

　　绘制校正后系统伯德图。为使控制系统具有足够的相位裕度（$\gamma = 40° \sim 60°$），系统伯德图穿越 0dB 线的斜率一般应为 -20dB/dec。因原系统在 $\omega_c' = 3.46\text{rad/s}$ 处的幅值为

$$20\lg|G_K|_{\omega_c'} = 20\lg\frac{180}{\omega_c'\sqrt{1+0.25\omega_c'^2}\sqrt{1+(0.167\omega_c')^2}} = 26.8\text{dB}$$

而 ω_c' 这一点恰是校正后系统的幅值穿越频率，所以校正环节在点 $\omega_c'=3.46\text{rad/s}$ 处应产生 -26.8dB 的增益。故过点 A（3.46，-26.8）作斜率为 20dB/dec 的直线，与横轴交于 B 点，和频率为 2s^{-1} 垂直于横轴的直线交于 H 点，B 点即为超前环节的极点转角频率，H 点即为超前环节的零点转角频率。有 $1/T_1=2$，则

$$T_1=0.5\text{s}$$

由 $20\left(\lg\dfrac{1}{\alpha T_1}-\lg 3.46\right)=26.8$，得

$$\alpha=0.026$$

由 $\alpha\beta=1$，得

$$\beta=38.28$$

故校正环节传递函数为

$$G_c(s)=\frac{1+T_1 s}{1+\alpha T_1 s}\frac{1+T_2 s}{1+\beta T_2 s}=\frac{1+0.5s}{1+0.013s}\frac{1+2.89s}{1+110.6s}$$

5）校核校正后系统的性能指标。校正后新系统的传递函数为

$$G_K'(s)=G_K(s)G_c(s)=\frac{180}{s(1+0.5s)(1+0.167s)}\frac{1+0.5s}{1+0.013s}\frac{1+2.89s}{1+110.6s}$$

新系统的幅值穿越频率为

$$\frac{180}{\omega_c'\sqrt{1+0.25\omega_c'^2}\sqrt{1+(0.167\omega_c')^2}}\sqrt{\frac{1+(2.89\omega_c')^2}{1+(110.6\omega_c')^2}}\sqrt{\frac{1+(0.5\omega_c')^2}{1+(0.013\omega_c')^2}}=1$$

得

$$\omega_c'=3.46\text{s}^{-1}$$

验算新系统的相位裕度，有

$$\gamma=180°+\angle G_K\big|_{\omega_c'}$$

$$=180°-90°-\arctan 0.5\omega_c'-\arctan 0.167\omega_c'+\arctan 2.89\omega_c'-\arctan 110.6\omega_c'+$$

$$\arctan 0.5\omega_c'-\arctan 0.013\omega_c'=51.8°$$

故满足系统对性能的全部要求。

由以上分析可以得出相位滞后-超前校正的设计步骤。

（1）分析原系统

1）根据系统对稳态误差的要求，确定开环放大系数 K。

2）求原系统幅值穿越频率 ω_c 和相位裕度 γ。

3）画出系统伯德图。

（2）分析新系统，求出新系统的幅值穿越频率 ω_c'。新系统的幅值穿越频率 ω_c'，一般选在原系统的相位穿越频率 ω_g 处，求出 ω_g 即求出 ω_c'。

（3）分析校正环节，求相位滞后校正环节参数 T_2、β 和相位超前校正环节参数 T_1、α

1）根据 $\omega_1=\dfrac{1}{T_2}=\left(\dfrac{1}{10}\sim\dfrac{1}{5}\right)\omega_c'$，确定 T_2。

2）计算原系统在 ω'_c 处的幅值，$M = 20\lg|G_K(j\omega)|_{\omega'_c}$，过点（$\omega'_c$，$-M$）作斜率为 20dB/dec 的直线 ab，该直线与横轴的交点即为超前环节的极点，再根据原系统的 $20\lg|G_K(j\omega)|_{\omega'_c}$ 的值是否 >20dB，确定直线 ab 的另一交点，即为超前环节的零点。

3）根据 $\alpha\beta = 1$，求 β。

4）确定校正环节的开环传递函数。

（4）校核新系统的性能指标 根据新系统的传递函数 $G'_K(s)$，校核新系统的性能指标，并画出新系统的伯德图。

9.3 PID 校正

上述串联校正方法一般为无源校正环节，其结构简单、本身无放大作用、输入阻抗低、输出阻抗高。当系统要求较高时，常采用有源校正环节，如图 9-14 所示。其中按偏差的比例（Proportional）、积分（Integral）和微分（Derivative）进行控制的 PID 控制器应用最为广泛。PID 控制器分为模拟和数字控制两种，模拟 PID 控制器通常是电子、气动或液压型的，数字 PID 控制器是由计算机控制的。

图 9-14 有源校正环节方框图

9.3.1 PID 控制器

PID 控制器就是对偏差信号 $\varepsilon(t)$ 进行比例、积分、微分变换的控制器，即

$$m(t) = K_p\varepsilon(t) + \frac{1}{T_i}\int_0^t \varepsilon(\tau)d\tau + T_d\frac{d\varepsilon(t)}{dt} \tag{9-16}$$

式中，$K_p\varepsilon(t)$ 为比例控制项，K_p 为比例系数；$\frac{1}{T_i}\int_0^t \varepsilon(\tau)d\tau$ 为积分控制项，T_i 为积分时间常数；$T_d\frac{d\varepsilon(t)}{dt}$ 为微分控制项，T_d 为微分时间常数。

比例控制常与微分、积分控制组成比例微分控制器（PD）、比例积分控制器（PI）和比例积分微分控制器（PID）。

1. 比例微分控制器（PD）

比例微分控制器的有源网络如图 9-15 所示。根据图 9-15 可以得到比例微分控制器的传递函数

$$G_c(s) = \frac{U_o(s)}{U_i(s)} = K_p + T_d s \tag{9-17}$$

式中，$K_p = -\frac{R_2}{R_1}$；$T_d = -R_2 C$。

PD 控制器的伯德图如图 9-16 所示。由伯德图可见：PD 控制器因有斜率为 20dB/dec 的部分，当采用 PD 控制器后，系统的幅值穿越频率增大，相位裕度增加，稳定性增强，快速性提高，所以系统的动态性能提高。但微分作用易放大高频噪声，系统的抗干扰能力减弱。PD 控制器相当于相位超前校正。

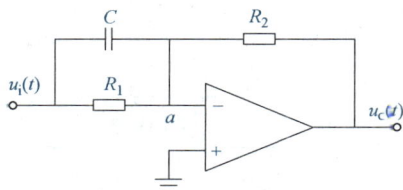

图 9-15 比例微分控制器的有源网络

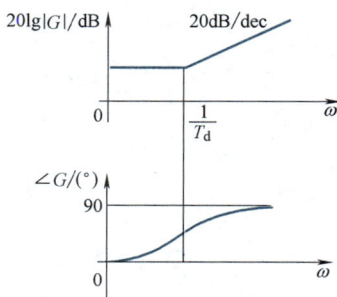

图 9-16 PD 控制器的伯德图

2. 比例积分控制器（PI）

比例积分控制器的有源网络如图 9-17 所示。根据图 9-17 可以得到比例积分控制器的传递函数，即

$$G_c(s) = \frac{U_o(s)}{U_i(s)} = K_p + \frac{1}{T_i s} \tag{9-18}$$

式中，$K_p = -\dfrac{R_2}{R_1}$，$T_i = -R_1 C$。

PI 控制器的伯德图如图 9-18 所示。由伯德图可见：PI 控制器因有积分环节，当采用 PI 控制器后，使系统从 0 型提高为 I 型，系统的稳态误差得以减小，但相位裕度减小，稳定性变差，同时比例环节可对积分环节降低的快速性有所补偿。PI 控制器相当于相位滞后校正。

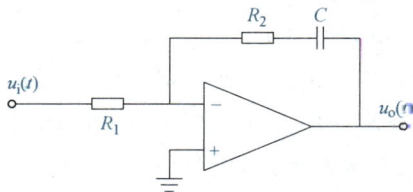

图 9-17 比例积分控制器的有源网络

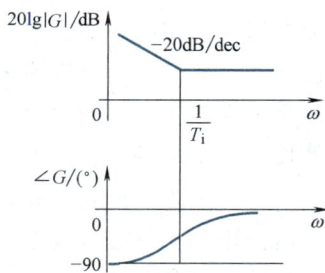

图 9-18 PI 控制器的伯德图

3. 比例积分微分控制器（PID）

比例积分微分控制器的有源网络如图 9-19 所示。根据图 9-19 可以得到 PID 控制器的传递函数，即

$$G_c(s) = \frac{U_o(s)}{U_i(s)} = K_p + \frac{1}{T_i s} + T_d s \tag{9-19}$$

式中，$K_p = -\dfrac{R_1 C_1 + R_2 C_2}{R_1 C_2}$，$T_i = R_1 C_2$，$T_d = R_2 C_1$。

$T_i > T_d$ 时，PID 控制器的伯德图如图 9-20 所示。由伯德图可见：PID 控制器兼有 PD 控制器和 PI 控制器的特点，积分环节可以提高系统的稳态精度，微分环节可以改善系统的快速性。PID 控制器相当于相位滞后-超前校正。

181

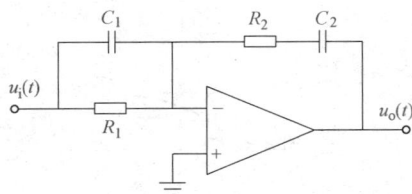

图 9-19 PID 控制器的有源网络

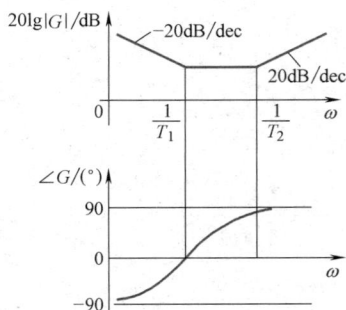

图 9-20 PID 控制器的伯德图

经以上分析可知：增加比例系数可提高系统的响应速度，减小稳态误差，但过大会影响系统的稳定性；积分控制可减小系统的稳态误差，积分时间常数越小，作用越强，系统稳定性越差；微分能反映误差信号的变化速度，变化速度越快，微分作用越强，有助于减小振荡，增强系统稳定性，但系统的抗干扰能力减弱。

工程实际中，大多数 PID 控制器的参数是现场调节的，直接在控制系统中对 PID 控制器实际参数进行整定，方法简单、计算方便，当然这是一种近似的方法，所得到的控制器参数不一定是最佳参数，但相当实用。

9.3.2 PID 控制器设计

控制系统的设计方法主要有频率特性法和根轨迹法。频率特性法一般适用于给定性能指标为频域性能指标的情况，如给定 γ、K_g、ω_c 等；根轨迹法一般适用于给定性能指标为时域性能指标的情况，如给定 M_p、t_p、t_r 等。工程上习惯用频率特性法进行校正，它主要通过伯德图设计校正环节，设计方法主要是分析法和期望频率特征法。

分析法是根据系统的原有特性和设计要求，经过分析，选择一种校正装置加入到系统中，并计算校正后系统的性能指标，如果能满足系统要求，即可确定校正装置的结构和参数，否则重新进行校正，重新计算，直到满足系统性能要求为止。如前面进行的相位超前校正、相位滞后校正、相位滞后-超前校正。该方法设计的校正环节比较典型，易于实现。

期望频率特征法是由给定的系统性能指标确定出期望的伯德图，并用该期望的伯德图减去原系统的伯德图，从而得出校正环节的伯德图，并校验校正后系统的性能指标。若满足要求，即可确定校正装置的结构和参数，否则重新确定出期望的伯德图，进行校正，直到满足系统性能要求为止。该方法只适用于最小相位系统。工程上常采用以下两种典型的具有期望特性的系统。

1. 典型的 I 型二阶系统最优模型

典型 I 型系统的开环传递函数为

$$G_K(s) = \frac{K}{s(1+Ts)} \tag{9-20}$$

其开环伯德图如图 9-21 所示。可见：若满足幅值穿越频率 $\omega_c < 1/T$，即 $T\omega_c < 1$，则系统的相位裕度 $\gamma = 180° + \angle G_K\big|_{\omega_c} = 180° - 90° - \arctan T\omega_c > 45°$。说明当系统对数幅频特性是以 -20dB/dec 的斜率穿越零分贝线时，若适当选择参数使斜率为 -20dB/dec 的中频段有一定的

宽度，则系统是稳定的，并有足够的稳定裕度。

闭环传递函数为

$$G_B(s) = \frac{K}{Ts^2+s+K} = \frac{\dfrac{K}{T}}{s^2+\dfrac{1}{T}s+\dfrac{K}{T}} = \frac{\omega_n^2}{s^2-2\xi\omega_n s+\omega_n^2}$$

（9-21）

则阻尼比和无阻尼固有频率为

$$\xi = \frac{1}{2\sqrt{KT}}, \quad \omega_n = \sqrt{\frac{K}{T}}$$

又因为 $\omega_c < 1/T$，则：$\omega_c = K$，$KT < 1$，$\xi > 0.5$。根据各性能指标与 ξ、ω_n 的关系，可以求出性能指标，见表9-1。

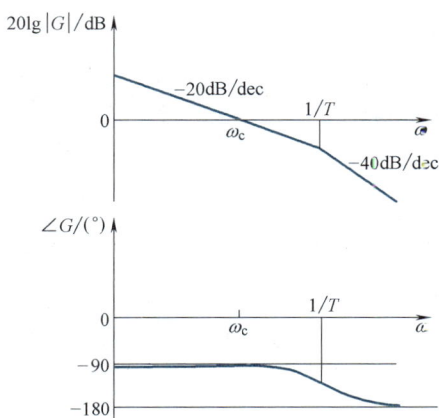

图 9-21　开环伯德图（一）

表 9-1　典型的 I 型二阶系统性能指标与参数的关系

KT	阻尼比 ξ	固有频率 ω_n/s^{-1}	超调量 M_p	上升时间 t_r/s	调整时间 t_s/s	相位裕度 $\gamma/(°)$	实际幅值穿越频率 ω_c/s^{-1}
0.25	1.0	0.5/T	0	∞	9.4T	76.3	0.24/T
0.39	0.8	0.62/T	1.5%	6.67T	6T	69.9	0.37/T
0.5	0.707	0.707/T	4.3%	4.72T	6T	65.3	0.46/T
0.69	0.6	0.83/T	9.5%	3.34T	6T	59.2	0.59/T
1	0.5	1/T	16.3%	2.41T	6T	51.8	0.79/T

2. 典型 II 型三阶系统最优模型

典型 II 型单位反馈系统的开环传递函数为

$$G_K(s) = \frac{K(1+T_1 s)}{s^2(1+T_2 s)}, \quad T_1 > T_2$$

（9-22）

其开环伯德图如图 9-22 所示。可见：该模型既保证了中频段斜率为 $-20\mathrm{dB/dec}$，又使低频段有更大的斜率，提高了系统的稳态精度，工程上常采用这种模型。

该模型中有三个特征参数：$\omega_1 = 1/T_1$，$\omega_2 = 1/T_2$ 和 ω_c。为了使中频段以斜率为 $-20\mathrm{dB/dec}$ 穿越零分贝线，应使 $\omega_1 < \omega_c < \omega_2$，伯德图中 h 称为中频宽，一般 h 可选为 $(7\sim12)\omega_2$，如希望进一步增大稳定裕度，可把 h 选为 $(15\sim18)\omega_2$。由图中的几何关系可知

$$\lg h = \lg\omega_2 - \lg\omega_1 = \lg\frac{\omega_2}{\omega_1}$$

$$h = \frac{\omega_2}{\omega_1} = \frac{T_1}{T_2}$$

$$T_1 = hT_2$$

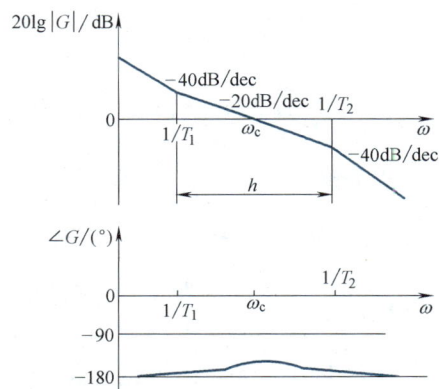

图 9-22　开环伯德图（二）

$$20\lg K = 40\lg\omega_1 + 20\left(\lg\omega_c - \lg\omega_1\right) = 20\lg\omega_1\omega_c$$

$$K = \omega_1\omega_c$$

例 9-6 已知单位反馈系统的开环传递函数为

$$G_K(s) = \frac{K}{s(1+0.15s)(1+8.77\times10^{-4}s)(1+5\times10^{-3}s)}$$

试设计有源校正装置，使系统速度误差系数 $K_v \geq 40$，幅值穿越频率 $\omega_c \geq 50\mathrm{s}^{-1}$，相位裕度 $\gamma \geq 50°$。

解 1）分析原系统。原系统为 I 型系统，所以 $K = K_v$，按设计要求 $K = K_v = 40$，则

$$G_K(s) = \frac{40}{s(1+0.15s)(1+8.77\times10^{-4}s)(1+5\times10^{-3}s)}$$

作其伯德图，如图 9-23 所示，并得 $\omega_c = 16\mathrm{s}^{-1}$，$\gamma = 17.25°$。

2）分析校正环节。原系统的 ω_c 和 γ 均小于设计要求，为保证系统的稳态精度要求，提高系统的动态性能，选串联 PD 校正，即 $G_c(s) = K_p(1+T_d s)$。

校正后幅值穿越频率 $\omega_c \geq 50\mathrm{s}^{-1}$，取校正后 $\omega_c \geq 55\mathrm{s}^{-1}$，所以校正后的开环增益为 $KK_p = 55$，$K_p = 1.375$，取 $K_p = 1.4$。

画出校正后系统的伯德图。在幅频特性图上，过 0dB 线上的 A 点（$\omega_c = 55\mathrm{s}^{-1}$），作斜率为 $-20\mathrm{dB/dec}$ 的直线，该直线在低频段与纵轴相交于 B 点，在高频段与垂直于横轴且 $\omega = 200\mathrm{s}^{-1}$ 的直线交于 C 点，如图 9-23 中的线段 BAC 所示。C 点以后与 $G_K(s)$ E 点以后的斜率一样。

将校正前后的两个伯德图 $G_K(s)$ 和 $G'_K(s)$ 相减，得到校正环节 $G_c(s)$ 的伯德图，如图 9-23 中的 $G_c(s)$ 所示。则校正环节的传递函数为

$$G_c(s) = 1.4(1+0.15s)$$

3）分析新系统。新系统的传递函数为

$$G'_K(s) = G_K(s)G_c(s) = \frac{40}{s(1+0.15s)(1+8.77\times10^{-4}s)(1+5\times10^{-3}s)} \times 1.4(1+0.15s)$$

$$= \frac{56}{s(1+8.77\times10^{-4}s)(1+5\times10^{-3}s)}$$

其系统速度误差系数 $K_v = 56 \geq 40$，幅值穿越频率 $\omega_c = 56\mathrm{s}^{-1} \geq 50\mathrm{s}^{-1}$，相位裕度

$$\gamma = 180° - 90° - \arctan(8.77\times10^{-4}\times56) - \arctan(5\times10^{-3}\times56) = 71.4° \geq 50°$$

所以校正后系统的性能指标均满足要求。

控制系统的校正并不只有单一的答案，在设计较复杂系统时，究竟选择何种校正装置，主要取决于系统本身的结构特点、信号的性质、采用的元件、经济条件和设计者的经验等。设计较复杂的校正环节时，也可以采用上面所介绍的方法。

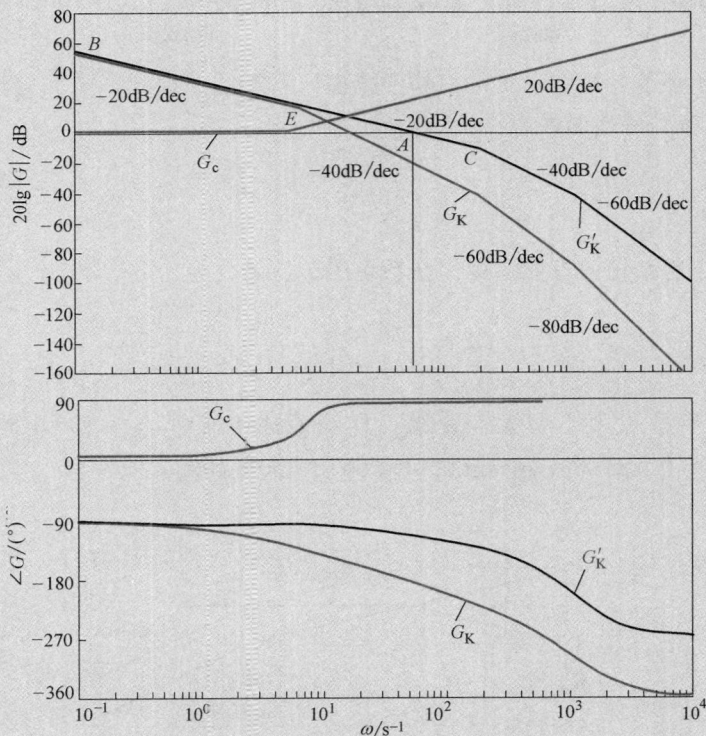

图 9-23　例 9-6 系统伯德图

例 9-7　已知单位反馈系统的开环传递函数为

$$G_K(s) = \frac{100}{(1+0.1s)(1+0.01s)}$$

试设计有源校正装置。为了提高系统稳态精度，希望系统为 I 型无差系统，且幅值穿越频率 $\omega_c \geqslant 50s^{-1}$，相位裕度 $\gamma \geqslant 40°$。

解　1) 分析原系统。原系统为 0 型系统，所以是有差系统，作原系统的伯德图，系统伯德图如图 9-24 所示。根据 $|G_K(j\omega)|_{\omega_c} = 1$，得

$$\frac{100}{\sqrt{(1+0.01\omega_c^2)(1+0.0001\omega_c^2)}} = 1$$

则

$$\omega_c = 308s^{-1}$$

$$\gamma = 180° + \angle G_K|_{\omega_c} = 180° + (-\arctan 0.1\omega_c - \arctan 0.01\omega_c) = 19.8° < 40°$$

2) 分析新系统。为了提高系统稳态精度，系统应为 I 型无差系统，所以新系统伯德图的低频段斜率应为 $-20dB/dec$，过横轴频率为 $100s^{-1}$ 的点作斜率为 $-20dB/dec$ 的直线，

交于纵轴，当频率 $>100\mathrm{s}^{-1}$ 时，新系统伯德图的斜率仍为 $-40\mathrm{dB/dec}$，如图 9-24 所示。

3）分析校正环节。用新系统的伯德图减去原系统的伯德图，从而得出校正环节的伯德图，则校正环节的传递函数为

$$G_c(s) = \frac{1+0.01s}{s}$$

4）校验校正后系统的性能指标。新系统的传递函数为

$$G_K'(s) = G_K(s)G_c(s) = \frac{100}{(1+0.1s)(1+0.01s)} \frac{1+0.1s}{s}$$

可见：校正后系统为 I 型无差系统，且幅值穿越频率 $\omega_c = 100 \geq 50\mathrm{s}^{-1}$，相位裕度 $\gamma = 180° + [-\arctan(0.1\times100) - \arctan(0.01\times100)] = 50 \geq 40°$。

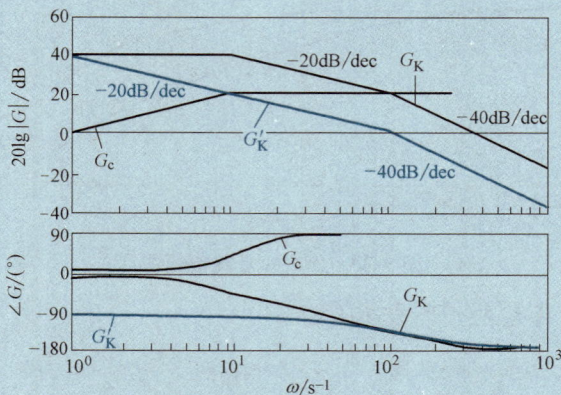

图 9-24 例 9-7 系统伯德图

9.4 并联校正

校正环节与系统主通道并联的校正称为并联校正，按信号流动的方向，并联校正可分为反馈校正和顺馈校正。

9.4.1 反馈校正

反馈校正是指从系统某一环节的输出中取出信号，经过反馈校正环节返回到该环节的输入端，与输入信号叠加，形成一个局部反馈，如图 9-25 所示。图中 $G_c(s)$ 为反馈校正环节，$G_2(s)$ 为被反馈环节所包围的环节。

控制系统采用反馈校正后，不仅能达到和串联校正相同的校正效果，还能抑制被反馈环节所包围环节的参数波动对系统性能的影响。所以，当系统参数经常变化，同时系统又能取出适当的反馈信号时，通常可以采用反馈校正。

在反馈校正中，若 $G_c(s) = K$，则称为比例反馈；若 $G_c(s) = Ks$，则称为速度反馈；若 $G_c(s) = Ks^2$，则称为加速度反馈。

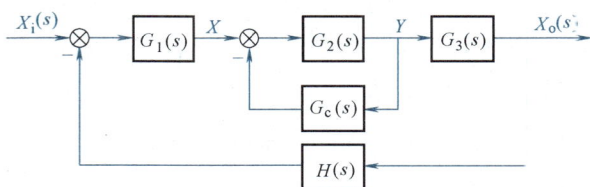

图 9-25 反馈校正

1. 比例反馈

如图 9-26 所示的系统，加入比例反馈后有

$$G_B(s) = \frac{X_o(s)}{X_i(s)} = \frac{\dfrac{K}{1+Ts}}{1+\dfrac{KK_n}{1+Ts}} = \frac{K}{1+KK_n+Ts} = \frac{\dfrac{K}{1+KK_n}}{1+\dfrac{T}{1+KK_n}s} \qquad (9\text{-}23)$$

可见：加入比例反馈校正后，时间常数减小，惯性减小，响应速度加快；同时放大系数也减小，但可以通过提高其他环节的增益来补偿。

2. 速度反馈

如图 9-27 所示的系统，加入速度反馈后有

$$G_B(s) = \frac{X_o(s)}{X_i(s)} = \frac{\dfrac{K}{Ts^2+2\xi Ts+1}}{1+\dfrac{K}{Ts^2+2\xi Ts+1}K_n s} = \frac{K}{Ts^2+(2\xi T+KK_n)s+1} \qquad (9\text{-}24)$$

可见：加入速度反馈校正后，阻尼比增大，无阻尼固有频率不变，这对小阻尼系统减小谐振幅值有利。

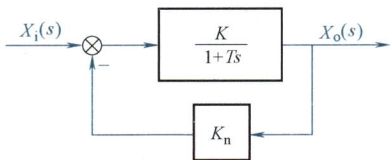

图 9-26 比例反馈系统

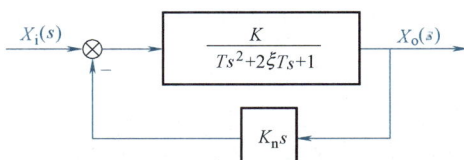

图 9-27 速度反馈系统

3. 加速度反馈

如图 9-28 所示的系统，加入加速度反馈后有

$$G_B(s) = \frac{X_o(s)}{X_i(s)} = \frac{\dfrac{K}{Ts^2+2\xi Ts+1}}{1-\dfrac{K}{Ts^2+2\xi Ts+1}K_n s^2} = \frac{K}{(T+KK_n)s^2+2\xi Ts+1} \qquad (9\text{-}25)$$

可见：加入加速度反馈校正后，无阻尼固有频率减小，阻尼比增大。

除此之外，反馈还可以消除系统中某些环节的不利影响。如图 9-25 所示的系统，若 $G_2(s)$ 的特性是不希望的，加入反馈环节 $G_c(s)$ 后，该局部小系统中有

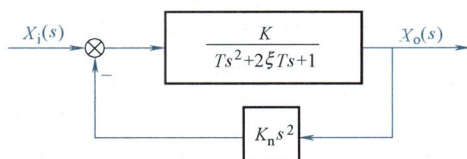

图 9-28 加速度反馈系统

187

$$\frac{Y(s)}{X(s)}=\frac{G_2(s)}{1+G_2(s)G_c(s)}$$

若 $G_2(s)G_c(s)>>1$，则

$$\frac{Y(s)}{X(s)}=\frac{G_2(s)}{1+G_2(s)G_c(s)}\approx\frac{G_2(s)}{G_2(s)G_c(s)}=\frac{1}{G_c(s)} \tag{9-26}$$

可见：加入反馈校正后，局部回路的特性完全取决于反馈校正环节 $G_c(s)$ 的特性，而与被包围的环节 $G_2(s)$ 无关。

9.4.2 顺馈校正

顺馈校正是一种输入补偿的校正，它不依靠偏差，也不取决于系统的输出，直接根据输入信号或所测量的干扰信号进行开环补偿控制。在输入信号或干扰信号引起误差之前就对它进行补偿，以及时消除误差。

图 9-29 所示为顺馈系统，系统的误差与偏差相等。系统的误差为

$$E(s)=X_i(s)-X_o(s)$$

$G_c(s)$ 为顺馈校正环节，加入顺馈校正环节后，系统的输出为

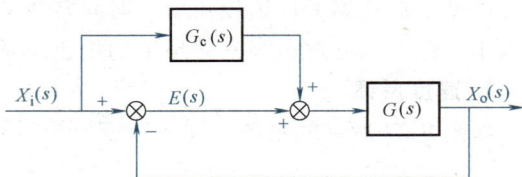

图 9-29 顺馈系统

$$X_o(s)=\frac{[1+G_c(s)]G(s)}{1+G(s)}X_i(s) \tag{9-27}$$

$$E(s)=X_i(s)-X_o(s)=X_i(s)-\frac{[1+G_c(s)]G(s)}{1+G(s)}X_i(s)=\frac{1-G_c(s)G(s)}{1+G(s)}X_i(s) \tag{9-28}$$

为了使 $E(s)=0$，应使 $1-G_c(s)G(s)=0$，即

$$G_c(s)=\frac{1}{G(s)} \tag{9-29}$$

该式表明：当顺馈校正环节 $G_c(s)=\dfrac{1}{G(s)}$ 时，系统的输出在任何时刻都可以无误差地复现输入，该校正实质上是在系统中增加一个输入信号 $G_c(s)X_i(s)$，它产生的误差抵消了输入信号 $X_i(s)$ 所产生的误差。

顺馈校正本身为开环控制，对控制结果可能出现的偏差没有自修正能力，所以顺馈校正往往要和反馈校正配合使用，构成复合校正控制系统。

188

例 9-8 如图 9-30 所示，已知系统为 $G(s)=\dfrac{10}{1+0.2s}$，欲加入比例负反馈使系统带宽提高为原来的 10 倍，并保持总增益不变，求 K_n 和 K_0。

解 系统的闭环传递函数为

$$G_B(s)=\frac{\dfrac{10K_0}{1+0.2s}}{1+\dfrac{10K_n}{1+0.2s}}=\frac{10K_0}{1+10K_n+0.2s}=\frac{\dfrac{10K_0}{1+10K_n}}{1+\dfrac{0.2s}{1+10K_n}}$$

根据题意，使系统带宽提高为原来的 10 倍，并保持总增益不变，则

$$\frac{10K_0}{1+10K_n} = 10$$

$$\frac{0.2}{1+10K_n} = 0.02$$

得

$$K_n = 0.9, K_0 = 10$$

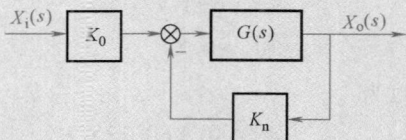

图 9-30　例 9-8 系统框图

例 9-9　已知系统框图如图 9-31 所示，对系统的要求是：速度误差系数 $K_v \geqslant 200$，幅值穿越频率 $\omega_c \geqslant 20\mathrm{s}^{-1}$，相位裕度 $\gamma \geqslant 45°$。采用图 9-32 所示的局部负反馈 $H(s)$ 校正系统，求反馈校正环节 $H(s)$ 的传递函数。

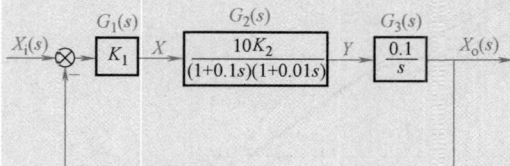

图 9-31　例 9-9 系统框图

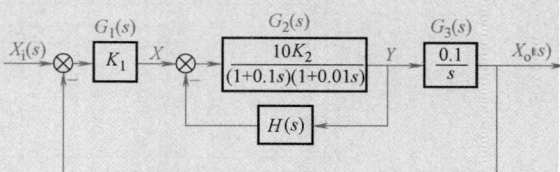

图 9-32　反馈校正后系统框图

解　1）分析原系统。由题知

$$G_1(s) = K_1, \quad G_2(s) = \frac{10K_2}{(1+0.1s)(1+0.01s)}, \quad G_3(s) = \frac{0.1}{s}$$

根据系统的要求，速度误差系数 $K_v \geqslant 200$，则系统的开环传递函数为

$$G_K(s) = \frac{200}{s(1+0.1s)(1+0.01s)}$$

根据 $|G_K(\mathrm{j}\omega)|_{\omega_c} = 1$，得

$$\frac{200}{\omega_c \sqrt{(1-0.01\omega_c^2)(1+0.0001\omega_c^2)}} = 1$$

则

$$\omega_c = 44.2\mathrm{s}^{-1}$$

$$\gamma = 180° + \angle G_K |_{\omega_c} = 180° + (-90° - \arctan 0.1\omega_c - \arctan 0.01\omega_c) = -1.1° < 45°$$

2）分析新系统。系统要求校正后的幅值穿越频率 $\geqslant 20\mathrm{s}^{-1}$，现取 $\omega_c' = 20\mathrm{s}^{-1}$，且校正后系统伯德图在 ω_c' 附近的斜率为 -2、-1 和 -3，取 $\omega_2 = 100\mathrm{s}^{-1}$，中频段宽 $h = \omega_2/\omega_1 = 12.5$，则 $\omega_1 = 8\mathrm{s}^{-1}$。过 0dB 线 $\omega_c' = 20\mathrm{s}^{-1}$ 的 E 点作斜率为 -20dB/dec 的线段与 $\omega_1 = 8\mathrm{s}^{-1}$ 和

$\omega_2=100\text{s}^{-1}$ 分别交于点 B、C，过 B 点作斜率为 -40dB/dec 的线段与原系统伯德图交于 A 点，折线 $MABECD$ 即为校正后系统的开环传递函数伯德图。

设 A 点处的频率为 ω_A，由图 9-33 知：在 $\triangle ABG$ 中，$\overline{AG}/\overline{BG}=\tan\angle ABG=40$，即

$$\frac{20\lg200-20\lg\omega_A-20\lg\dfrac{20}{8}}{\lg8-\lg\omega_A}=40$$

得

$$\omega_A=0.8\text{s}^{-1}$$

则校正后系统的开环传递函数为

$$G'_K(s)=\frac{200(1+0.125s)}{s\left(1+\dfrac{s}{0.8}\right)(1+0.01s)^2}$$

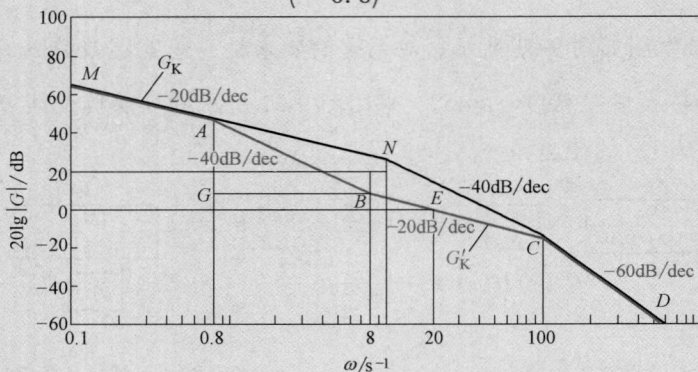

图 9-33　校正前后系统伯德图幅频特性

3）分析校正环节。局部反馈回路的闭环传递函数为

$$\frac{Y(s)}{X(s)}=\frac{G_2(s)}{1+G_2(s)H(s)}$$

校正后系统的开环传递函数为

$$G'_K(s)=\frac{G_1(s)G_2(s)G_3(s)}{1+G_2(s)H(s)}$$

当 $G_2(s)H(s)>1$ 时，上式可近似简化为

$$G'_K(s)=\frac{G_1(s)G_2(s)G_3(s)}{G_2(s)H(s)}\approx\frac{G_K(s)}{G_2(s)H(s)}$$

当 $G_2(s)H(s)<1$ 时，上式可近似简化为

$$G'_K(s)=G_1(s)G_2(s)G_3(s)=G_K(s)$$

当 $G_2(s)H(s)=1$ 时，上式可近似简化为

$$G'_K(s)=G_1(s)G_2(s)G_3(s)=G_K(s)$$

显然上述分段简化处理有些粗略，主要是在 $G_2(s)H(s)=1$ 及其附近频率上不够精确，

但一般来说这些频率与 ω_c' 在数值上相差较远，不会对所设计系统的动态特性有明显的影响，这也是工程中较广泛使用的一种方法。

当 $G_2(s)H(s)>1$ 时，局部反馈回路的开环传递函数为 $G_2(s)H(s)=\dfrac{G_K(s)}{G_K'(s)}$，在对数幅频图上表示为：$L_{G_2H}(\omega)=L_{G_K}(\omega)-L_{G_K'}(\omega)$，即为线段 $MNCD$ 与线段 $ABECD$ 所代表的幅频特性之差 $EFLI$，如图9-34所示。当 $G_2(s)H(s)<1$ 时，反馈作用可以忽略不计。所以在低频段内，为了与 $G_2(s)H(s)>1$ 的部分具有相同的形式，从而简化校正环节，将 $L_{G_2H}(\omega)$ 采用微分环节（图中为 FE 延长线），在高频段内将 $L_{G_2H}(\omega)$ 采用斜率为 -40dB/dec 的线段（图中为 IJ 线段），这样 $L_{G_2H}(\omega)$ 在图中即为 $EFLIJ$ 线段。

由图9-34知：$\omega=1$ 的平行于纵轴的直线交线段 EF 于 S 点，交 0dB 水平线于 P 点，$\omega=8$ 的平行于纵轴的直线交线段 EF 于 F 点，交 0dB 水平线于 Q 点，过点 S 作平行于横轴的直线交线段 QF 于 T 点。在 $\triangle FST$ 中，$FT=20\text{dB}\times(\lg8-\lg1)=18\text{dB}$，则 $\overline{QT}=\overline{FQ}-\overline{FT}=20\text{dB}-18\text{dB}=2\text{dB}$，所以校正环节的增益为 $20\lg K=2$，$K=1.25$，则

$$G_2(s)H(s)=\frac{1.25s}{\left(1+\dfrac{1}{8}s\right)(1+0.1s)(1+0.01s)}$$

且

$$G_2(s)H(s)=\frac{10K_2}{(1+0.1s)(1+0.01s)}H(s)$$

令 $K_2=1$，得

$$H(s)=\frac{0.125s}{1+\dfrac{1}{8}s}$$

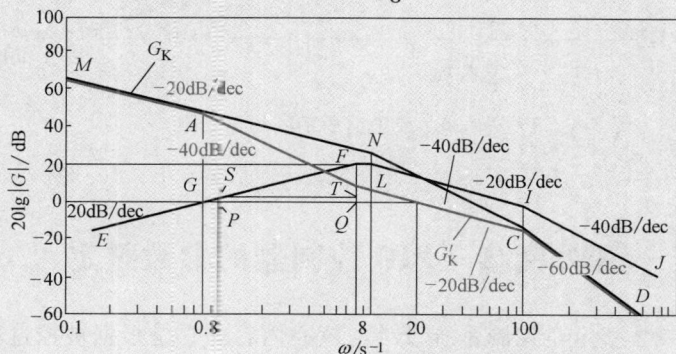

图9-34 校正环节伯德图幅频特性

4）校核校正后系统。图9-35所示为校正前后系统的伯德图。校正后系统的开环传递函数为

$$G_K'(s)=\frac{200(1+0.125s)}{s\left(1+\dfrac{s}{0.9}\right)(1+0.01s)^2}$$

速度误差系数 $K_v \geqslant 200$

根据 $|G'_K(j\omega)|_{\omega'_c} = 1$，得

$$\frac{200\sqrt{1+(0.125\omega'_c)^2}}{\omega'_c\sqrt{\left(1+\left(\frac{\omega'_c}{0.9}\right)^2\right)}(1+0.0001\omega'^2_c)} = 1$$

则

$$\omega'_c = 20.7\text{s}^{-1} > 20\text{s}^{-1}$$

$$\gamma = 180° + \left(\arctan 0.125\omega'_c - 90° - \arctan\frac{\omega'_c}{0.8} - 2\arctan 0.01\omega'_c\right) = 48° > 45°$$

满足系统要求。

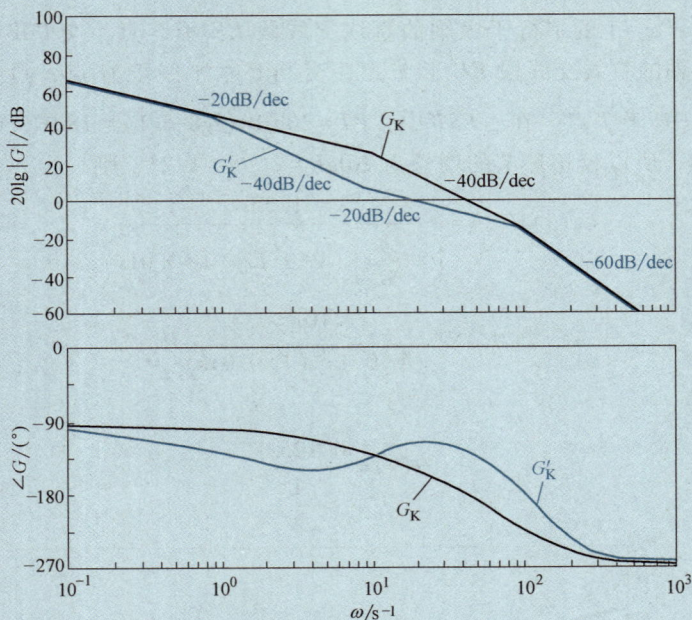

图 9-35 校正前后系统的伯德图

课外阅读 PID 控制器的参数整定

PID 控制器的参数整定是控制系统设计的核心内容。它是根据被控过程的特性确定 PID 控制器的比例系数、积分时间常数和微分时间常数的大小。PID 控制器参数整定的方法很多，概括起来有两大类。

（1）理论计算整定法 主要是依据系统的数学模型，经过理论计算确定控制器参数。这种方法所得到的计算数据未必可以直接用，还必须通过工程实际进行调整和修改。

（2）工程整定法 主要依赖工程经验，直接在控制系统的试验中进行，且方法简单、易于掌握，在工程实际中被广泛采用。PID 控制器参数的工程整定方法，主要有临界比例法、反应曲线法和衰减法。三种方法各有其特点，其共同点都是通过试验，然后按照工程经

验公式对控制器参数进行整定。但无论采用哪一种方法所得到的控制器参数，都需要在实际运行中进行最后调整与完善。现在一般采用的是临界比例法，利用该方法进行 PID 控制器参数整定的步骤如下。

1）首先预选择一个足够短的采样周期让系统工作。

2）仅加入比例控制环节，直到系统对输入的阶跃响应出现临界振荡，记下这时的比例放大系数和临界振荡周期。

3）在一定的控制度下通过公式计算得到 PID 控制器的参数。

PID 调试的一般原则如下：

1）在输出不振荡时，增大比例增益 P。

2）在输出不振荡时，减小积分时间常数 T_i。

3）在输出不振荡时，增大微分时间常数 T_d。

PID 调试的一般步骤如下：

1）确定比例增益 P。确定比例增益 P 时，首先去掉 PID 的积分项和微分项，一般是令 $T_i = 0$、$T_d = 0$，使 PID 为纯比例调节。输入设定为系统允许的最大值的 60% ~ 70%，由 0 逐渐加大比例增益 P，直至系统出现振荡；再反过来，从此时的比例增益 P 逐渐减小，直至系统振荡消失，记录此时的比例增益 P，设定 PID 的比例增益 P 为当前值的 60% ~ 70%。比例增益 P 调试完成。

2）确定积分时间常数 T_i。比例增益 P 确定后，设定一个较大的积分时间常数 T_i 的初值，然后逐渐减小 T_i，直至系统出现振荡；之后再反过来，逐渐加大 T_i，直至系统振荡消失。记录此时的 T_i，设定 PID 的积分时间常数 T_i 为当前值的 150% ~ 180%。积分时间常数 T_i 调试完成。

3）确定积分时间常数 T_d。积分时间常数 T_d 一般不用设定，为 0 即可。若要设定，与确定 P 和 T_i 的方法相同，取不振荡时的 30%。

4）系统空载、带载联调，再对 PID 参数进行微调，直至满足要求。

思考题与习题

9-1 什么是控制系统的校正？在校正系统中，常用的性能指标有哪些？

9-2 系统在什么情况下采用相位超前校正、相位滞后校正和相位滞后-超前校正？为什么？

9-3 有源校正装置和无源校正装置有什么不同？在实现校正时它们的作用是否相同？

9-4 PID 校正中各部分的作用是什么？

9-5 为什么反馈补偿可以用一个希望的环节替代系统固有部分中不希望的环节？

9-6 试画出 $G(s) = \dfrac{250}{s(0.1s+1)}$ 和 $G(s) = \dfrac{250}{s(0.1s+1)} \dfrac{0.05s+1}{0.0047s+1}$ 的伯德图，分析两种情况下的 ω_c 及相位裕度，并说明校正的作用。

9-7 试画出 $G(s) = \dfrac{300}{s(0.03s+1)(0.047s+1)}$ 和 $G(s) = \dfrac{300}{s(0.03s+1)(0.0047s+1)} \dfrac{0.5s+1}{10s+1}$ 的伯德图，分析两种情况下的 ω_c 及柜位裕度，并说明校正的作用。

9-8 已知单位反馈系统的开环传递函数为 $G_K(s) = \dfrac{K}{s(0.2s+1)(1+0.5s)}$，若要求系统在单位速度输入作用下的稳态误差不大于 1/6。

（1）确定满足上述指标的最小 K 值，计算该 K 值下系统的相位裕度和幅值裕度。

（2）在前向通道中串接超前校正环节 $G_c(s) = \dfrac{1+0.4s}{1+0.08s}$，试计算校正后系统的相位裕度和幅值裕度，并说明超前校正对系统性能的影响。

9-9 已知单位反馈系统的开环传递函数为 $G_K(s) = \dfrac{K}{s(s+1)}$，试设计超前校正装置，使系统满足：$\omega_c \geqslant 7.5 \text{rad/s}$，$K_v = 15$，相位裕度 $\gamma \geqslant 45°$。

9-10 已知单位反馈系统的开环传递函数为 $G_K(s) = \dfrac{K}{s(s+1)(0.2s+1)}$，试设计滞后校正装置，使系统满足：系统开环增益 $K = 8$，相位裕度 $\gamma \geqslant 45°$。

9-11 已知单位反馈系统的开环传递函数为 $G_K(s) = \dfrac{200}{s(0.1s+1)}$。

（1）试设计一无源校正装置，使系统满足：$\omega_c \geqslant 50 \text{rad/s}$，相位裕度 $\gamma \geqslant 45°$。

（2）试设计一无源校正装置，使系统满足：$\omega_c \geqslant 8 \text{rad/s}$，，相位裕度 $\gamma \geqslant 45°$。

9-12 已知单位反馈系统的开环传递函数为 $G_K(s) = \dfrac{K}{s(s+1)(0.2s+1)}$，试设计滞后–超前校正装置，使系统满足：相位裕度 $\gamma \geqslant 45°$，单位斜坡信号输入时，系统的稳态误差 $e_{ss} = 0.01$。

9-13 已知单位反馈系统的开环传递函数为 $G_K(s) = \dfrac{50}{(s+1)(s+10)}$，在其前向通道上串入 PID 控制器，其传递函数为 $G_c(s) = K_p + \dfrac{K_i}{s} + K_d s$，若系统要求校正后的闭环极点为：$-100$，$-10 \pm j10$，试确定 PID 控制器的参数 K_p、K_i、K_d。

9-14 已知单位反馈系统如图 9-36 所示，若采用反馈校正，试比较校正前后系统的相位裕度和 ω_c。

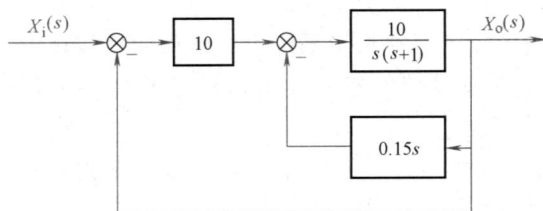

图 9-36 题 9-14 图

第10章

控制系统的MATLAB分析

MATLAB 是 MATrix LABoratory（矩阵实验室）的英文缩写。该软件是由 MathWorks 公司于 1982 年首次推出的一套高性能的数值计算和可视化软件，目前已成为国际公认的最优秀的科技应用软件之一，具有功能强大、界面友好和开放性强的特点。在控制领域，MATLAB 以控制系统工具箱的应用最为广泛和突出，因此它是控制系统首选的计算机辅助工具，它适用于各种动态系统的建模与仿真。

10.1　控制系统数学模型的 MATLAB 描述

1. 系统建模

控制系统工具箱同时支持连续系统和离散系统，能够建立系统的状态空间模型、传递函数模型及传递函数零极点增益模型，并可实现任意两者之间的转换；可通过串联、并联、反馈连接及更一般的框图建模来建立复杂系统的模型；可通过多种方式实现连续系统的离散化、离散系统的连续化及重采样。

2. 系统分析

控制系统工具箱不仅支持对单输入单输出系统的分析，也支持对多输入多输出系统的分析。对系统的频率特性，可支持系统的伯德图、奈奎斯特图和尼科尔斯对数幅相图的计算和绘制。对系统的时域响应，可支持对系统的单位阶跃响应、单位脉冲响应、零输入响应，以及更广泛地对任意输入信号的响应进行分析和仿真。

3. 系统设计

控制系统工具箱可计算系统的各种特性，例如，可控和可观格拉姆矩阵、系统的可控和可观矩阵、传递函数零极点；频域特性如稳定裕度、阻尼系数，以及根轨迹的增益选择等。可支持系统的可控、可观标准型实现，系统的最小实现，均衡实现，降阶实现以及输入延时的帕德估计。可进行系统的极点配置、观测器设计以及 LQ 和 LQG 最优控制等。

10.1.1　用命令方式建立 MATLAB 模型

1. MATLAB 数学模型的表示

MATLAB 中数学模型的表示主要有三种基本形式：传递函数分子/分母多项式模型、传递函数零极点增益模型和状态空间模型。它们各有特点，有时需要在各种模型之间进行转换。本书主要介绍分子/分母多项式模型和传递函数零极点增益模型。

（1）传递函数分子/分母多项式模型　线性系统的传递函数一般可以表示成复数变量 s 的有理函数形式：

$$G(s) = \frac{b_m s^m + b_{m-1} s^{m-1} + \cdots + b_1 s + b_0}{a_n s^n + a_{n-1} s^{n-1} + \cdots + a_1 s + a_0}$$

采用下列命令格式可以方便地把传递函数模型输入到 MATLAB 环境中。

num=[$b_m, b_{m-1}, \cdots, b_1, b_0$]；[num 为分子项（Numerator）英文缩写]

den=[$a_n, a_{n-1}, \cdots, a_1, a_0$]；[den 为分母项（Denominator）英文缩写]

也就是将系统的分子和分母多项式的系数按降幂的方式以向量的形式输入给两个变量 num 和 den。

若要在 MATLAB 环境下得到传递函数的形式，可以调用 tf（）函数。该函数的调用格式为：

G=tf (num, den);

其中 num 和 den 分别为系统的分子和分母多项式系数向量。返回的变量 g 为传递函数形式。

例 10-1 设系统传递函数为

$$G(s) = \frac{s^3 + 5s^2 + 3s + 2}{s^4 + 2s^3 + 4s^2 + 3s + 1}$$

输入下面的命令：

>>num=[1, 5, 3, 2]; den=[1, 2, 4, 3, 1];

>>G=tf(num, den)

执行后，在 Command Window 窗口下可得传递函数

$$\frac{s^3 + 5s^2 + 3s + 2}{s^4 + 2s^3 + 3s^2 + 3s + 10}$$

（2）传递函数零极点增益模型 以多项式形式表示的传递函数还可以在 MATLAB 中转换为零极点形式。调用函数格式为：

G=zpk (G) [z 为零点，p 为极点，k 为增益]

例 10-2 把例 10-1 中的传递函数转换成零极点形式的传递函数 G1。

解 MATLAB 程序如下：

>>G=zpk (G)

执行程序后，得到如下结果：

Zero/Ploe/gain:

$$\frac{(s+4.424)(s^2+0.5759s+0.4521)}{(s^2+s+0.382)(s^2+s+2.618)}$$

在系统的零极点模型中，若出现复数值，则在显示时将以二阶形式来表示相应的共轭复数对。事实上可以通过下面的 MATLAB 命令得出系统的极点

>>G1.p {1}

执行命令后得出如下结果：

```
ans =
    -0.5000+1.5388i
    -0.5000-1.5388i
    -0.5000+0.3633i
    -0.5000-0.3633i
```

从下面的 MATLAB 命令可得出系统的零点：

```
>>Z=tzero (G1)
```

执行命令后得出如下结果：

```
Z =
    -4.4241
    -0.2880+0.6076i
    -0.2880-0.6076i
```

与 G1 对应的零点、极点在复平面上的位置如图 10-1 所示，共轭极点和零点对称于 Re 轴。

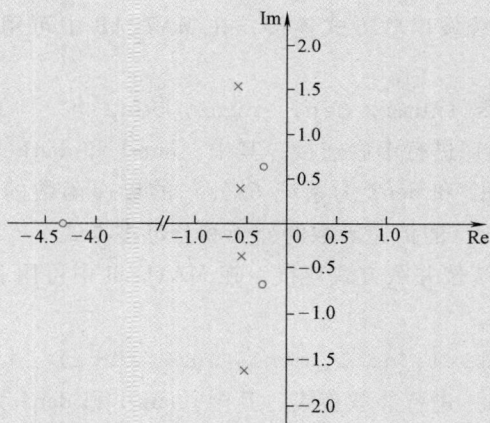

图 10-1 零点、极点分布图
○—零点 ×—极点

（3）复杂传递函数的求取 在 MATLAB 中可用 conv 函数实现复杂传递函数的求取。conv 函数是标准的 MATLAB 函数，用来求取两个向量的卷积，也可用来求取多项式乘法。conv 函数允许多重嵌套，从而实现复杂的计算。

例 10-3 用 MATLAB 表示传递函数为 $G(s)=\dfrac{5(5s^2+3s+1)}{(s^2+2s+1)^2(s^3+4s^2+5s+1)(s+3)}$ 的系统。

解
```
num=5* [5, 3, 1];
den=conv (conv (conv ([1 2 1], [1 2 1]), [1 4 5 1]), [1 3]) ;
G=tf (num, den)
```

197

2. 模型之间的转换

同一个系统可用上述三种不同形式的模型表示,为了分析的方便,有时需要在三种模型形式之间进行转换。MATLAB 的控制系统工具箱提供了模型转换的函数:ss2tf、ss2zp、tf2ss、tf2zp、zp2ss、zp2tf,它们的关系如图 10-2 所示。

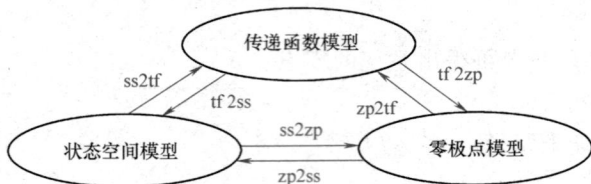

图 10-2　三种模型之间的转换

3. 系统建模

对简单系统的建模可直接采用三种基本模型:传递函数分子/分母多项式模型、传递函数零极点增益模型和状态空间模型。但实际中经常遇到由多个简单系统组合成一个复杂系统的情况,常见形式有:并联、串联和反馈连接等。

(1)串联　将两个系统按串联方式连接,在 MATLAB 中可用 series 函数实现。其常用格式如下:

[num, den]=series (num1, den1, num2, den2)

表示将系统 $G_1(s)$ 和 $G_2(s)$ 进行串联连接。其中,num1 和 den1 为系统 $G_1(s)$ 的传递函数的分子和分母多项式;num2 和 den2 为系统 $G_2(s)$ 的传递函数的分子和分母多项式;num 和 den 为串联后的系统 $G(s)$ 的传递函数的分子和分母多项式。

(2)并联　将两个系统按并联方式连接,在 MATLAB 中可用 Parallel 函数实现。其格式如下:

[num, den] = parallel (num1, den1, num2, den2)

表示将系统 $G_1(s)$ 和 $G_2(s)$ 进行并联连接。其中,num1 和 den1 为系统 $G_1(s)$ 的传递函数的分子和分母多项式;num2 和 den2 为系统 $G_2(s)$ 的传递函数的分子和分母多项式;num 和 den 为并联后的系统 $G(s)$ 的传递函数的分子和分母多项式。

(3)反馈连接　对于反馈连接,在 MATLAB 中可用 feedback 函数实现。其常用的格式如下:

[num, den] = feedback (num1, den1, num2, den2, sign)

表示将系统 $G(s)$ 和 $H(s)$ 进行反馈连接。其中,num1 和 den1 为系统 $G(s)$ 的传递函数的分子和分母多项式;num2 和 den2 为系统 $H(s)$ 的传递函数的分子和分母多项式;sign 用来指示系统 $H(s)$ 输出到系统 $G(s)$ 输入的连接符号,sign 默认为负值。

10.1.2　用 Simulink 建立控制系统模型

Simulink 是 MATLAB 软件的扩展,它是实现动态系统建模和仿真的一个软件包,与 MATLAB 语言的主要区别在于它与用户交互的接口是基于 Windows 的图形化输入的,从而使得用户可以把更多的精力投入到系统模型的构建而非语言的编程上。

所谓模型化图形输入是指 Simulink 提供了一些按功能分类的基本系统模块,用户只需要知道这些模块的输入、输出及模块的功能,通过调用这些基本模块,连接起来构成所需要的系统模型，进行仿真与分析。

1. Simulink 的启动与退出

Simulink 的启动有两种方式：一种是启动 MATLAB 后，单击 MATLAB 主窗口的快捷按钮 ▦ 来打开 Simulink Library Brower 窗口，如图 10-3 所示；另一种是在 MATLAB 命令窗口中输入 Simulink，同样可以启动 Simulink。

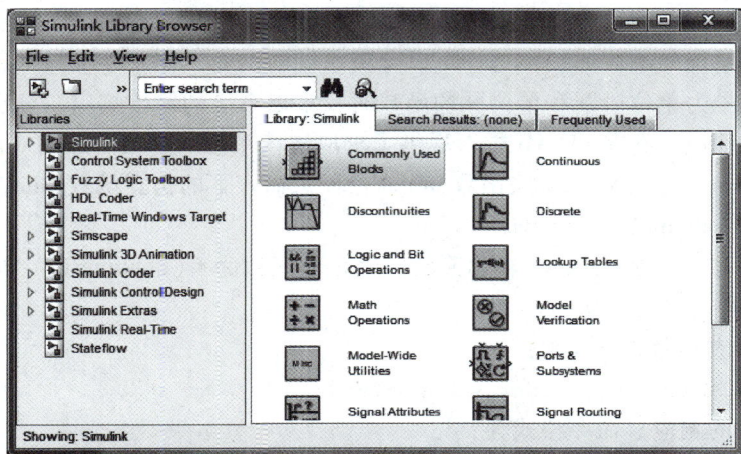

图 10-3　Simulink 启动界面

Simulink 启动后，便可以通过菜单或者工具 ▣ 来新建一个窗口界面，用户就可以在此窗口中编辑自己的仿真模型了。

2. Simulink 模型的基本结构

一个典型的 Simulink 模型由以下三种类型的模块构成：信号源模块、被模拟的系统模块、输出显示模块。三种模块的结构关系如图 10-4 所示。

图 10-4　构成 Simulink 模型的模块的结构关系

3. Simulink 建模仿真的基本过程

启动 Simulink 后，便可在 Simulink 中进行建模仿真了。其基本过程如下：

1）打开一个空白的 Simulink 模型窗口。

2）进入 Simulink 模块库浏览界面，将相应模块库中所需要的模块拖拉到编辑窗口中，并进行连接。

3）修改编辑窗口中模块的参数。

4）用菜单选择或命令窗口输入命令进行仿真分析。

本小节介绍了用 Simulink 进行控制系统建模的基本方法，在后面将通过举例的方式，着重讲解用 Simulink 进行控制系统时域分析的方法。

10.2　时间响应 MATLAB 分析

10.2.1　用命令进行控制系统的时域分析

系统仿真实质上就是对系统模型的求解。对控制系统来说，一般模型可用某个微分方程或差分方程表示，因此在仿真过程中，一般以某种数值算法从初态出发，逐步计算系统的响应，最后绘制出系统的响应曲线，这样可以分析系统的性能。控制系统最常用的时域分析方法是，当输入信号为单位阶跃和单位脉冲函数时，求出系统的输出响应，分别称为单位阶跃响应和单位脉冲响应。在 MATLAB 中，提供了求取连续系统的单位阶跃响应函数 step、单位脉冲响应函数 impulse、零输入响应函数 initial 及任意输入下的仿真函数 lsim，相应的离散系统有函数：dstep、dimpulse、dinitial 和 dlsim。

在 MATLAB 中，对单输入-单输出系统，其传递函数为 $G(s) = \text{num}(s)/\text{den}(s)$，它对各种不同输入函数响应的命令如下：

（1）阶跃响应　命令格式为：

step (num, den) 或 y=step (num, den, t)

（2）对脉冲的响应　命令格式为：

impulse (num, den) 或 y=impulse (num, den, t)

例 10-4　计算并绘制下列传递函数的单位阶跃响应（$t=0$ 至 $t=10$）：

$$G(s) = \frac{10}{s^2 + 2s + 10}$$

解　输入 MATLAB 命令：

```
num=10;
den=[1, 2, 10];
t=[0: 0.1: 10];
y=step (num, den, t);
plot (t, y)
```

于是可获得如图 10-5a 所示的单位阶跃响应曲线。

例 10-5　计算并绘制下列传递函数的单位脉冲响应（$t=0$ 至 $t=10$）：

$$G(s) = \frac{10}{s^2 + 2s + 10}$$

解　输入 MATLAB 命令：

```
num=10;
den=[1, 2, 10];
t=[0: 0.1: 10];
y=impulse (num, den, t);
plot (t, y)
```

于是可获得如图 10-5b 所示的单位脉冲响应曲线。

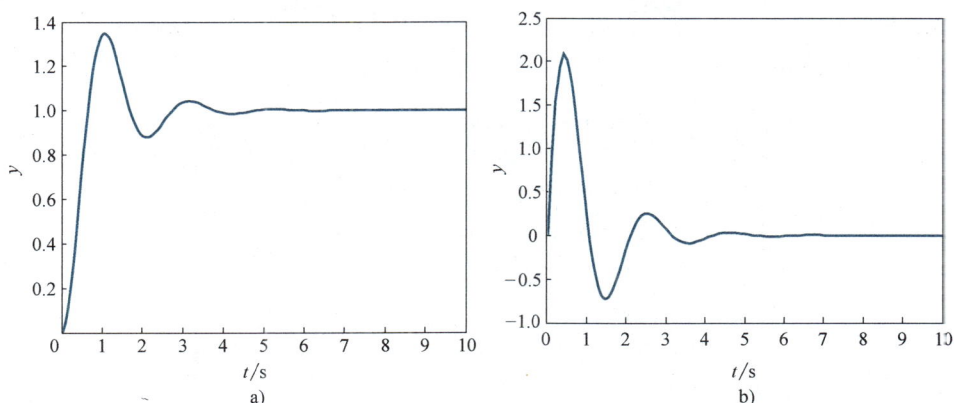

图 10-5 系统的单位阶跃响应、单位脉冲响应曲线

a）单位阶跃响应 b）单位脉冲响应

10.2.2 用 Simulink 进行控制系统的时域分析

在 10.1.2 节中，已经介绍了 Simulink 的基本操作方法，下面通过一个实例，来介绍用 Simulink 进行时域仿真的基本操作方法。

假设要对图 10-6 所示的控制系统进行时域分析。希望仿真对该控制系统输入不同幅值的阶跃信号时，控制系统的输出。

在 Simulink 中，建立该控制系统仿真模型的方法如下：

1）启动 Simulink 后，新建一个空白的仿真文件。

2）现在的任务是利用 Simulink 中现成的模块建立如图 10-6 所示的控制系统。这其中主要用到的模块是求和模块（在 Simulink 中称为 Sum）、增益模块（在 Simulink 中称为 Gain）和传递函数模块（在 Simulink 中称为 Transfer Fcn）。具体过程如下：

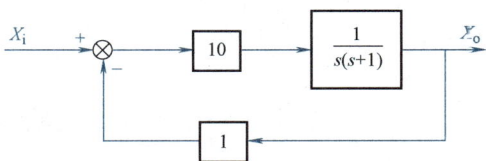

图 10-6 控制系统框图

① 在 Simulink Library Browser 窗口左侧的 Libraries 中，找到 Simulink 下的 Commonly Used Blocks 选项，然后在右侧找到求和模块 Sum（图 10-7），并把该模块拖动到仿真界面中。

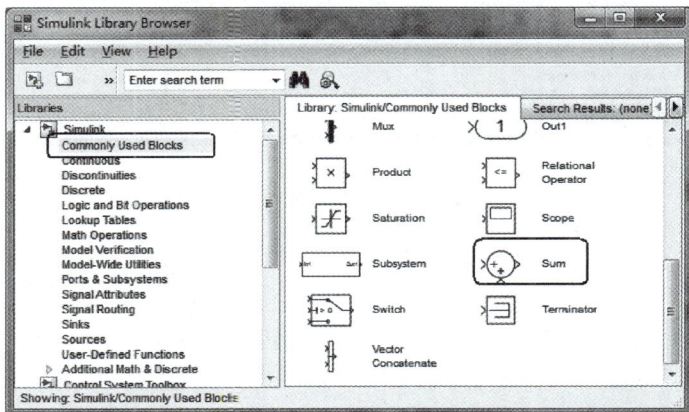

图 10-7 求和模块 Sum

在仿真界面中双击 Sum 图标，打开如图 10-8 所示的界面。改变 List of signs 中的+、-号，可得到不同的加法器。

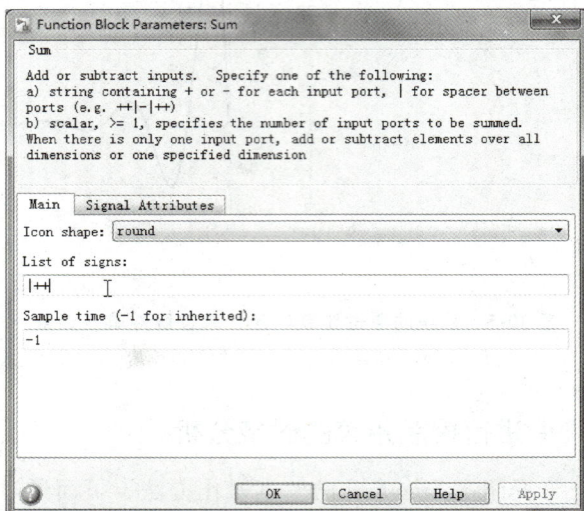

图 10-8　求和模块 Sum 的设置方法

② 同样在 Commonly Used Blocks 下找到增益模块 Gain（图 10-9），并把该模块拖动到仿真界面中。

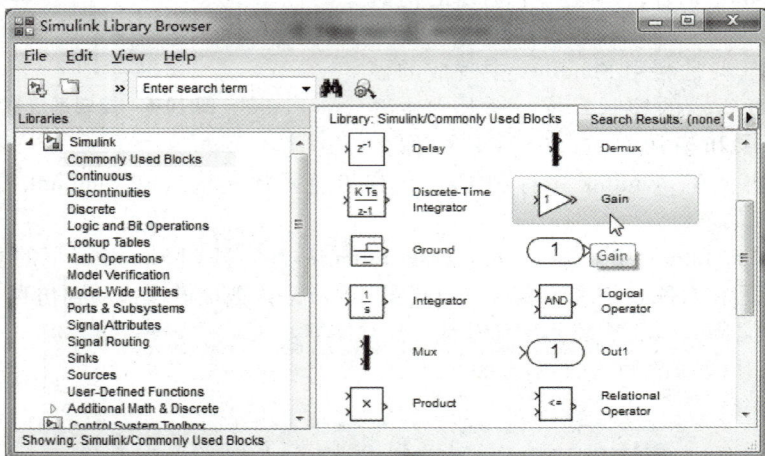

图 10-9　增益模块 Gain

在仿真界面中双击 Gain 图标，打开如图 10-10 所示的界面。改变 Gain 中的参数，可以得到不同的数值。

单击 Gain 图标，通过右键属性下拉菜单可以旋转、翻转图标，如图 10-11 所示。

③ 在 Simulink Library Browser 窗口左侧的 Simulink 下单击 Continuous 图标，在右侧框内找到传递函数模块 Transfer Fcn（图 10-12），并拖动到仿真模型窗口中。

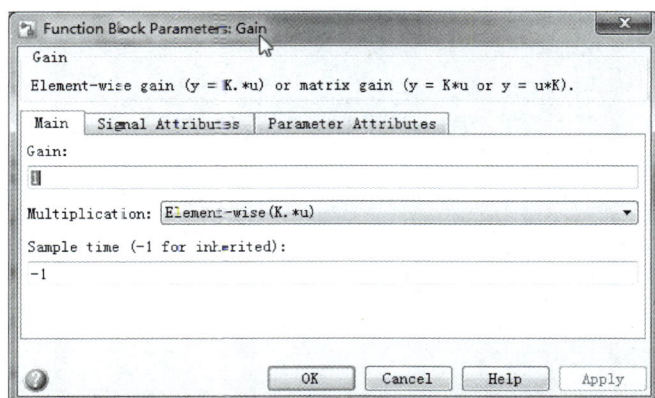

图 10-10　改变 Gain 中的增益

图 10-11　增益模块 Gain 的旋转设置方法

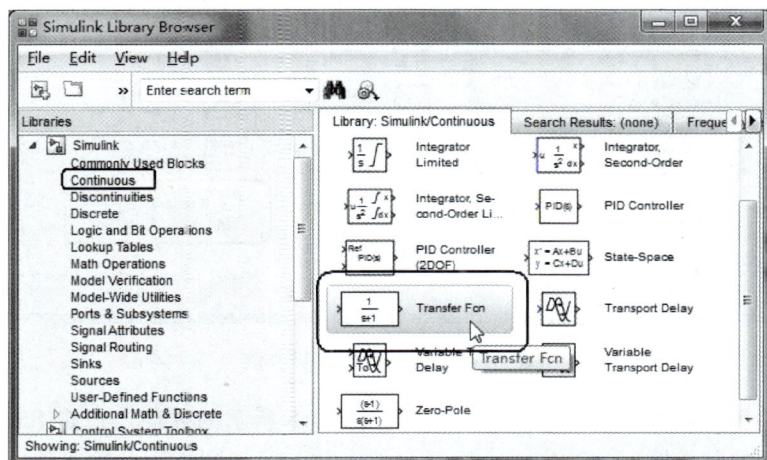

图 10-12　传递函数模块 Transfer Fcn

在仿真界面中双击 Transfer Fcn 图标，改变分子 Numerator coefficients 和分母 Denominator coefficients 栏目中多项式的系数。在本例中，分母多项式的系数应改为 [1　1　0]，如图 10-13 所示。

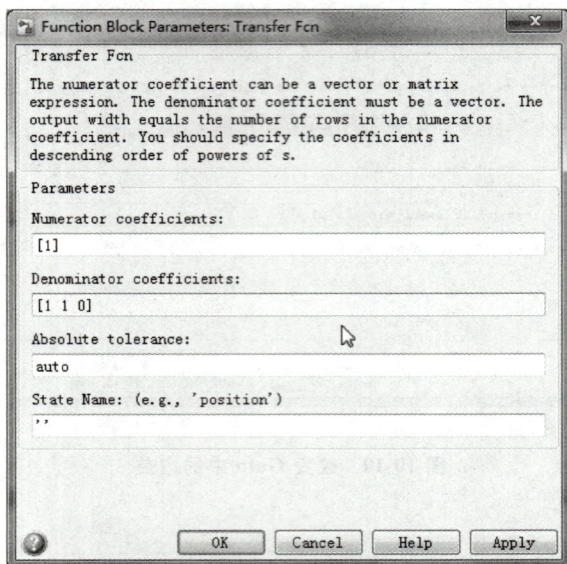

图 10-13 传递函数多项式系数的设置

3）由于要仿真系统的阶跃响应，所以还应该添加阶跃信号模块。该模块位于 Simulink 下的 Sources 中，如图 10-14 所示。

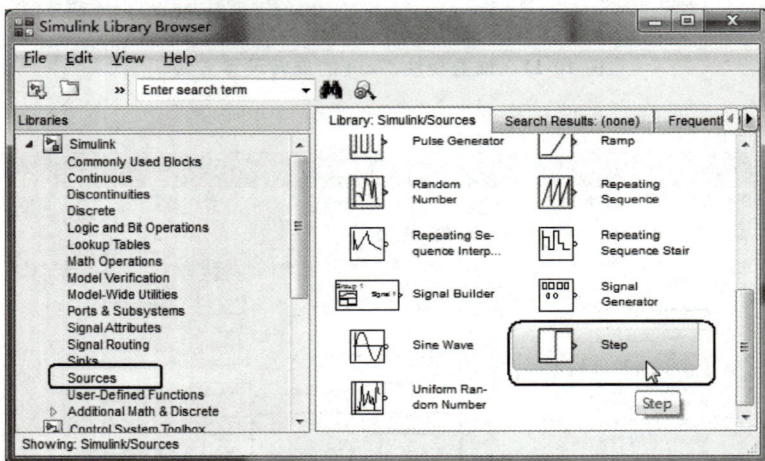

图 10-14 添加阶跃信号模块

在新建文件界面中双击 Step 图标，打开如图 10-15 所示的界面。设定 Step time 的参数，可改变阶跃信号的起始时间；改变 Final value 的参数，可得到不同的输入值。

4）由于还想观察系统的阶跃响应，所以还得添加示波器模块 Scope，其位置如图 10-16 所示。将其拖动到仿真界面中。

将仿真模型中的各个模块进行适当的调整，结果如图 10-17 所示。

5）用鼠标左键在各元件间添加箭头，将各个元件依次连接起来，结果如图 10-18 所示。

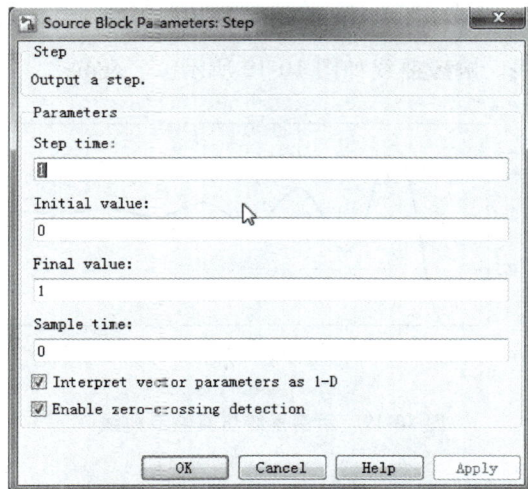

图 10-15 阶跃输入模块 Step

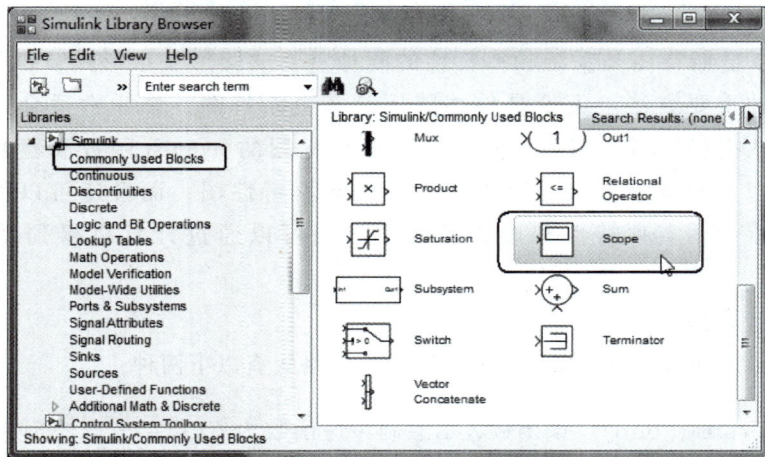

图 10-16 示波器模块 Scope

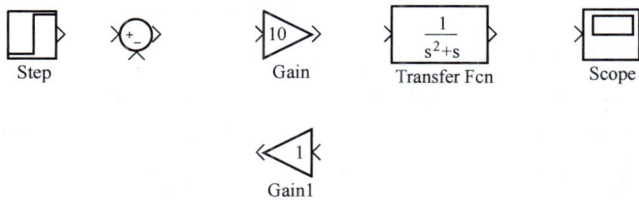

图 10-17 仿真模型草图

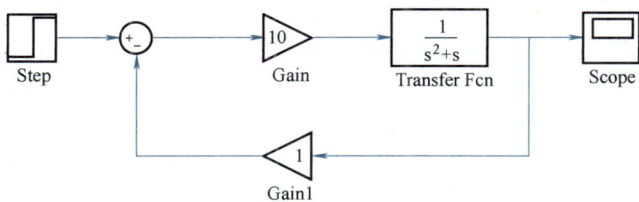

205

图 10-18 系统仿真模块图

6）单击工具栏上的 Run 图标 ⏵ ，系统运行仿真。仿真运行完成后，双击示波器模块 Scope 就可以显示响应曲线。响应曲线如图 10-19 所示。

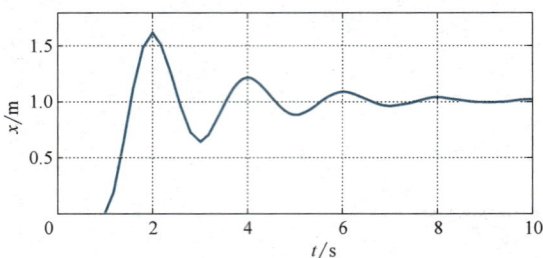

图 10-19 示例系统仿真响应曲线

10.3 频率特性 MATLAB 分析

伯德图和奈奎斯特图是系统频率特性的两种重要的图形表示形式，也是对系统进行频率特性分析的重要方法。无论是伯德图还是奈奎斯特图，都非常适合用计算机进行绘制。MATLAB 提供了可绘制系统频率特性极坐标图的 nyquist 函数和绘制对数坐标的 bode 函数，通过这些函数不仅可以得到系统的频率特性图，而且还可以得到系统的幅频特性、相频特性、实频特性和虚频特性，从而可以通过计算机得到系统的频率特征量。

1. bode（）函数

使用 bode（）函数可以求出系统的伯德图，其格式有以下两种：

（1）bode（num，den） 该函数表示绘制传递函数为 $G(s)=\dfrac{num(s)}{den(s)}$ 时系统的伯德图，并在同一幅图中，分上、下两部分生成幅频特性（以 dB 为单位）和相频特性（以 rad/s 为单位）。该函数没有给出明确的频率 ω 范围（频率 ω 在 MATLAB 中用 w 表示），由系统根据频率响应的范围自动选取 ω 值绘图。

若具体给出频率 ω 的范围，则可用函数 w＝logspace（m，n，npts）；bode（num，den，w）；来绘制系统的伯德图。其中，logspace（m，n，npts）用来产生频率自变量的采样点，即在十进制数 10^{m} 和 10^{n} 之间，产生 npts 个用十进制对数分度的等距离点。采样点数 npts 的具体值由用户确定。

（2）函数［mag，phase，w］＝bode（num，den）和［mag，phase，w］＝bode（num，den，w） 这两个函数为指定幅值范围和相角范围内的伯德图调用格式。

［mag，phase，w］＝bode（num，den）表示生成以幅值 mag 和相角值 phase 为纵坐标、以频率 ω 为横坐标的伯德图，但幅值不以 dB 为单位。

［mag，phase，w］＝bode（num，den，w）表示在定义的频率 w 范围内，生成以幅值 mag 和相角值 phase 为纵坐标、以频率 ω 为横坐标的伯德图，但幅值不以 dB 为单位。利用

下列表达式可以把幅值转变成以 dB 为单位：

```
magdB=20* log10 (mag)
```

另外，对于这两个函数，还必须用绘图函数 subplot (2, 1, 1)、semilogx (w, magdB)、subplot (2, 1, 2)、semilogx (w, phase)，才可以在屏幕上生成完整的伯德图，其中 semilogx 函数表示以 dB 为单位绘制幅频特性曲线。

2. nyquist ( ) 函数

函数 nyquist ( ) 的功能是求系统的奈奎斯特图，格式为 nyquist (num, den)。当用户需要指定频率 ω 时，可用函数 nyquist (num, den, w)。系统的频率响应是在那些给定的频率点上得到的。nyquist 函数还有两种等号左边含有变量的形式：

```
[re, im, w]=nyquist (num, den)
[re, im, w]=nyquist (num, den, w)
```

通过这两种形式的调用，可以计算 $G(j\omega)$ 的实部（Re）和虚部（Im），但是不能直接在屏幕上生成奈奎斯特图，需通过调用 plot (Re, Im) 函数才可得到奈奎斯特图。

例 10-6 应用 MATLAB 绘制伯德图。设系统的开环传递函数为

$$G(s)=\frac{100}{(s+5)(s+2)(s^2+4s+3)}$$

试画出该系统的开环伯德图。

解 在命令窗口输入以下 MATLAB 命令：

```
num=100;
den=conv(conv([1 5],[1 2]),[1 4 3]);
w=logspace (-1, 2);
[mag, pha] =bode (num, den, w);
magdB=20* log10 (mag) ;
subplot (2, 1, 1); semilogx (w, magdB);
gridon;
xlabel('频率(rad/sec)');
ylabel('增益 dB');
subplot (2, 1, 2), semilogx (w, pha);
gridon;
xlabel('频率(rad/sec)');
ylabel('相位 deg');
```

说明：subplot (m, n, p) 函数的作用是将图形窗口分成 m 行 n 列个区域，并将图形绘制在第 p 个区域。

绘制系统的伯德图如图 10-20 所示。

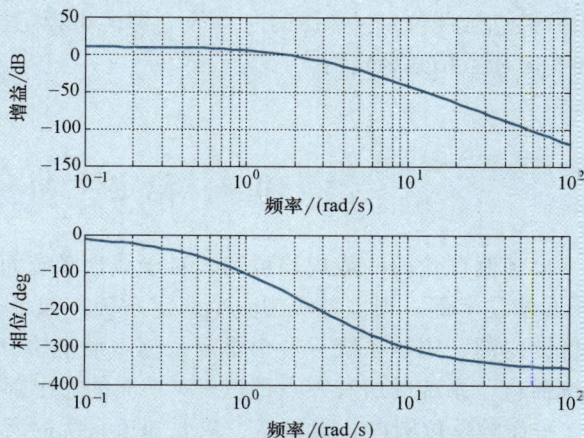

图 10-20 例 10-6 系统的伯德图

例 10-7 应用 MATLAB 绘制奈奎斯特图。已知系统开环传递函数为

$$G(s) = \frac{1}{(s^2 + 2s + 2)}$$

试求系统的奈奎斯特图，并判断系统的稳定性。

解 在命令窗口输入：

```
num = [1];
den = [1, 2, 2];
nyquist (num, den) ;
title('奈奎斯特图');
```

可得如图 10-21 所示的奈奎斯特图。

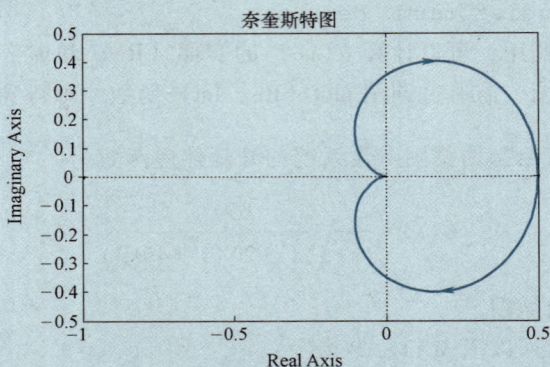

图 10-21 例 10-7 系统的奈奎斯特图

同时，在 MATLAB 命令窗口中可以得到系统的开环传递函数极点：

```
ans =
-1.0000+1.0000i
-1.0000-1.0000i;
```

显然，系统开环传递函数的奈奎斯特图没有包围点（-1，j0），且其系统的开环传递函数极点全部位于 s 平面的左半部（即无不稳定极点），所以根据奈奎斯特稳定性判据可知，闭环系统是稳定的。

10.4 稳定性 MATLAB 分析

由控制理论的一般规律可知，对于线性系统而言，如果一个连续系统的所有极点都位于 s 平面的左半部，则该系统为一个稳定系统；如果一个离散系统的所有极点都位于 z 平面的单位圆内部，则该系统为一个稳定系统。最小相位系统首先是一个稳定系统，同时对于连续系统而言，系统的所有零点都位于 s 平面的左半部；而对于离散系统，系统的所有零点都位于 z 平面的单位圆内。很显然，只要知道系统的所有零极点的位置，就能判断该系统是否稳定、是否为最小相位系统。

用 MATLAB 分析系统的稳定性，可直接用 tf2zp 或 root 命令来求出闭环系统的极点，从

而根据闭环极点在 s 平面的分布来判断系统的稳定性。

例 10-8 已知系统的特征方程式为 $1(s)=s^4+2s^3+3s^2+4s+5$，判断系统的稳定性。

解 求系统特征根的 MATLAB 程序为

```
d=[1 2 3 4 5];
roots (d)
```
结果为：
```
ans =
0.2878+1.4161i
0.2878-1.4161i
-1.2878+0.8579i
-1.2878-0.8579i
```
可见，系统有两个正实部的极点，系统不稳定。

例 10-9 设系统的传递函数为

$$\Phi(s)=\frac{s^3+11s^2+30s}{s^4+9s^3+45s^2+87s+50}$$

求系统的零、极点，并判断系统的稳定性。

解
```
num=[1 11 30 0];
den=[1 9 45 87 50];
[z, p] =tf2zp (num, den)
```
结果为：
```
z =
0
-5.0000
-6.0000
p =
-3.0000+4.0000i
-3.0000-4.0000i
-1.9999
-1.0000
```
由此可见，系统的零、极点全部具有负实部，所以系统稳定。

若已知系统的结构图，则可直接由 MATLAB 求出系统的闭环传递函数，然后求根，判断系统的稳定性。

例 10-10 设系统结构如图 10-22 所示 判断系统的稳定性。

解 运用 MATLAB 命令，求出系统的闭环传递函数，然后求出其特征方程的根，即可判断系统的稳定性。

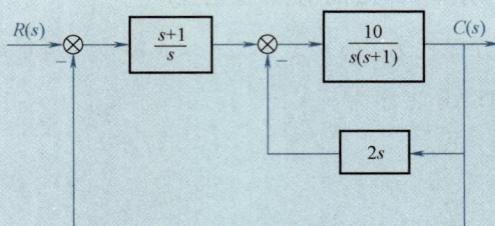

图 10-22 例 10-10 系统结构图

求闭环传递函数的程序为：

```
num1 =10;
den1= [1 1 0];
G1 =tf (num1, den1)
num2 = [2 0];
den2 =1;
G2 =tf (num2, den2)
num3 = [1 1];
den3 = [1 0];
G3 =tf (num3, den3)
GG =feedback (G1, G2, -1)
G4 =G3* GG
GG1 =feedback (G4, 1, -1)
```

得出的闭环传递函数为

$$\frac{10s+10}{s^3+21s^2+10s+10}$$

```
roots (GG1.den {1})
ans =
-20.5368
-0.2316+0.6582i
-0.2316-0.6582i
```

系统的全部特征根都在 s 平面的左半部，系统稳定。

10.5 根轨迹 MATLAB 分析

根轨迹法是分析和设计线性定常控制系统的图解方法，使用十分简便，特别适用于多回路系统的研究。

通常来说，要绘制出系统的根轨迹是很烦琐且很难的事，因此在教科书中经常以简单系统的图示解法得到。但在现代计算机技术和软件平台的支持下，绘制系统的根轨迹变得轻松自如了。在 MATLAB 中，专门提供了与绘制根轨迹有关的函数：rlocus、rlocfind、pzmap 等。

为说明根轨迹的作用，先绘制出简单二阶开环系统 $H(s) = \dfrac{K}{s(0.5s+1)}$ 的根轨迹。可在 MATLAB 中输入：

```
num= [1];
den= [0.5 1 0];
rlocus (num, den)
```

执行后可得到图 10-23 所示的根轨迹。

以图 10-23 所示为例，说明利用根轨迹来分析系统的各种性能。

1. 稳定性

当开环增益 K 从零变到无穷大时，图 10-23 中的根轨迹不会越过虚轴进入 s 平面右半部，因此这个系统对所有的 K 值都是稳定的。如果根轨迹越过虚轴进入 s 平面右半部，则其交点的 K 值就是临界开环增益。可借助于函数 rlocfind 找出临界开环增益。

2. 稳态性能

开环系统在坐标原点有一极点，因此根轨迹上的 K 值就是静态速度误差系数。如果给定系统的稳态误差要求，则可由根轨迹确定闭环极点允许的范围。

3. 动态性能

当 $0<K<0.5$ 时，所有闭环极点位于实轴上，系统为过阻尼系统，单位阶跃响应为非周期过程；当 $K=0.5$ 时，闭环两个实数极点重合，系统为临界阻尼系统，单位阶跃响应仍为非周期过程，但速度更快；当 $K>0.5$ 时，闭环极点为复数极点，系统为欠阻尼系统，单位阶跃响应为阻尼振荡过程，且超调量与 K 成正比。

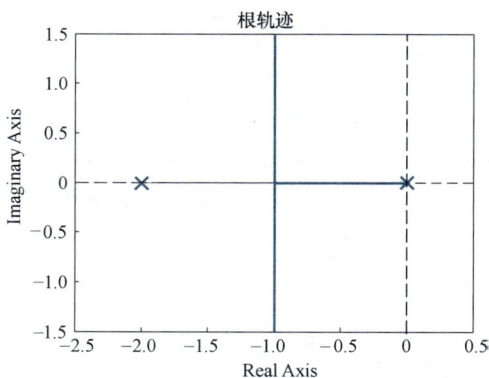

图 10-23　二阶系统的根轨迹

在求出系统根轨迹后，可对系统的性能有一定的了解，因此对系统分析是很有用的。对于系统设计，可通过修改设计参数，使闭环系统具有期望的零极点分布，因此根轨迹对系统设计具有指导意义。

例 10-11 设开环系统

$$G_K(s) = \frac{K(3s+1)}{s(2s+1)}$$

绘制出通过单位负反馈构成的闭环系统的根轨迹。

　解　可直接利用 rlocus 函数绘制出根轨迹。MATLAB 程序为：

```
num=[3 1];
```

```
den = [2 1 0];
rlocus (num, den)
title('根轨迹')
```

执行后得到如图 10-24 所示的根轨迹。

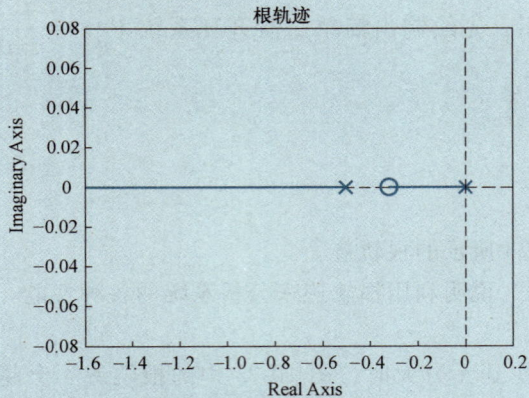

图 10-24 闭环系统根轨迹（一）

例 10-12 设开环系统

$$H(s) = \frac{K(s+5)}{s(s+2)(s+3)}$$

绘制出闭环系统的根轨迹，并确定交点处的增益 K。

解 利用 rlocus 函数可绘制根轨迹，而利用 rlocfind 函数可找出根轨迹上任意一点处的增益。因此 MATLAB 程序为：

```
num = [1 5];
den = [1 5 6 0];
rlocus (num, den)
title('根轨迹')
[k, p]=rlocfind (num, den) ;
gtext('k=0.5')
```

执行时先画出根轨迹，并提示用户在图形窗口中选择根轨迹上的一点，以计算出增益 K 及相应的极点。这时将鼠标指针放在根轨迹的交点处，可得到

```
k =
0.5072
p =
-3.2271
-0.8921
-0.8808
```

这说明系统有三个极点。实际上，如果能将鼠标指针准确地放在交点上，则极点 p 的后两项相等。最后得到如图 10-25 所示的根轨迹。

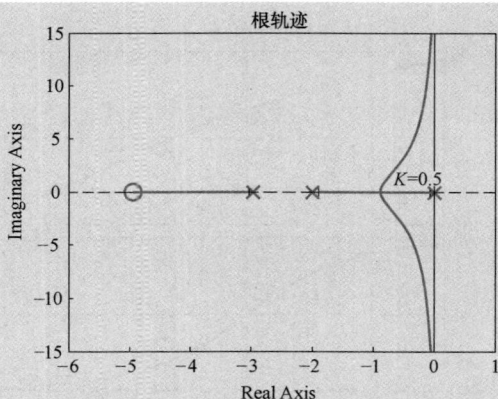

图 10-25 闭环系统根轨迹（二）

10.6 系统校正 MATLAB 分析

当自动控制系统的稳态性能和动态性能不能满足所要求的性能指标时，可以对系统进行校正，以改善系统的性能。

运用 MATLAB 软件可以方便地对系统进行设计校正。

例 10-13 设一系统结构如图 10-26 所示，要求系统的速度误差系数 $K_v \geqslant 20$，相位稳定裕量 $\gamma \geqslant 50°$，为满足系统性能指标的要求，试用 MATLAB 设计相位超前校正装置。

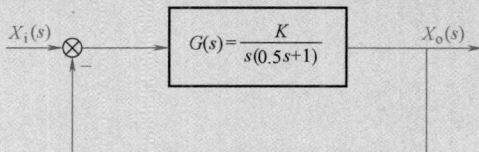

图 10-26 例 10-13 系统结构图

解 根据稳态指标要求，确定开环增益 K

$$K = \bar{K}_v = 20$$

校正前系统的开环传递函数为

$$G(s) = \frac{20}{s(0.5s+1)}$$

编写 MATLAB 程序，求出校正前系统的对数频率特性及稳定裕量：

```
num=20;
den=[0.5 1 0];
bode(num,den);              % 绘制校正前系统的 bode 图
grid;
[gm,pm,wcg,wcp]=margin(num,den)  % 求校正前系统的相角裕量 pm
```

运行后可得到校正前系统的伯德图，如图 10-27 所示。

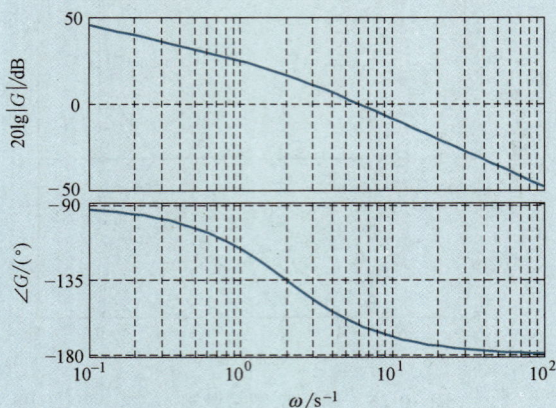

图 10-27　例 10-13 校正前系统的伯德图

从命令窗口可得到校正前系统的稳定裕量为：

```
>>
gm=
Inf
pm=
17.9642
wcg=
Inf
wcp=
6.1685
```

可见，此时相位裕量 $\gamma = 17.9642° < 50°$，因此需加校正。按串联超前校正的要求，紧接上一步的窗口输入以下程序：

```
>>dpm=50-pm+5;                        % 根据性能指标要求确定 φm
phi=dpm* pi/180;
a=(1+sin(phi))/(1-sin(phi)) ;         % 求 a
mm=-10* log10 (a) ;                   % 计算-10lga 幅值
[mu, pu, w]=bode (num, den) ;
mu_db=20* log10 (mu) ;                % 在未校正系统的幅频特性上
wc=spline (mu_db, w, mm) ;            % 找到幅值为 mm 处的频率
T=1/(wc* sqrt(a)) ;                   % 求 T
p=a* T;
nk=[p, 1]; dk=[T, 1];                 % 求校正装置
gc=tf (nk, dk)
```

运行后，可以从命令窗口得到校正装置的传递函数为

```
0.2268s+1
----------
0.0563s+1
```

再输入下面的命令：

```
h=tf (num, den) ;
hl=tf (nk, dk) ;
g=h* hl;
bode (g) ;
grid;
[gml, pml, wcgl, wcpl]=margin (g)
```

可以得到校正后系统的伯德图，如图10-28所示。

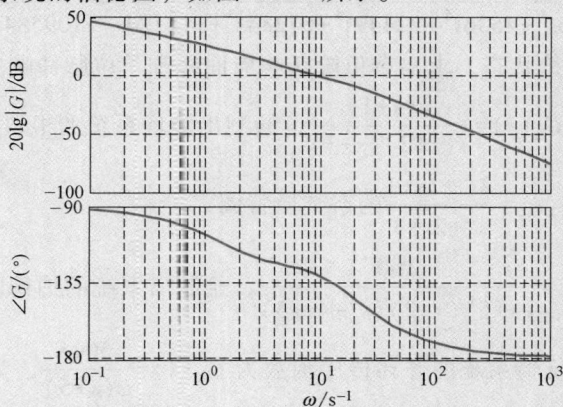

图 10-28　列 10-13 校正后系统的伯德图

相位裕量如下：

```
gml =
Inf
pml =
49.7676
wcgl =
Inf
wcpl =
8.8490
```

可见，此时系统的相位裕量 $\gamma = 49.7676°$，基本满足设计要求。

思考题与习题

10-1　将下面的传递函数模型转换成传递函数分子/分母多项式模型。

（1） $G(s) = \dfrac{s^3+4s+2}{s^3(s^2+2)\left[(s^2+1)^3+2s+5\right]}$

（2）$G(s) = \dfrac{6s^2+3s+1}{(2s^2+2s+1)^2(2s^3+3s^2+5s+1)(s+3)}$

10-2 将下面的零极点模型输入到 MATLAB 环境，求出模型的零极点，并绘制其位置。

（1）$G(s) = \dfrac{8(s+1+j)(s+1-j)}{s^2(s+5)(s+6)(s^2+1)}$ （2）$G(s) = \dfrac{8(s+1)(s+2)(s+3)}{(s+4)(s+5)(s+6)}$

10-3 分析下面传递函数模型的稳定性：

（1）$G(s) = \dfrac{1}{s^3+2s^2+s+2}$ （2）$G(s) = \dfrac{3s+1}{s^2(300s^2+600s+50)+3s+1}$

10-4 设描述系统的传递函数为

$$G(s) = \dfrac{18s^7+514s^6+5982s^5+36380s^4+122664s^3+222088s^2+185760s+40320}{s^8+36s^7+546s^6+4536s^5+22449s^4+67284s^3+118124s^2+109584s+40320}$$

假设系统具有零初始状态，求出单位阶跃响应曲线和单位脉冲响应曲线。

10-5 设开环系统 $G_K(s) = \dfrac{k(s+1)}{s(s+2)(s+3)}$，绘制出闭环系统的根轨迹。

10-6 绘制系统 $G_K(s) = \dfrac{2s^2+5s+1}{s^2+2s+3}$ 的奈奎斯特图。

10-7 有系统 $G(s) = \dfrac{100}{(s+5)(s+2)(s^2+4s+3)}$，绘制出系统的伯德图。

10-8 已知单位负反馈系统的开环传递函数为 $G_K(s) = \dfrac{500K}{s(s+5)}$，为使系统具有如下性能指标：速度误差系数 $K_v = 100s^{-1}$，相角裕度 $\gamma \geq 45°$，试确定串联相位超前校正装置的形式和特性。

第11章

机械工程控制理论在工程实际中的应用

机械工程控制系统的控制对象是机械系统，在简单的机械自动控制系统中，常用机械装置产生自动控制作用。随着电子技术、传感技术和计算机技术的发展，形成了用电气装置产生机械系统的自动控制作用。本章将通过机械工程中的具体实例介绍控制理论在工程实际中的应用。

11.1 数控机床直线运动工作台位置控制系统

数控机床直线运动工作台，又称一维数控机床直线运动工作台，其结构具有一定的代表性。本节以数控机床直线运动工作台闭环位置控制系统为物理模型，并针对此模型进行实验研究。利用 MATLAB 软件进行模拟实验，了解控制理论中的时域特性、频域特性。

11.1.1 系统原理图及工作原理

图 11-1 所示为数控机床直线运动工作台闭环位置控制系统组成示意图。系统的工作原理：系统发出输入指令，通过给定环节、比较环节和放大环节，驱动伺服电动机转动，经过减速器中的齿轮带动滚珠丝杠旋转，滚珠丝杠旋转的同时滚珠推动螺母及与螺母固定在一起的工作台，产生轴向移动，输出位移。检测装置光栅尺随时测定工作台的实际位置，并反馈到输入端，与输入指令进行比较，再根据工作台的实测位置与给定的目标位置之间的误差，确定控制动作，达到消除工作台位置误差的目的。

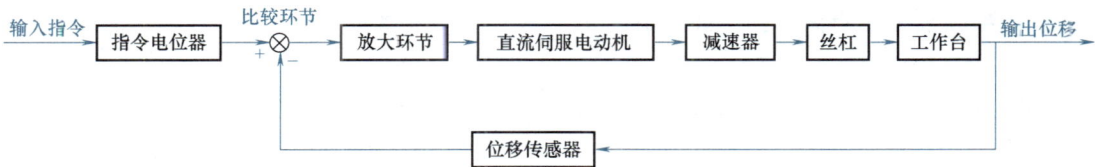

图 11-1 数控机床直线运动工作台闭环位置控制系统组成示意图

图 11-2 所示为数控机床直线运动工作台闭环位置控制系统模型图。其中伺服电动机采用电枢式直流电动机，工作台采用直线滚动导轨。x_i 为输入信号，是期望的位置，电压 u_a 为电枢式直流电动机的输入量，电动机输出轴的转速 ω 为输出，转速 ω 经减速器驱动滚珠丝杠带动工作台进行直线运动，x_o 为输出信号。

11.1.2 系统数学模型的建立

因采用滚动轴承、滚珠丝杠和直线滚动导轨，所以与各运动副相对速度有关的黏性阻尼

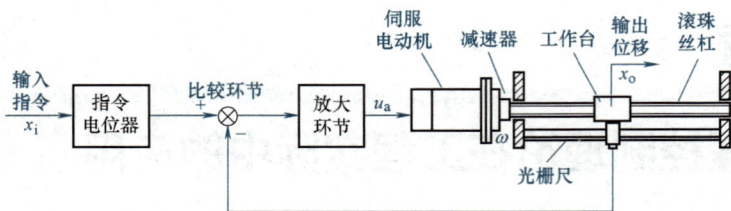

图 11-2 数控机床直线运动工作台闭环位置控制系统模型图

力矩忽略不计，同时因运动部件的弹性变形较小，与运动部件弹性变形相关的弹性力矩忽略不计。

设电动机转子轴上的转动惯量为 J_1，减速器输出轴上的转动惯量为 J_2，减速器的减速比为 i，滚珠丝杠的螺距为 P，工作台质量为 m，给定环节的传递函数为 K_a，放大环节的传递函数为 K_b，包括检测装置在内的反馈环节的传递函数为 K_f。

1. 伺服电动机模型

图 11-3 所示为电枢控制式直流电动机原理图。电压 u_a 为输入，电动机输出轴转速 ω 为输出，M_L 为折合到电动机轴上的总负载力矩，是干扰输入。在励磁不变且用电枢控制的情况下，根据 Kirchhoff 定律，电动机电枢回路方程为

$$L\frac{\mathrm{d}i_a}{\mathrm{d}t}+i_aR+e_d=u_a \tag{11-1}$$

式中，L、R 分别为电感和电阻；i_a 为电动机的电枢电流；e_d 为电动机旋转时电枢两端的反电动势。当磁通固定不变时，e_d 与 ω 成正比，即

$$e_d=k_d\omega \tag{11-2}$$

式中，k_d 为反电动势常数。

当励磁磁通固定不变时，电动机的电磁力矩 M 与电枢电流 i_a 成正比，即

$$M=k_m i_a \tag{11-3}$$

式中，k_m 为电动机电磁力矩常数。可见电动机输出转矩的大小与通过转子的电流大小成比例。

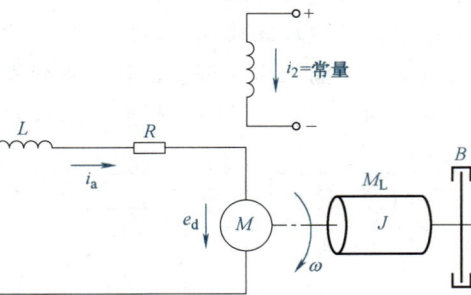

图 11-3 电枢控制式直流电动机原理图

根据刚体的转动定律，电动机转子的运动方程为

$$J\frac{\mathrm{d}\omega}{\mathrm{d}t}+B\omega=M-M_L \tag{11-4}$$

式中，B 为电动机转子及负载折合到电动机轴上的黏性阻尼系数；J 为转动部分折合到电动机轴上的总转动惯量。根据能量守恒定理，折算前后系统的总能量保持不变，有

$$\frac{1}{2}J\omega^2=\frac{1}{2}J_1\omega^2+\frac{1}{2}J_2\left(\omega\frac{1}{i}\right)^2+\frac{1}{2}m\left(\omega\frac{P}{2\pi i}\right)^2$$

即

$$J=J_1+\frac{J_2}{i^2}+m\left(\frac{P}{2\pi i}\right)^2$$

对式（11-1）~式（11-4）进行拉普拉斯变换得

$$(Ls+R)I_a(s)+E_d(s)=U_a(s) \tag{11-5}$$

$$E_d(s)=k_d\Omega(s) \tag{11-6}$$

$$M(s)=k_mI_a(s) \tag{11-7}$$

$$(Js+B)\Omega(s)=M(s)-M_L(s) \tag{11-8}$$

由式（11-5）~式（11-8）得电枢控制式直流电动机框图，如图11-4所示。

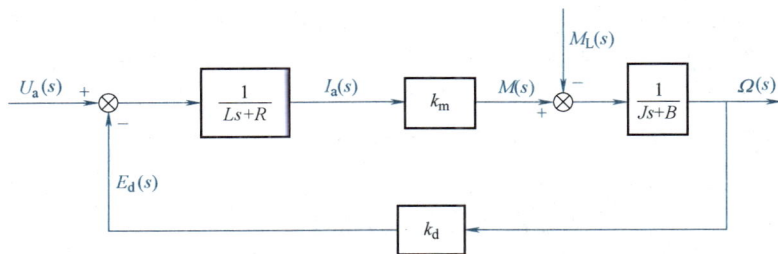

图 11-4　电枢控制式直流电动机框图

2. 数控机床直线运动工作台模型

电动机输出轴的转角 θ 是转速 ω 的积分，即

$$\theta=\dot{\omega} \tag{11-9}$$

工作台的位移与电动机的转角成正比，即

$$x_o=K_c\theta \tag{11-10}$$

式中，$K_c=\dfrac{P}{2\pi i}$。

对式（11-9）和式（11-10）进行拉普拉斯变换得

$$\theta(s)=s\Omega(s) \tag{11-11}$$

$$X_o(s)=K_c\theta(s) \tag{11-12}$$

根据式（11-5）~式（11-8）、式（11-11）和式（11-12）及给定环节的传递函数为 K_a、放大环节的传递函数为 K_b、包括检测装置在内的反馈环节的传递函数为 K_f，得数控机床直线运动工作台系统框图，如图11-5所示。

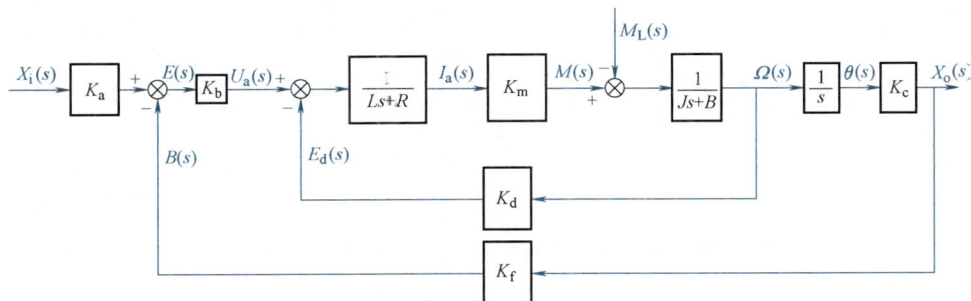

图 11-5　数控机床直线运动工作台系统框图

以 $X_i(s)$ 为输入、$X_o(s)$ 为输出的系统传递函数为

$$\frac{X_o(s)}{X_i(s)}=\frac{K_aK_bK_cK_m}{JLs^3+(LB+JR)s^2+(BR+K_mK_d)s+K_bK_cK_fK_m} \tag{11-13}$$

系统的开环传递函数为

$$G_K(s) = \frac{K_b K_c K_f K_m}{JLs^3 + (LB + JR)s^2 + (BR + K_m K_d)s} \qquad (11\text{-}14)$$

3. 模型框图中的系数的求取

在设计数控直线运动工作台时，一般是先根据系统负载、位置精度、速度和加速度等方面的要求，初步选定伺服电动机、传动装置及测量装置，然后根据系统稳定性、响应快速性和准确性等方面的要求，设计控制器。所以系统框图中与电动机和传动部件有关的参数是确定的。现确定参数如下：

$J = 0.004\text{kg} \cdot \text{m}^2$，$B = 0.005\text{N} \cdot \text{s/m}$，$R = 4\Omega$，$L = 0.002\text{H}$，$K_m = 0.2\text{N} \cdot \text{m/A}$，$K_d = 0.15\text{V} \cdot \text{s/rad}$，$K_c = 0.0025$，$K_f = 10$，$K_a = 10$。

以 $X_i(s)$ 为输入、$X_o(s)$ 为输出的系统传递函数为

$$\frac{X_o(s)}{X_i(s)} = \frac{0.005K_b}{8 \times 10^{-6}s^3 + 0.01601s^2 + 0.05s + 0.005K_b} \qquad (11\text{-}15)$$

系统的开环传递函数为

$$G_K(s) = \frac{0.005K_b}{8 \times 10^{-6}s^3 + 0.01601s^2 + 0.05s} \qquad (11\text{-}16)$$

可见系统是一个三阶系统，下面将利用此模型对系统进行动态特性分析。

11.1.3 系统的时域性能分析

下面分析当放大器的放大系数 K_b 取不同值时，对系统性能的影响。

1. 系统在单位阶跃输入下的响应

当 K_b 分别取 10、20、40、100 时系统在单位阶跃输入下的响应曲线如图 11-6 所示，可见，K_b 增大后，系统的上升时间、峰值时间和调整时间减少，超调量增大。

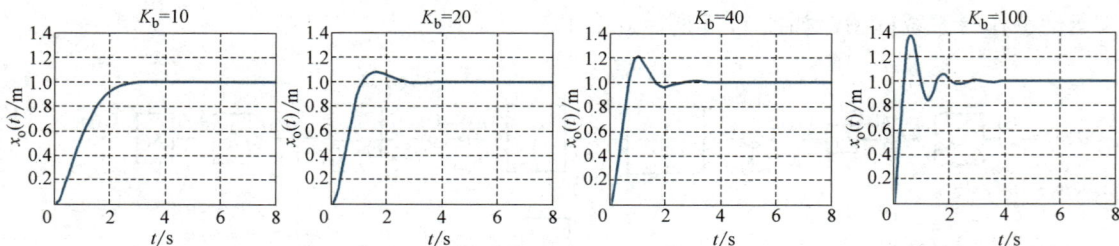

图 11-6　系统在单位阶跃输入下的响应曲线

参照此分析方法，可分析系统中各参数变化时，对系统性能的影响，使系统参数得到优化。

2. 对系统稳态误差的影响

根据式（11-16），系统的开环传递函数为 $G_K(s) = \dfrac{0.005K_b}{s(8 \times 10^{-6}s^2 + 0.01601s + 0.05)}$，可见系统为Ⅰ型系统。

当输入为单位阶跃信号时，其稳态位置无偏系数 $K_p = \infty$ ，稳态偏差 $\varepsilon_{ss} = 0$ 。

当输入为单位斜坡信号时，其稳态速度无偏系数 $K_v = \dfrac{1}{0.005K_b}$ ，稳态偏差 $\varepsilon_{ss} = 1/K_v$ 。

当输入为加速度信号时，其稳态加速度无偏系数 $K_a = 0$ ，稳态偏差 $\varepsilon_{ss} = \infty$ 。

可见，工作台位置控制系统不存在位置偏差，同时随着放大器的放大倍数 K_b 的增大，稳态速度偏差减小，并与 K_b 成反比，而当系统输入为加速度信号时，系统不能跟随。

11.1.4　系统的频域性能分析

1. 系统的伯德图

根据图 11-5 所示的工作台系统框图，可得如式（11-15）、式（11-16）的系统闭环传递函数和开环传递函数，当 $K_b = 40$ 时，系统的开环频率特性伯德图和闭环频率特性伯德图分别如图 11-7 和图 11-8 所示。

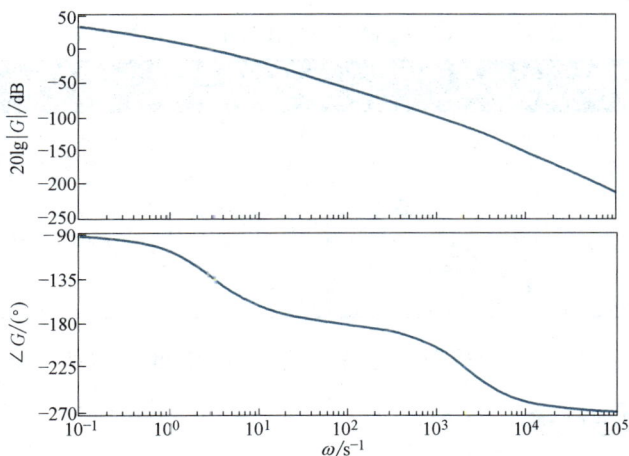

图 11-7　$K_b = 40$ 时系统的开环频率特性伯德图

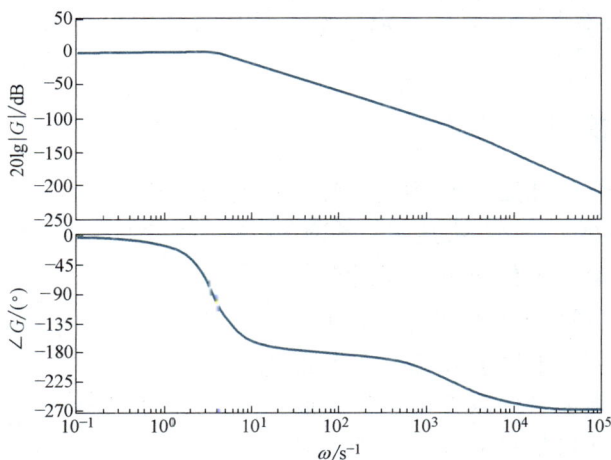

图 11-8　$K_b = 40$ 时系统的闭环频率特性伯德图

从图中可知：工作台自动控制系统跟随性较好，谐振峰值不大，但系统的带宽较小，说明系统对变化较快的输入信号响应较差。

2. 系统的稳定性分析

系统的特征方程为

$$8 \times 10^{-6} s^3 + 0.01601 s^2 + 0.05 s + 0.005 K_b = 0$$

$$
\begin{array}{c|cc}
s^3 & 8 \times 10^{-6} & 0.05 \\
s^2 & 0.01601 & 0.005 K_b \\
s^1 & \dfrac{0.01601 \times 0.05 - 8 \times 10^{-6} \times 0.005 K_b}{0.01601} & \\
s^0 & 0.005 K_b &
\end{array}
$$

则系统稳定的 K_b 的取值范围是 $0 < K_b < 2001.25$。不同 K_b 时系统的幅值裕度和相位裕度见表 11-1。

表 11-1 不同 K_b 时系统的幅值裕度和相位裕度

K_b	幅值穿越频率/s^{-1}	相位裕度/(°)	相位穿越频率/s^{-1}	幅值裕度/dB
10	0.96	72.9	79.05	66.02
40	2.93	46.8	79.05	53.98
100	5.18	30.9	79.05	46.02
1000	17.54	9.6	79.05	26.02

从以上分析可知：当 $K_b = 1000$ 时，系统稳定，但稳定的裕度较小。

11.1.5 系统的根轨迹

根据式（11-16），系统的开环传递函数为 $G_K(s) = \dfrac{0.005 K_b}{s(8 \times 10^{-6} s^2 + 0.01601 s + 0.05)}$，系统有三个极点，无零点，故有三条根轨迹，且均趋于无穷远处。绘制系统的根轨迹，如图 11-9 所示。

11.1.6 系统的校正

为使系统具有满意的稳定性储备，一般希望相位裕度 $\gamma = 30° \sim 60°$，幅值裕度 $K_g > 6 \mathrm{dB}$。通过计算得数控直线运动工作台位置控制系统在 $K_b = 1000$ 时，相位裕度 $\gamma = 9.6°$。若设计要求相位裕度 $\gamma \geqslant 45°$，同时保证系统的稳态精度，提高系统的动态性能，可以采用相位超前校正或 PD 校正。现以相位超前校正为例，对系统进行校正。

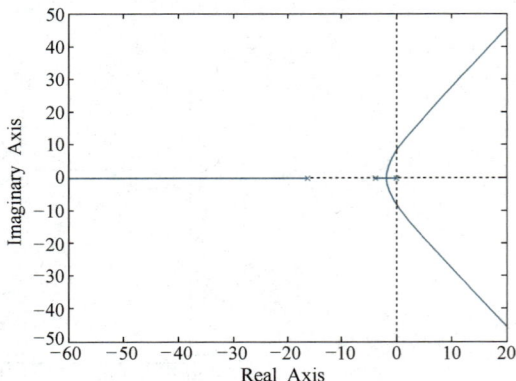

图 11-9 系统的根轨迹

例 11-1 已知系统的开环传递函数为：$G_K(s) = \dfrac{5}{8\times10^{-6}s^3+0.01601s^2+0.05s}$，试用相位超前校正环节校正系统，使系统的相位裕度 ≥45°，同时保证系统的稳态精度。

解

1）分析原系统。根据 $|G_K(s)|_{\omega_c}=1$，得：$\omega_c=17.54s^{-1}$，相位裕度 $\gamma=9.6°$。

2）根据设计要求，相位超前校正环节在新的剪切频率处需要提高的相位超前量为：
$\phi_m=45°-9.6°+5°=40.4°$。

3）根据 $\sin\phi_m=\dfrac{1-\alpha}{1+\alpha}$，得 $\alpha=0.214$。

4）根据系统校正前 $G_K(s)$ 在 ϕ_m 处的幅值与校正环节在 ϕ_m 处的幅值之积等于 1，即 $|G_K(s)G_c(s)|_{\omega_m}=1$ 或 $20\lg|G_K(s)|_{\omega_m}+20\lg|G_c(s)|_{\omega_m}=0$，求得 ϕ_m 处的频率 $\omega_n=26s^{-1}$。该频率即为校正后系统新的剪切频率。

5）根据 $T=\dfrac{1}{\omega_m\sqrt{\alpha}}$，得 $T=0.083$。则校正环节的传递函数为

$$G_c(s)=\frac{1+Ts}{1+\alpha Ts}=\frac{1+0.083s}{1+0.018s}$$

6）绘制校正后的伯德图并检验系统的稳定性裕度。校正后系统的传递函数为

$$G'_K(s)=G_K(s)G_c(s)=\frac{5}{8\times10^{-6}s^3+0.01601s^2+0.05s}\frac{1+0.083s}{1+0.018s}$$

加入相位超前校正环节前后系统的伯德图如图 11-10 所示。可见，校正后系统的相位裕度 $\gamma=47.1°$，幅值裕度也有一定程度的增大，满足设计要求。

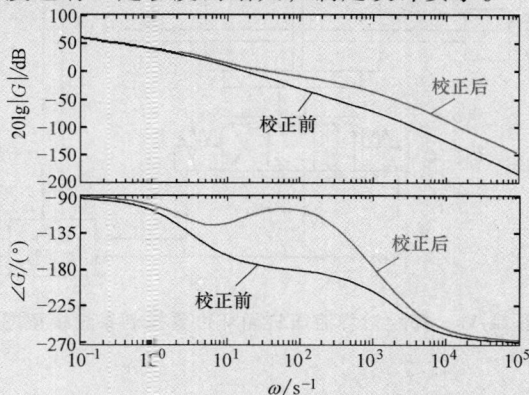

图 11-10 加入相位超前校正环节前后系统的伯德图

11.2 阀控对称液压缸位置闭环控制系统

本节以阀控对称液压缸的位置闭环控制系统构成物理模型，针对此模型进行实验研究。利用 MATLAB 软件进行模拟实验，了解控制理论中的时域特性、频域特性。

11.2.1 系统结构图及工作原理

图 11-11 所示为阀控对称液压缸位置闭环控制系统组成示意图。系统的工作原理是：系统发出输入指令，通过给定环节、比较环节和放大环节，驱动电液比例伺服阀移动，经过液压传动使对称液压缸带动负载移动，同时经过位移传感器测定液压缸的实际位置，然后反馈回输入端，与输入指令进行比较，再根据液压缸的实际位置与目标位置之间的误差，确定控制动作，达到消除误差的目的。

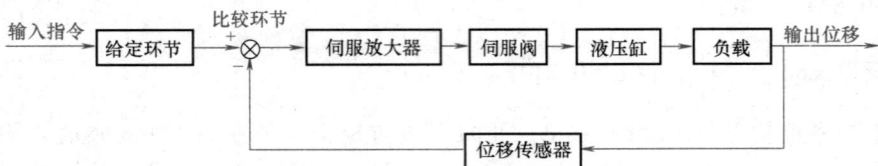

图 11-11　阀控对称液压缸位置闭环控制系统组成示意图

图 11-12 所示为阀控对称液压缸闭环位置控制系统模型图。伺服缸为双作用对称液压缸，u_i 为输入的电压信号；u_f 为由位移传感器构成的反馈信号。当 u_i 增加时，u_i 与 u_f 的偏差信号就会增加，伺服放大器就会推动伺服阀使它有一个成比例的换向位移，高压油就会通过伺服阀推动伺服缸移动，液压缸的移动又会带动位移传感器移动，使它的输出电压 u_f 增加，直到 u_i 与 u_f 的偏差信号趋于零为止。u_i 减小时的工作过程与上述过程相反。在稳态情况下，理想的偏差值为零；动态过程即为消除偏差并使偏差趋于零的过程。

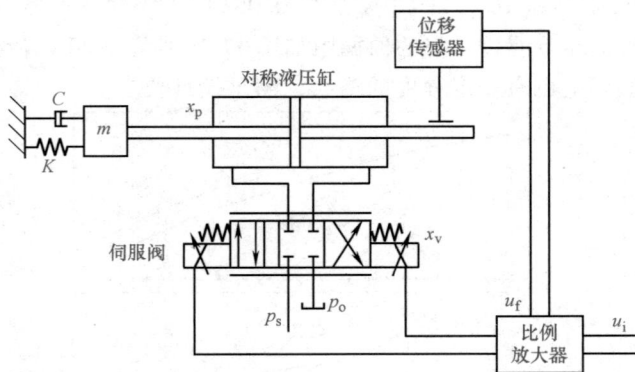

图 11-12　阀控对称液压缸闭环位置控制系统模型图

11.2.2 系统数学模型的建立

1. 伺服阀传递函数

经过四边滑阀的流量为

$$q_L = C_d w x_v \sqrt{\frac{2p_L}{\rho}} \tag{11-17}$$

式中，C_d 是流量系数；w 是阀的湿周长；x_v 是阀芯位移；ρ 是油液密度；p_L 是负载压降。

将流量方程在工作点 $q_0 = f(x_{v0}, p_{L0})$ 处线性化，即将非线性方程在工作点上按泰勒级数展开，仅保留一阶偏微分项，其余舍去。

$$q_L = q_{L0} + \frac{\partial q_L}{\partial x_v}\bigg|_0 \Delta x_v + \frac{\partial q_L}{\partial p_L}\bigg|_0 \Delta p_L = q_0 + K_q \Delta x_v + K_C \Delta p_L$$

$$\Delta q_L = K_q \Delta x_v - K_C \Delta p_L \tag{11-18}$$

其拉普拉斯变换为

$$Q_L(s) = K_q X_v(s) - K_C P_L(s) \tag{11-19}$$

式中，K_q 是流量增益；K_C 是流量压力系数。

2. 伺服阀放大器传递函数

将电液伺服阀放大器视为比例环节，则

$$x_v = K_{sv} K_a (u_i - u_f) \tag{11-20}$$

其拉普拉斯变换为

$$X_v(s) = K_{sv} K_a [U_i(s) - U_f(s)] \tag{11-21}$$

式中，K_{sv} 是电液伺服阀放大系数；K_a 是伺服放大器放大系数。

3. 位移传感器传递函数

将位移传感器视为比例环节，则

$$u_f = K_f x_p \tag{11-22}$$

其拉普拉斯变换为

$$U_f(s) = K_f X_p(s) \tag{11-23}$$

式中，K_f 是反馈增益；x_p 是液压缸位移。

4. 阀控对称液压缸传递函数

假定活塞处在中间位置，在初姝容积相等的条件下，流量连续性方程为

$$q_L = A_p \frac{dx_p}{dt} + C_{tp} p_L + \frac{V_t}{4\beta_e} \frac{dp_L}{dt} \tag{11-24}$$

式中，C_{tp} 是液压缸的总泄漏系数；A_p 是液压缸的有效作用面积；V_t 是液压缸的总压缩容积；β_e 是油液的体积弹性模量。

其拉普拉斯变换为

$$Q_L(s) = A_p s X_p(s) + C_{tp} P_L(s) + \frac{V_t}{4\beta_e} s P_L(s) \tag{11-25}$$

液压缸活塞动态力平衡方程为

$$A_p p_L = m\ddot{x}_p + B\dot{x}_p + K x_p + F_L \tag{11-26}$$

式中，m 是活塞和负载折算到活塞上的总质量；B 是活塞和负载折算到活塞上的总黏性阻尼系数；K 是负载的弹簧刚度；F_L 是作用在活塞上的外负载力。

其拉普拉斯变换为

$$A_p P_L(s) = ms^2 X_p(s) + Bs X_p(s) + K X_p(s) + F_L(s) \tag{11-27}$$

根据式（11-19）、式（11-25）和式（11-27）可得

$$X_p(s) = \frac{\dfrac{K_q}{A} X_v(s) - \dfrac{K_{ce}}{A_p^2}\left(1 + \dfrac{V_t}{4\beta_e K_{ce}} s\right) F_L}{\dfrac{V_t m}{4\beta_e A_p^2} s^3 + \left(\dfrac{K_{ce} m}{A_p^2} + \dfrac{V_t B}{4\beta_e A_p^2}\right) s^2 + \left(1 + \dfrac{K_{ce} B}{A_p^2} + \dfrac{V_t K}{4\beta_e A_p^2}\right) s + \dfrac{K_{ce} K}{A_p^2}}$$

式中，K_{ce} 是总流量-压力系数，$K_{ce} = K_c + C_{tp}$。

如果阀-液压缸组合是一个功率输出元件，通常没有弹性负载，即 $K = 0$。同时考虑到 $\dfrac{K_{ce}B}{A_p^2} \ll 1$，则以阀芯位移 x_v 为输入，以液压缸位移 x_p 为输出的传递函数为

$$\frac{X_p(s)}{X_v(s)} = \frac{\dfrac{K_q}{A}}{s\left(\dfrac{s^2}{\omega_h^2} + \dfrac{2\xi_h}{\omega_h}s + 1\right)} \tag{11-28}$$

式中，ω_h 是无阻尼液压固有频率，$\omega_h = \sqrt{\dfrac{4\beta_e A_p^2}{V_t m}}$；$\xi_h$ 是阻尼比，$\xi_h = \dfrac{K_{ce}}{A_p}\sqrt{\dfrac{\beta_e m}{V_t}} + \dfrac{B}{4A_p}\sqrt{\dfrac{V_t}{\beta_e m}}$。

5. 模型结构图的建立

根据式（11-21）、式（11-23）和式（11-28）得阀控对称液压缸伺服系统框图如图 11-13 所示。

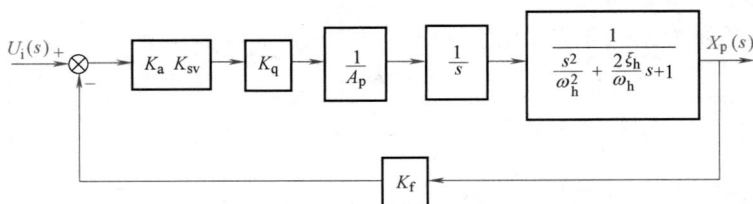

图 11-13　阀控对称液压缸伺服系统框图

则以 $U_i(s)$ 为输入、$X_p(s)$ 为输出的系统传递函数为

$$\frac{X_p(s)}{U_i(s)} = \frac{K_a K_{sv} K_q / A_p}{\dfrac{s^3}{\omega_h^2} + \dfrac{2\xi_h}{\omega_h}s^2 + s + K_a K_{sv} K_q K_f / A_p} \tag{11-29}$$

系统的开环传递函数为

$$G_K(s) = \frac{K_a K_{sv} K_f K_q / A_p}{s\left(\dfrac{s^2}{\omega_h^2} + \dfrac{2\xi_h}{\omega_h}s + 1\right)} \tag{11-30}$$

若在系统前向通道中增加一个放大器的增益 K_b，则以 $U_i(s)$ 为输入、$X_p(s)$ 为输出的系统传递函数为

$$\frac{X_p(s)}{U_i(s)} = \frac{K_b K_a K_{sv} K_q / A_p}{\dfrac{s^3}{\omega_h^2} + \dfrac{2\xi_h}{\omega_h}s^2 + s + K_b K_a K_{sv} K_q K_f / A_p} \tag{11-31}$$

系统的开环传递函数为

$$G_K(s) = \frac{K_b K_a K_{sv} K_f K_q / A_p}{s\left(\dfrac{s^2}{\omega_h^2} + \dfrac{2\xi_h}{\omega_h}s + 1\right)} \tag{11-32}$$

6. 框图中的系数的求取

K_aK_{sv} 是输入电压与伺服阀阀芯位移系数，设输入电压为 10V 时，伺服阀阀芯位移为 0.2mm，则 $K_aK_{sv}=\dfrac{0.2}{10}$ mm/V。K_q 是流量增益，设伺服阀阀芯位移为 0.2mm 时，阀口流量为 120L/min，则 $K_q=\dfrac{120\times10^{-3}/60}{0.2\times10^{-3}}$ m²/s。A_p 是活塞有效作用面积（常用液压缸的缸径为 63mm，面积比为 1：2），$A_p=\dfrac{1}{2}\times\dfrac{\pi}{4}\times0.063^2$ m²。K_f 是传感器反馈系数，设阀控缸最大行程为 500mm，传感器输出电压为 10V，则 $K_f=\dfrac{10}{0.5}=20$ V/m。ω_h 是无阻尼液压固有频率，ξ_h 是阻尼比，取 $\omega_h=10$，$\xi_h=0.5$。

11.2.3　系统的时域性能分析

1. 系统在单位阶跃输入下的响应

当 K_b 分别取 1、2，且液压参数 $\omega_h=10$、$\xi_h=0.5$ 时，系统在单位阶跃输入下的响应曲线如图 11-14 所示。可见，K_b 增大后，系统的上升时间、峰值时间减少，超调量增大。

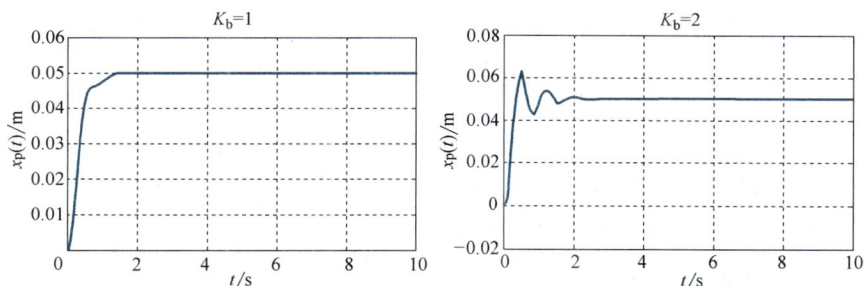

图 11-14　不同 K_b 时系统在单位阶跃输入下的响应曲线

当 $K_b=1$，且 $\omega_h=10$，ξ_h 分别取 0.5、0.3 时，系统在单位阶跃输入下的响应曲线如图 11-15 所示。可见，ξ_h 减小后，系统的上升时间和调整时间减少，振荡次数增多，说明系统的稳定性变差。

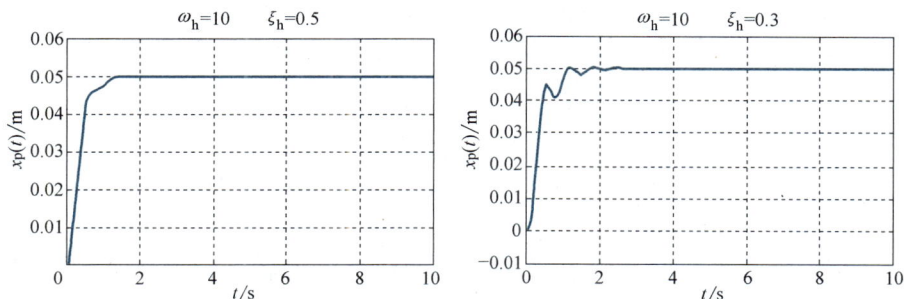

图 11-15　不同 ξ_h 时系统在单位阶跃输入下的响应曲线

当 $K_b=1$，且 $\xi_h=0.5$，ω_h 分别取 10、5 时，系统在单位阶跃输入下的响应曲线如图 11-16 所示。说明当 ω_h 减小时，系统的上升时间和调整时间增长。

$$\omega_h=10 \qquad \xi_h=0.5$$

$$\omega_h=5 \qquad \xi_h=0.5$$

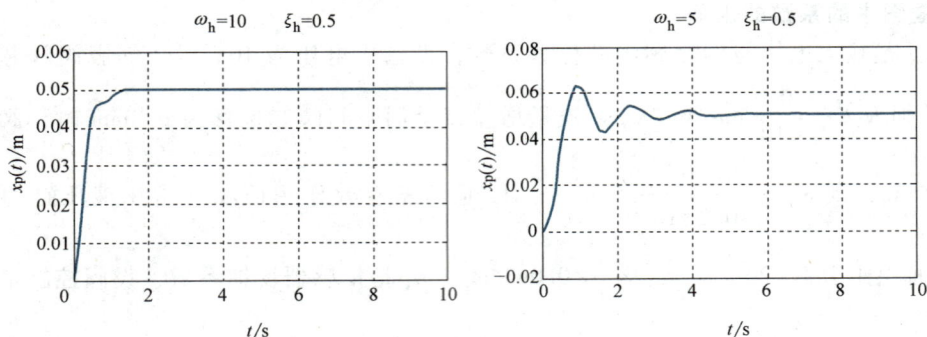

图 11-16　不同 ω_h 时系统在单位阶跃输入下的响应曲线

参照此分析方法，可分析系统中各参数变化对系统性能的影响，使系统参数得到优化。

2. 对系统稳态误差的影响

根据式（11-32），系统的开环传递函数为：$G_K(s) = \dfrac{2.56K_b}{s(0.01s^2+0.1s+1)}$，可见系统为 I 型系统。

当输入为单位阶跃信号时，其稳态位置无偏系数 $K_p = \infty$，稳态偏差 $\varepsilon_{ss} = 0$。

当输入为单位斜坡信号时，其稳态速度无偏系数 $K_v = \dfrac{1}{2.56K_b}$，稳态偏差 $\varepsilon_{ss} = 1/K_v$。

当输入为加速度信号时，其稳态加速度无偏系数 $K_a = 0$，稳态偏差 $\varepsilon_{ss} = \infty$。

可见，该控制系统不存在位置偏差，同时随着放大器的放大倍数 K_b 增大，稳态速度偏差减小，并与 K_b 成反比，而当系统输入为加速度信号时，系统不能跟随。

11.2.4　系统的频域性能分析

1. 系统的伯德图

根据图 11-13 所示的系统框图，当 $\omega_h = 10$、$\xi_h = 0.5$ 时，系统闭环传递函数和开环传递函数为

$$G_K(s) = \frac{K_b K_a K_{sv} K_f K_q / A_p}{s\left(\dfrac{s^2}{\omega_h^2} + \dfrac{2\xi_h}{\omega_h}s + 1\right)} = \frac{2.56K_b}{s(0.01s^2 + 0.1s + 1)} \tag{11-33}$$

$$G_B(s) = \frac{K_b K_a K_{sv} K_q / A_p}{s\left(\dfrac{s^2}{\omega_h^2} + \dfrac{2\xi_h}{\omega_h}s + 1\right) + K_b K_a K_{sv} K_q K_f / A_p} = \frac{0.128K_b}{0.01s^3 + 0.1s^2 + s + 2.56K_b} \tag{11-34}$$

当 $K_b = 1$ 时，系统的开环频率特性伯德图和闭环频率特性伯德图分别如图 11-17 和图 11-18 所示。

2. 系统的稳定性分析

系统的特征方程为

$$0.01s^3 + 0.1s^2 + s + 2.56K_b = 0$$

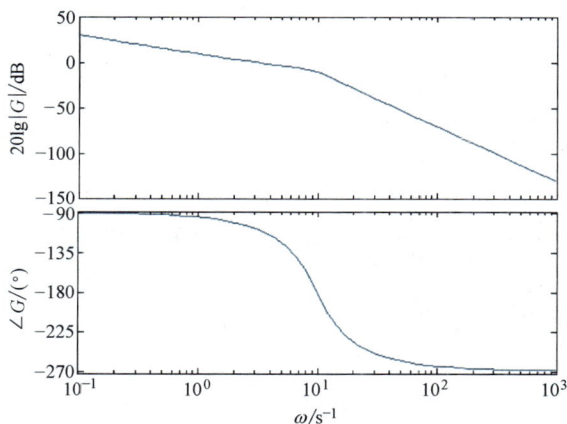

图 11-17 $K_b = 1$ 时系统的开环频率特性伯德图

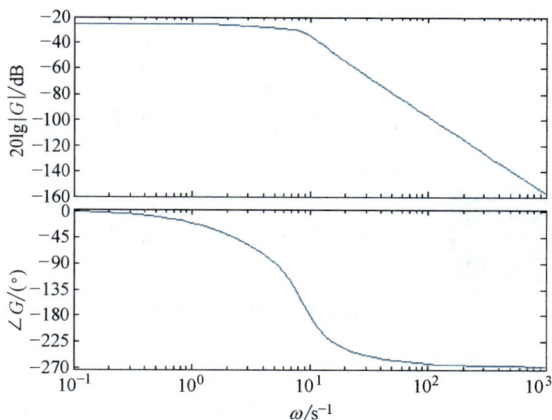

图 11-18 $K_b = 1$ 时系统的闭环频率特性伯德图

$$
\begin{array}{c|cc}
s^3 & 0.01 & 1 \\
s^2 & 0.1 & 2.56K_b \\
s^1 & \dfrac{0.1 \times 1 - 0.01 \times 2.56K_b}{0.1} & \\
s^0 & 2.56K_b &
\end{array}
$$

则系统稳定的 K_b 的取值范围是：$C < K_b < 3.9$。不同 K_b 时系统的幅值裕度和相位裕度见表 11-2。

表 11-2 不同 K_b 时系统的幅值裕度和相位裕度

K_b	幅值穿越频率/s^{-1}	相位裕度/(°)	相位穿越频率/s^{-1}	幅值裕度/dB
1	2.64	74.6	10	11.84
2	5.83	48.55	10	5.81
3	8.56	17.3	10	2.29

从以上分析可知：当 K_b 增大时，稳定的裕度减小，系统的稳定性变差。

11.2.5 系统的根轨迹

根据式（11-33），系统的开环传递函数为

$$
G_K(s) = \frac{2.56K_b}{s(0.01s^2 + 0.1s + 1)}
$$

系统有三个极点，无零点，故有三条根轨迹，且均趋于无穷远处。绘制的系统的根轨迹如图 11-19 所示。

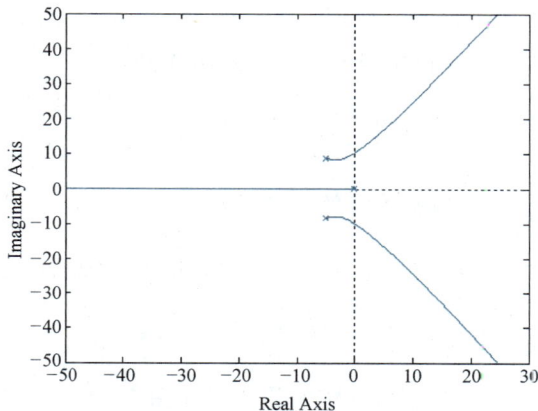

图 11-19 系统的根轨迹

229

11.2.6 系统的校正

通过计算得阀控对称液压缸位置控制系统在 $K_b = 3$ 时，相位裕度 $\gamma = 17.3°$。若设计要求相位裕度 $\gamma \geq 45°$，同时保证系统的稳态精度，提高系统的动态性能，现以相位滞后校正为例，对系统进行校正。

例 11-2 已知系统的开环传递函数为：$G_K(s) = \dfrac{7.68}{s(0.01s^2 + 0.1s + 1)}$，试用相位滞后校正环节校正系统，使系统的相位裕度 $\gamma \geq 45°$，同时保证系统的稳态精度。

解

1) 分析原系统。根据 $|G_K(s)|_{\omega_c} = 1$，得：$\omega_c = 8.56 \text{s}^{-1}$，相位裕度 $\gamma = 17.3°$。

2) 分析校正后系统。相位滞后校正并不是利用相位滞后的特点，而是利用角频率 $> 1/T$ 后的高频段幅值迅速衰减的特点，使校正后系统的幅值穿越频率迅速下降，从而提高系统的稳定性。即

$$\gamma = 180° + \angle G_K \Big|_{\omega_c'} = 180° - 90° - \arctan\frac{0.1}{1 - 0.01\omega_c'^2} = 45° + 8° = 53°$$

式中，ω_c' 是校正后系统的幅值穿越频率。

解得

$$\omega_c' = 5.35 \text{s}^{-1}$$

3) 为使相位滞后校正环节的滞后相位对系统影响较小，应使 $\omega_{T1} = \dfrac{1}{T} > \omega_{T2}$，且远小于 ω_c'，本题取 $\omega_{T1} = \dfrac{1}{T} = \dfrac{1}{10}\omega_c'$，则

$$T = \frac{10}{\omega_c'} = 1.87 \text{s}$$

4) 要保证 $\omega_c' = 5.35 \text{s}^{-1}$，必须满足：$|G_K(j\omega)|_{\omega_c'} |G_c(j\omega)|_{\omega_c'} = 1$，故

$$\beta = |G_K|_{\omega_c'} = 1.58$$

5) 求校正后系统的开环传递函数。

校正环节的传递函数为 $\quad G_c(s) = \dfrac{1 + Ts}{1 + \beta Ts} = \dfrac{1 + 1.87s}{1 + 2.96s}$

校正后新系统的传递函数为 $\quad G_K'(s) = \dfrac{7.68}{s(0.01s^2 + 0.1s + 1)} \dfrac{1 + 1.87s}{1 + 2.96s}$

6) 绘制校正后的伯德图并检验系统的稳定性裕度。

$$\gamma = 180° + \angle G_K' \Big|_{\omega_c'} = 180° - 90° - \arctan\frac{0.1}{1 - 0.01\omega_c'^2} + \arctan(1.87 \times 5.35) - \arctan(2.96 \times 5.35) = 51°$$

校正前、后系统的伯德图如图 11-20、图 11-21 所示，可见，校正后系统的相位裕度 $\gamma = 51°$，幅值裕度为 6.4dB 且有一定的增大，满足设计要求。

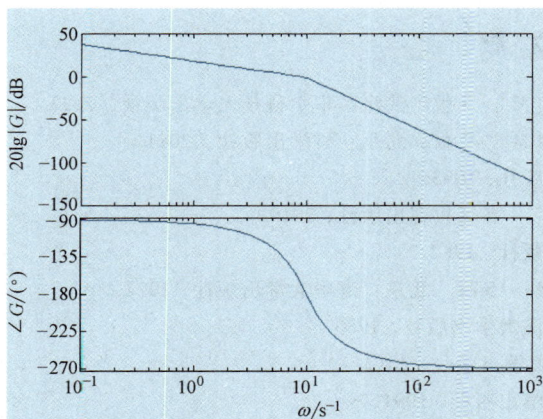

图 11-20　校正前系统的伯德图

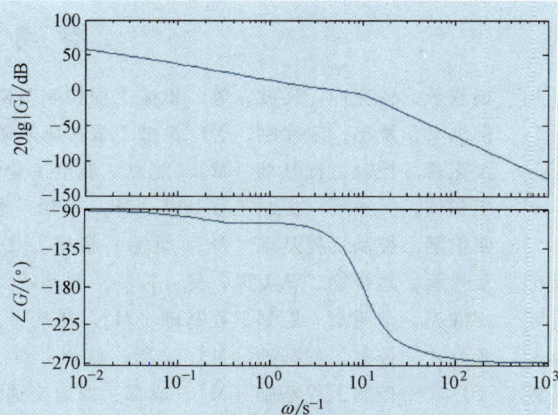

图 11-21　加入相位滞后校正环节后系统的伯德图

思考题与习题

11-1　在数控机床直线运动工作台位置控制系统中，改变其他参数，观察系统时域和频域曲线的变化。

11-2　在阀控对称液压缸位置闭环控制系统中，改变其他参数，观察系统时域和频域曲线的变化。

参 考 文 献

［1］ 杨叔子，杨克冲，吴波，等．机械工程控制基础［M］．8 版．武汉：华中科技大学出版社，2023.

［2］ 柳洪义，罗忠，宋伟刚，等．机械工程控制基础［M］．2 版．北京：科学出版社，2011.

［3］ 孟宪蔷．控制工程基础［M］．北京：航空工业出版社，1993.

［4］ 王积伟，吴振顺．控制工程基础［M］．3 版．北京：高等教育出版社，2019.

［5］ 张伯鹏．控制工程基础［M］．北京：机械工业出版社，1982.

［6］ 董景新，赵长德，郭美凤，等．控制工程基础［M］．5 版．北京：清华大学出版社，2022.

［7］ 雷继尧，李明泉．控制工程基础［M］．重庆：重庆大学出版社，1986.

［8］ 张尚才．控制工程基础［M］．2 版．杭州：浙江大学出版社，2012.

［9］ 于广汉．控制工程基础［M］．成都：西南交通大学出版社，1991.

［10］ 姚伯威．控制工程基础［M］．成都：电子科技大学出版社，1995.

［11］ 王益群，孔祥东．控制工程基础［M］．北京：机械工业出版社，2001.

［12］ 曹军．控制工程基础［M］．哈尔滨：东北林业大学出版社，2002.

［13］ 李少康．控制工程基础［M］．西安：西北工业大学出版社，2005.

［14］ 王益群，阳含和．控制工程基础［M］．北京：机械工业出版社，1989.

［15］ 许贤良，王传礼，邓海顺．控制工程基础［M］．北京：国防工业出版社，2013.

［16］ 王海，裴九芳，陈玉，等．控制工程基础［M］．合肥：中国科学技术大学出版社，2015.

［17］ 吴麒，王诗宓，杜继宏，等．自动控制原理：上册［M］．2 版．北京：清华大学出版社，2006.

［18］ 吴麒，王诗宓，杜继宏，等．自动控制原理：下册［M］．2 版．北京：清华大学出版社，2006.

［19］ 南京工学院数学教研组．工程数学：积分变换［M］．3 版．北京：高等教育出版社，1989.

［20］ 王春行．液压控制系统［M］．北京：机械工业出版社，1999.

［21］ 张汉全，肖建，汪晓宁．自动控制理论新编教程［M］．成都：西南交通大学出版社，2000.

［22］ 鄢景华．自动控制原理［M］．3 版．哈尔滨：哈尔滨工业大学出版社，2006.

［23］ 梁其俊，张永相．控制工程基础［M］．重庆：重庆大学出版社，1994.

［24］ 郑春瑞．系统工程学概述［M］．2 版．北京：科学技术文献出版社，1985.

［25］ 杨自厚．自动控制原理［M］．2 版．北京：冶金工业出版社，1990.

［26］ 胡寿松．自动控制原理简明教程［M］．2 版．北京：科学出版社，2008.

［27］ 李友善．自动控制原理［M］．3 版．北京：国防工业出版社，2005.